协同办公
——Lotus Domino/Notes 实验教程

王晓锋　王扶东　编著

东华大学出版社

图书在版编目(CIP)数据

协同办公:Lotus Domino/Notes 实验教程/王晓锋,王扶东编著.--上海:东华大学出版社,2010.8
ISBN 978-7-81111-731-8

Ⅰ.①协… Ⅱ.①王…②王… Ⅲ.①计算机网络—应用软件,Lotus Domino/Notes 8.0—教材 Ⅳ.①TP393.09

中国版本图书馆 CIP 数据核字(2010)第 140419 号

责任编辑 李惠媛
封面设计 戚亮轩

协同办公——Lotus Domino/Notes 实验教程
王晓锋 王扶东 编著

东华大学出版社出版 上海市延安西路1882号
新华书店上海发行所发行 苏州望电印刷有限公司印刷
开本:787×960 1/16 印张:16.75 字数:280千字
2010年8月第1版 2015年7月第2次印刷
印数:3 001~4 000册

ISBN 978-7-81111-731-8/TP·007 定价:29.50元

卓越经济管理系列实验教材
编委会

主　任：孙明贵

副主任：郭大宁　姚卫新

成　员：(按姓氏笔画为序)

　　　　王扶东　王志宏　王素芬　王晓锋

　　　　刘　玉　李　勇　陈梅梅　姚卫新

　　　　曹海生　董平军

总　序

　　科学实验是人们认识自然、建设社会、创造财富中一个很重要的环节。进入21世纪以来,对人才的需求出现了层次化和多样化的变化,这个变化必然反映到高等学校的定位和教学要求中,也必然反映到对适用教材的需求。

　　历年来,实验教学一直是东华大学教学方面的一个强项,一个特色。为培养具有创新精神的高素质卓越经济管理人才,适应社会经济发展对学生知识结构和能力的要求,东华大学管理学院的教师积极开展实验教学研究,改革和整合实验课程及其教学内容。经过多年的努力,已经开设大量的实验课程,这些实验课程对学生业务能力的提高起到了很大的作用。

　　在总结教学改革经验的基础上,东华大学管理学院的老师编写了一系列的实验教材,这些教材既保持了实验课程自身的体系与特色,又与相应的理论课程相衔接。在教材内容上,这些教材取材新颖,知识面宽,既将基本知识融合在实验教学中,又强调了理论知识的具体运用。

　　"卓越经济管理系列实验教材"面向全国教学研究型和教学主导型普通高等学校经济管理类专业的本科教学,覆盖专业基础课和专业课,体现培养知识面宽、知识结构新、适应性强、动手能力强的人才的需要。编写的基本指导思想可概括为:

　　1. 教材的类型、选题和大纲的确定尽可能符合教学需要,以提高适用性。

　　2. 重视基础知识和基础知识的提炼与更新,让学生既掌握扎实的基础知识,又了解经济管理发展的现状和趋势。

　　3. 在教材的结构上符合学生的认识规律,由浅入深,由特殊到一般。

编委会
2010 年 8 月

前　言

协同办公已成为当今办公自动化的主流，Lotus Domino/Notes 作为一种群组协同办公软件，以其丰富的功能、极高的稳定性和高安全性，在企业办公自动化、电子政务以及远程教育等方面得到了广泛的应用。本书是作者在整理多年协同办公信息系统教学讲义的基础上，结合 IBM 的网络课件及 Lotus Domino/Notes 8.0 的功能特点而精心编写的。

本书第一部分为协同办公基础知识篇，首先介绍办公自动化和协同办公的基本概念，然后介绍协同办公软件——Lotus Domino/Notes 的体系结构及系统安装配置。第二部分为基础操作篇，首先从管理员角度介绍 Lotus Domino Administrator 的配置使用。然后从最终用户角度介绍 Lotus Notes 和 Lotus Symphony 的使用。第三部分为开发篇，主要从设计人员角度介绍通过 Lotus Domino Designer 进行办公环境的定制，以学生课外科技活动为例，详细介绍如何设计数据库、设计元素、安全性等，完成办公应用系统的开发，并提供了"学生参加 IBM 认证系统"的综合实验指导。该书由浅入深，充分注重实用性、可读性、可操作性强。

本书由东华大学管理学院电子商务与物流系王晓锋副教授和王扶东副教授共同完成。

由于时间仓促，加上编著者经验和水平有限，难免会有不妥之处，恳请读者批评指正。

作　者

2010 年 7 月

目 录

第一篇 协同办公基础知识

第1章 办公自动化系统与协同办公基础知识 ········ 3
- 1.1 办公自动化 ········ 3
- 1.2 办公自动化系统 ········ 3
  - 1.2.1 办公自动化系统（OAS） ········ 3
  - 1.2.2 OAS的类型 ········ 4
  - 1.2.3 OAS的要素 ········ 6
  - 1.2.4 OAS的功能 ········ 10
- 1.3 协同办公系统 ········ 13
  - 1.3.1 协同办公系统平台的选择 ········ 14
  - 1.3.2 为什么推荐Lotus Domino/Notes ········ 14
  - 1.3.3 Lotus Domino/Notes的应用示例 ········ 15

第2章 Lotus Domino/Notes 体系结构与基础知识 ········ 17
- 2.1 Lotus Domino/Notes 体系结构 ········ 17
  - 2.1.1 Lotus Domino 服务器的类型及应用 ········ 17
  - 2.1.2 Lotus Notes 客户端的组件 ········ 20
- 2.2 Lotus Domino/Notes 系统的安装配置与启动 ········ 21
  - 2.2.1 Domino 服务器的安装和配置 ········ 21
  - 2.2.2 Notes 客户端的安装与配置 ········ 31
  - 2.2.3 Lotus Symphony 的安装 ········ 36
- 2.3 Domino 应用程序和数据库 ········ 39
- 2.4 几个重要的文件 ········ 40
- 2.5 Lotus Domino/Notes 其他基本概念 ········ 41

第二篇 协同办公基础操作

第3章 Lotus Notes 客户端的使用 ·········· 45
3.1 Domino 系统的管理及 Administrator 客户端的基本操作 ·········· 45
3.1.1 Domino 系统的管理 ·········· 45
3.1.2 注册用户 ·········· 46
3.1.3 创建群组 ·········· 48
3.1.4 创建复本 ·········· 49
3.1.5 复制数据库 ·········· 50
3.2 Notes 客户端基本设置 ·········· 50
3.2.1 Lotus Note 8.0 客户端常用选项设置 ·········· 50
3.2.2 用户场所设置 ·········· 54
3.2.3 安全性设置 ·········· 57
3.3 Notes 邮件系统 ·········· 58
3.3.1 创建、发送和接收邮件 ·········· 58
3.3.2 指定邮件发送地址的几种方法 ·········· 61
3.3.3 使用 Notes Minder ·········· 63
3.3.4 向通讯录中添加联系人 ·········· 64
3.3.5 向通讯录中添加群组联系人 ·········· 66
3.4 使用 Notes 浏览 Internet ·········· 67
3.4.1 设置 Internet 连接 ·········· 68
3.4.2 使用 Notes 打开 Web 页面 ·········· 70
3.4.3 保存 Web 页面以方便访问 ·········· 70
3.4.4 脱机查看 Web 网页 ·········· 72
3.4.5 定制 Web 设置 ·········· 74
3.5 创建和使用日历、群组日历 ·········· 74
3.5.1 创建约会、纪念日、提示或整日事件 ·········· 75
3.5.2 为日历项目设置闹铃 ·········· 77
3.5.3 添加假日 ·········· 78
3.5.4 创建和使用群组日历 ·········· 79
3.6 使用待办事宜和安排会议 ·········· 79
3.6.1 创建待办事宜 ·········· 80
3.6.2 创建和发送会议邀请 ·········· 82

3.6.3　答复会议邀请…………………………………………………84
　　3.6.4　预定房间和资源……………………………………………85

第4章　Lotus Symphony 的应用…………………………………………87
　4.1　Lotus Symphony 电子文档的应用………………………………87
　　4.1.1　文档的创建……………………………………………………88
　　4.1.2　文档的编辑……………………………………………………89
　4.2　Lotus Symphony 电子表格的应用………………………………93
　4.3　Lotus Symphony 演示文稿的应用………………………………97

第三篇　协同办公环境定制开发与设计

第5章　Lotus Domino Designer 办公环境定制……………………………105
　5.1　Designer 开发环境介绍…………………………………………105
　　5.1.1　启动 Lotus Domino Designer ………………………………105
　　5.1.2　浏览 Lotus Domino Designer 开发环境 …………………106
　5.2　Designer 客户端设计元素基础知识……………………………109
　　5.2.1　设计元素概述…………………………………………………109
　　5.2.2　数据库…………………………………………………………114
　　5.2.3　页面……………………………………………………………118
　　5.2.4　表单和域………………………………………………………122
　　5.2.5　视图和文件夹…………………………………………………156
　　5.2.6　导航与帧结构集………………………………………………170
　　5.2.7　其他设计元素…………………………………………………178
　5.3　Lotus Domino/Notes 设计元素综合实验………………………181
　　5.3.1　数据库设计……………………………………………………182
　　5.3.2　表单设计………………………………………………………182
　　5.3.3　视图设计………………………………………………………187
　　5.3.4　创建大纲和帧结构集…………………………………………188

第6章　公式语言……………………………………………………………193
　6.1　公式语言基础……………………………………………………193
　6.2　在 Notes 中使用公式语言………………………………………195

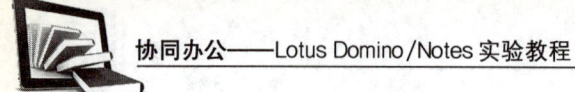

6.2.1 使用常量 · 195
6.2.2 运算符概述和优先级 · 199
6.2.3 使用@function · 201
6.2.4 使用@Command · 202
6.2.5 使用关键字 · 203
6.3 公式在表单、域和操作中的使用 · 204
6.3.1 公式在域中的应用 · 204
6.3.2 公式在操作中的应用 · 206
6.3.3 公式在表单中的应用 · 208
6.4 公式在视图中的应用 · 209
6.5 公式语言设计综合实验 · 212

第7章 Domino 的安全机制 · 214
7.1 Domino 安全机制基础知识 · 214
7.1.1 Domino 安全性简介 · 214
7.1.2 Domino 安全层次模型 · 214
7.2 服务器的安全性 · 216
7.3 应用程序的安全性 · 220
7.3.1 数据库存取控制列表（ACL） · 220
7.3.2 ACL 中的项目 · 222
7.3.3 ACL 中的存取级别及其权限 · 229
7.3.4 ACL 中的用户类型和角色 · 232
7.3.5 ACL 的高级选项 · 234
7.4 应用程序设计元素的安全性 · 237
7.4.1 视图的安全性 · 237
7.4.2 表单的安全性 · 239
7.5 文档的安全性 · 240
7.5.1 读访问控制 · 241
7.5.2 编辑访问控制 · 242
7.5.3 域的安全控制 · 243
7.6 安全性设计综合实验 · 245
7.6.1 IBM 认证系统的安全需求 · 245
7.6.2 IBM 认证系统数据库的安全性设计实现 · 245

第8章 Lotus Domino/Notes 工作流程序设计 …… 247
  8.1 工作流程序设计概述 …… 247
    8.1.1 规划工作流 …… 247
    8.1.2 工作流的实现 …… 248
    8.1.3 工作流应用程序举例 …… 249
  8.2 代理在工作流中的应用 …… 252

参考文献 …… 254

第一篇
协同办公基础知识

第1章 办公自动化系统与协同办公基础知识

1.1 办公自动化

办公是以处理社会信息为主的一项重要活动,其主要由办公人员、办公机构、办公工具与设备、办公信息以及办公环境等要素组成。办公活动的主要任务是日常事务工作的组织、领导和实施计划等。办公活动以处理信息流为主要业务特征。所谓信息是指与各类事物有关的信息、情报、数据、指令和知识。办公室的任务就是接受、处理、传递和利用信息。办公活动的过程就是根据一定目标进行信息的输入、转换、输出,并将输出信息经过反馈、修正,再次作为新数据输入的不断循环往复的过程,这个过程一直进行到圆满地完成预期目标为止。

从信息论的观点看,办公就是处理信息,办公自动化就是办公信息处理手段的自动化,或者说是办公业务的信息化。任何一个办公业务活动均可概括为存储信息、交换信息、加工信息以及基于信息的科学决策等四大功能。办公自动化是信息化社会最重要的标志之一,其将人、计算机和Internet信息三者结合为一个办公体系,构成一个服务于办公业务的人机信息处理系统。通过使用先进的设备和技术,办公人员可以充分利用各种办公信息资源,从而提高办公效率,使办公业务从事务级进入到管理级,甚至辅助决策,将办公和管理提高到一个崭新的水平。

1.2 办公自动化系统

1.2.1 办公自动化系统(OAS)

办公自动化系统(Office Automation System,OAS)是指利用现代科学技术的最新成果,借助先进的办公设备,并由这些设备与办公室人员构成的服务于某种目标的人机信息处理系统,以实现办公活动的科学化、自动化。一般来说,一个较完整的办公自动化系统,应当包括信息采集、信息加工、信息传输和信息保存四个环节。其核心任务是为各领域、各层次的办公人员提供所需要的信息。

1.2.2 OAS 的类型

1. 按功能层次分类

事务型 OAS、信息管理型 OAS 和决策支持型 OAS 是完整的 OAS 构成的三个功能层次。

（1）第一层次——事务型 OAS

主要处理比较确定的例行事务，从事有规律的重复性工作。在这类办公系统中，人们的主要工作是信息的收集、整理、存储和检索。这样的事务工作是整个办公活动的基础，也是研究办公活动的切入点。

它大体上可分为办公事务处理和行政事务处理两大部分，如图 1-1 所示。

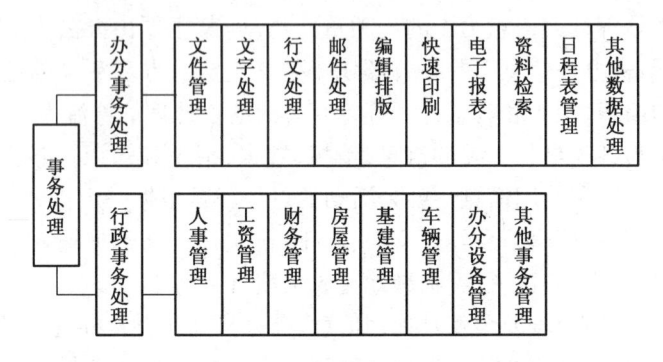

图 1-1 OAS 的事务处理层

事务型 OAS 的功能都是处理日常事务的办公操作，是直接面向办公人员的。

（2）第二层次——信息管理型 OAS

这类办公系统承担着日常事务处理和信息管理双重任务，即在完成事务性工作的同时，运用行政、经济、法律等诸多手段管理有关社会事务，并对与管理有关的信息进行控制和利用。它是把事务处理办公系统和数据库密切结合的一种一体化的信息处理系统。信息管理是指对本办公室管理范畴以内及相关的各类信息进行控制和利用。有关信息管理的基本内容列举如下：

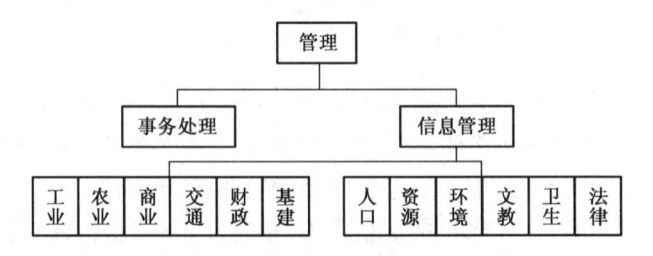

图 1-2 OAS 的信息管理层

作为一个现代化的政府机关或企事业单位,为了优化日常工作,提高办公效率和质量,必须具备提供本单位各部门共享的综合数据库。这个数据库建立在事务型 OAS 基础之上,构成信息管理型的 OAS。

(3) 第三层次——决策支持型 OAS

决策支持型 OAS 是建立在信息管理 OAS 的基础上,使用综合数据库系统提供的信息,针对需要做出决策的课题,构成或选用决策数字模型,结合有关内部和外部的条件,由计算机执行决策程序,做出相应决策。决策是人们针对出现的问题和要求,去寻求解决和实现的对策或办法的过程,是一种普遍存在的思维活动。决策通常把该问题所涉及到的数据、资料、模型、案例和经验等作为综合分析和逻辑推理的基础,以该问题的具体要求作为综合或选择的条件,根据这些而得出解决问题和满足要求的对策或方法。

事务型 OAS 称之为普通办公自动化系统,而信息管理型 OAS 和决策支持型 OAS 称之为高级办公自动化系统。OAS 中除了低层次的事务处理以外,原则上都存在决策活动,而系统具有的辅助决策能力的高低,反映了该系统水平的高低。原来概念下的 OAS 以及管理信息系统是以数据库为基础,当然,数据库也是决策支持系统的基础。但是,一个水平较高的决策支持系统仅仅以数据库为基础是远远不够的,还应以模型库、方法库为基础。

决策支持系统的进一步发展,必将引向具有一定范畴的知识库系统、专家系统。知识库大多应包括以国家的政策、法律、法规、国内外标准等为主要内容的规则库,以及以专家的经验知识为主要内容的建议库等,并以各类模型(或模型片段)及建模方法构成一个完整的决策支持系统。图 1-3 列举了某些决策模型的基本方法,显示出具有决策功能的 OAS 的功能构成。

将图 1-1,1-2 和图 1-3 综合起来,就可从整体上展示出一个完整的 OAS 的功能层次图。

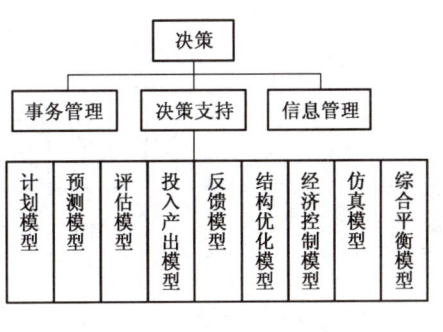

图 1-3 OAS 的决策支持层

2. 按工作特点分类

根据 OAS 的功能层次,上面将 OAS 分成了事务型、信息管理型及决策支持型。实际上对于不同的行业,OAS 具有不同的应用特点。按工作特点来分析,OAS 又可划分为生产型、经营型和行政型三种类型。

(1) 生产型 OAS

生产型 OAS 适用于各种生产型的公司或企业单位的内部信息管理。这类企

业的 OAS，往往要在事务型 OAS 的数据库基础上加入工商法规、经营计划、市场动态、供销业务、库存信息、用户信息等信息构成的数据库。

(2) 经营型 OAS

经营型 OAS 适用于宾馆、大型商场等具有服务性质的企业内部信息管理，其数据库应包括与该企业服务有关的综合信息。其主要目标是为宾客提供各种服务，为宾馆管理者提供各类统计信息报表等。系统硬件由局域网、收款机网、电话程控交换机和工作站等组成，而系统的功能模块则由客房管理子系统、餐饮管理子系统、长话管理子系统、账务管理子系统、管家部管理子系统和经理室管理子系统等组成。

(3) 行政型 OAS

行政型 OAS 适用于省、市、县政府及相应的部、局职能部门的内部信息管理。行政型 OAS 必须建立在事务型 OAS 基础之上，此外，其数据库应包括相关政策、法律、法规及有关上级政府和下属机构的公文、信息等政务信息。

相应地，行政型 OAS 可由一些管理子系统来完成上述功能模块。例如，省级政府机构有关主管部门，主要目标是为政府工作提供综合信息，提高政府机关的办公效率与管理水平，为高层领导的科学决策提供可靠的依据和现代化手段。其主要功能模块应包括行政管理子系统、档案管理子系统、资料库管理子系统、文字处理子系统、信息咨询服务子系统等。其功能模块结构如图 1-4 所示。

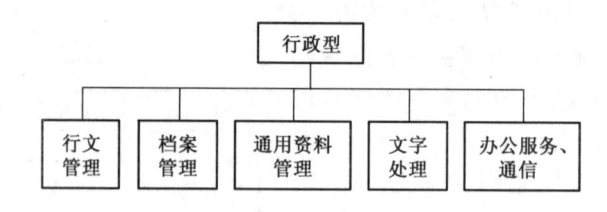

图 1-4　行政型 OAS 功能模块

1.2.3　OAS 的要素

一个典型的 OAS 大致包括六种要素：人员、组织机构、办公制度与办公例程、技术工具、办公信息和办公环境。

1. 人员

在 OAS 中，人是一个至关重要的因素。按照工作性质，系统中的人员可以分为三类：

(1) 信息使用人员

这类人员主要是决策人员和管理人员，他们所承担的主要是重复性较小、具有

创造性或决策性的工作。其中，决策人员主要是利用系统提供的信息完成科学决策；管理人员则是利用信息了解决策执行情况并控制其执行过程。这类人员应该对系统有一个基本的认识，明确系统的信息范围（时间跨度、行业/学科范围、数据类型等）、服务方式等，以便知道系统能给自己提供哪些信息，解决哪些类型的问题。另外，系统应能使他们通过一些简单操作进行人—机对话，直接使用系统。

（2）系统使用人员

这类人员主要是办公室工作人员，其中既有从事重复性事务处理活动的一般办事人员，又有从事决策辅助工作的知识型人员，他们的工作是辅助决策，管理人员减少事务性工作，简化工作程序，提高工作效率，因此，是利用系统完成业务工作的人员。这类人员应该熟悉系统和自己工作相关的部分，熟悉这部分的结构、功能、信息输入/输出格式、有关模型以及可能出现的问题和解决办法，应该能熟练地操作系统的相应部分以完成工作。

（3）系统服务人员

这类人员是随着OAS而出现的人员，包括系统管理人员、软/硬件维护人员等。他们的工作主要是保证系统的正常运行，提高系统的工作效率，因而应该非常熟悉整个系统的情况，勤于系统维护与完善。

2. 组织机构

现行办公组织或办公机构的设置很大程度上决定了OAS的总体结构。目前，我国的组织机构多采用管理职能、管理区域、管理行业和产品、服务对象以及工艺流程等划分方法进行划分。OAS必须考虑这一现状，以使其既有对现有机构的适应性，又能在机构调整时显示出一定的灵活性。但是，在信息社会里，在先进的科学技术的冲击下，办公组织机构也会与传统状况发生悖离。随着OAS应用的不断普及和深化，也应该运用系统科学的方法，重新分析、设计、组织办公机构，以适应社会的变革和技术的发展。

3. 办公制度

办公制度是有关办公业务办理、办公过程和办公人员管理的规章制度、管理规则，也是设计OAS的依据之一。办公制度的科学化、系统化和规范化，将使办公活动易于纳入自动化的轨道。由于OAS往往要模拟具体的办公过程，办公制度的某些变化必然会导致系统的变化，同时，在新系统运行之后，也会出现一些新要求、新规定和新的处理方法，这就要求自动化系统与现行办公制度之间有一个过渡和切换。

4. 技术工具

技术工具包括支持办公活动的各种设备和技术手段，是决定办公质量的物质基础。技术工具分为三部分：OAS的硬件、OAS的软件和OAS的网络平台。

(1) OAS 的硬件

指各种现代办公设备,是辅助办公人员完成办公活动的各种专用装置,为办公活动中的信息处理提供了高效率、高质量的技术手段。根据办公活动的信息流,可分为以下七大类：

① 信息输入设备。OAS 的输入设备包括键盘、鼠标、扫描仪、光学字符阅读机、触摸屏、光笔、数字化仪、麦克风、电子打字机等。

② 信息处理设备。一般来说,信息处理设备以计算机系统为主体,包括各类计算机、各类计算机终端、文字处理机等,也包括一些辅助设备,如汉卡、压缩/解压卡等。

③ 信息存储设备。常用的存储设备主要包括磁盘、磁带、光盘、缩微胶卷等。

④ 输出设备。输出设备主要包括监视器、各类打印机、绘图机等图形、图像输出设备,声卡、喇叭等语音输出设备。

⑤ 复制设备。常用的复制设备包括复印机、缩微胶卷等设备。

⑥ 信息通信设备。OAS 的网络通信设备包括网卡、集线器、网桥、LAN 交换器、路由器、调制解调器等网络设备,也有电传机、传真机、多功能电话等信息通信设备,网络通信设备是一个发展极快的领域。

⑦ 其他设备。OAS 中的销毁设备主要是用来销毁废弃文件和资料的设备,通常是各种类型的碎纸机等。还有办公活动中的辅助设备,例如,常用的计算器、照相机、投影仪、幻灯机、保护屏、稳压电源、不间断电源等。

(2) OAS 的软件

是指能够管理和控制 OAS,实现系统功能的计算机程序。办公自动化的软件体系有其层次结构,一般来说,软件体系的层次结构可分为三层：系统软件、支撑软件和应用软件。如图 1-5。

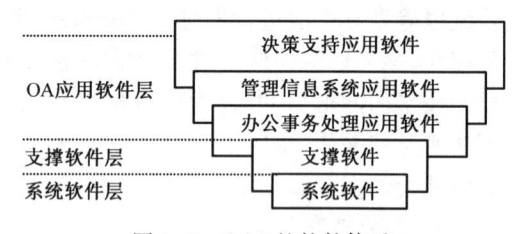

图 1-5 OAS 的软件体系

① 系统软件层是为管理计算机而提供的软件,主要是操作系统,如 DOS、UNIX、Windows 以及 Linux 等。

② 支撑软件是指那些通用的、用于开发 OAS 应用软件的工具软件,例如,各种数据库管理系统(SQL Server、Oracle、Sybase、DB2 等)、通用数据库应用程序开发工具(VB、VC、Delphi、Powerbuilder 等)、压缩/解压缩软件、浏览器软件、音/视频播放软件等。

③ 应用软件是指支持具体办公活动的程序,一般是根据具体用户的需求而研制的。它面向不同用户,处理不同业务。按照对不同层次办公活动的支持,这类软

件又可以进一步划分为三个子层：办公事务处理应用软件、管理信息系统应用软件、决策支持应用软件。

(3) OAS 的网络平台

随着办公自动化业务的发展，在单机上已可以实现单项业务的自动处理，但是，由于办公设备、办公信息、办公人员等在地理上的分散性，信息重复输入、重复处理、重复建库等问题仍然不可避免。同时，存在信息传递滞后时间长、可靠性差等问题，于是网络和通信就成为办公自动化进一步发展的重要条件。

计算机网络主要由服务器、工作站、I/O 设备和网络互连设备等网络单元经通信线路连接组成。随着计算机技术和网络技术的发展，网络单元日益增多，功能也更加完善。下面是几个网络单元在网络中的作用：

① 服务器。计算机网络中提供共享资源的计算机。

② 工作站。网络中使用共享资源或管理网络的计算机或终端。

③ 通信设备。数据的传输设备，包括集中器、调制解调器和多路复用器等设备。

④ 网络互连设备。常用的有中继器、集线器、网桥、交换器、路由器等。

⑤ 通信线路。通信线路用来连接上述各部分单元。通信线路可采用同轴电缆、双绞线和光导纤维等有线通信线路，也可采用微波、卫星通信等无线通信线路。

在办公活动中的信息交换，大多是在机关、单位内部进行的，其信息传输范围主要在几幢建筑物之内，一般来说，采用局域网就可以较好地完成这类通信活动，较好地共享网内各种软、硬件资源。局域网的基本结构如图 1-6 所示。

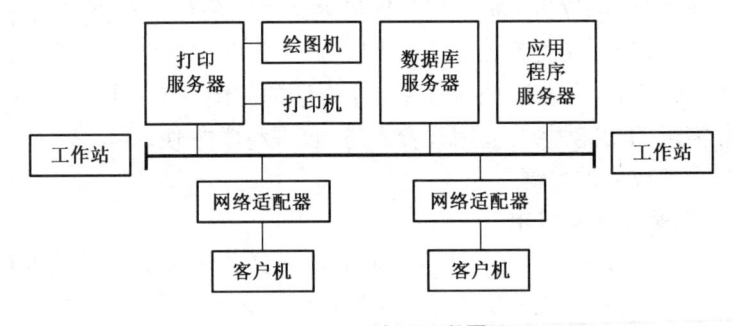

图 1-6　局域网示意图

5. 办公信息

办公信息是各类办公活动的处理对象和工作成果。办公信息覆盖面很广，按照用途，可以分为经济信息、社会信息、历史信息等；按照范围，又可分为内部信息、外部信息；按照形态，通常有数据、文字、语音、图形、图像等。各类信息对不同的办公活动提供不同的支持：为事务工作提供基础；为研究工作提供素材；为管理工作

提供服务；为决策工作提供依据。

办公自动化就是要辅助各种形态办公信息的收集、输入、处理、存储、交换、输出乃至利用的全部过程。因此，对于办公信息的外部特征、办公信息的存储与显示格式、不同办公层次的需要与使用信息的特点等方面的研究，是研制 OAS 的基础性工作。

6. 办公环境

办公环境包括内部环境和外部环境两部分。内部环境指部门内部的物质环境（如办公室布局、建筑、设施、地理位置等）和抽象环境（如人际关系、人与自动化系统的关系、部门间协调等）的总和。外部环境是指和本部门存在办公联系的社会组织或和本系统相关的其他系统。作为办公环境的社会组织与本部门之间，有的是业务关系，也有的是服务与被服务关系。外部环境作为组织机构边界之外的实体原不包括在系统之内，但它对 OAS 的功能和运行给出了约束条件，因此我们把外部环境也视为系统不可或缺的一个组成要素。

办公机构的划分与设置、资金分配等因素直接影响办公环境的界定，也影响 OAS 的规模与功能。

1.2.4 OAS 的功能

办公自动化系统是实现内部各级部门之间以及内外部门之间办公信息的收集与处理、流动与共享、实现科学决策的具有战略意义的信息系统。它的总体目标是："以先进成熟的计算机和通信技术为主要手段，建成一个覆盖整个办公部门的办公信息系统，提供单位与其他专用计算机网络之间的信息交换，建立高质量、高效率的信息网络，为领导决策和办公提供服务，实现办公现代化、信息资源化、传输网络化和决策科学化。"因此，如何选择一个合适的应用系统平台，在其上建立适应办公自动化需求的功能强大、应用开发容易、管理科学方便、界面友好的各种应用是办公信息系统成功的关键。

1. OAS 的基本功能需求

各个单位的业务和职能各不相同，对于办公自动化系统的需求也存在差异。但是一般而言，办公自动化系统均以公文处理和事务管理为核心，同时提供信息通讯与服务等重要功能，因此典型的办公自动化应用包括收发文审批签发管理、公文流转传递、政务信息采集与发布、内部请示报告管理、档案管理、会议管理、领导活动管理、政策法规库、内部论坛等。

如果我们从系统功能角度对上述办公自动化应用做粗浅分析，就会发现办公自动化应用需求以及办公人员对信息处理的操作方式方面有着以下共同特点：

（1）提供电子邮件功能是办公自动化系统的基本需求

建立组织内部的电子邮件系统,使组织内部的通信和信息交流快捷通畅。电子邮件系统(以及更加广泛意义上的报文传递系统)作为信息传递与共享的工具和手段,满足办公自动化系统最基本的通信需求。在一个办公自动化系统中,针对不同的业务需求,通常包含多个应用子系统,如发文、收文、信息服务、档案管理、活动安排、会议管理等,可以将电子邮件信箱作为所有这些办公应用子系统的统一"门户",每一个用户通过关注自己的电子邮件信箱就可以了解到需要处理的工作,而不必反复检查不同的应用系统,以了解需要处理的工作(在这种情况下,如果由于某种人为原因而没有及时查阅某个应用系统,就可能造成工作的延误)。办公自动化应用系统以电子邮件作为统一入口的设计思想,可以大大提高系统用户的友好性和易用性,减少培训的工作量。

(2) 办公自动化系统处理的信息内容包括大量的复合文档型数据

复合文档型数据不同于传统数据类型。所谓传统的数据类型是指数值型、正文型数据。用传统数据类型在表达信息时要求信息具有严格的长度和格式(即所谓"结构化数据"),在处理信息时以关系运算和数学运算为特色。办公自动化所处理信息的一部分符合传统数据类型的特点。

办公自动化对信息的表达与处理方式的要求不同于传统数据类型。办公自动化所处理信息的载体大多是以文件、报表、信函、传真等形式出现,因此办公自动化系统是典型的文档处理系统。

(3) 办公自动化应用是典型的工作流自动化应用

所谓的工作流就是一组人员为完成某一项业务所进行的所有工作与工作转交(交互)过程。几乎所有的业务过程都是工作流,特别是办公自动化应用系统的核心应用——公文审批流转处理、会议管理等。每一项工作以流程的形式,由发起者(如文件起草人)发起流程,经过本部门以及其他部门的处理(如签署、会签),最终到达流程的终点(如发出文件、归档入库)。工作流程可以是互相连接、交叉或循环进行的,如一个工作流的终点可能是另一个工作流的起点,如上级部门的发文处理过程结束后引发了下级部门的收文处理过程。工作流程也可以是打破单位界限,发生于与相关单位之间的。

工作流自动化的目标就是要协调组成工作流的四大元素,即人员、资源、事件、状态,推动工作流的发生、发展、完成,实现全过程监控。工作流自动化有以下三种实现模式:

① 基于邮件的工作流:就是通过邮件将数据表单从一方邮箱传送到另一方邮箱。其特点是模式简单。但是,最大的弊病是无法实行监控,没有一个管理者可以随时掌握工作流的动态。其他问题包括:难以实现自动化处理,如通过代理催办、集中归档、统计;数据容易出现多份拷贝,难以控制安全性和准确性;大量的邮件传

输引发大量的网络流量。

② 基于共享数据库的工作流：可以克服上述基于邮件的工作流缺点。其优点在于信息单一存储，自动处理，安全性更好，容易实现监控。但是，因为缺乏信息通讯机制，无法主动通知有关人员进行下一步的工作，使得工作流驱动不畅。

③ 基于群件模式的工作流，即基于邮件和共享数据库结合模式的工作流应用，结合上述二者的优点。通过数据库管理工作流信息，通过电子邮件推动工作流程，即所谓的"跟踪—通知"模型。

基于群件的工作流自动化系统充分利用了邮件和数据库的特点。通过可开发的应用设计工具开发出包含并优于前两者模式的工作流应用。从信息技术的角度出发，群件模式结合了"推"、"拉"技术，充分发挥了不同技术的优点，

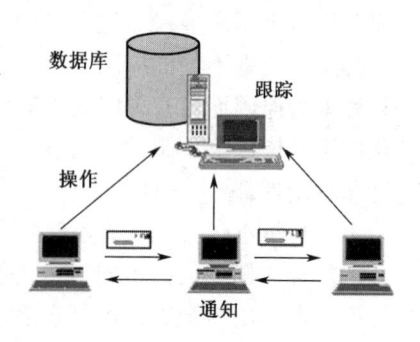

图1-7 基于群件模式的工作流

克服其缺点，是理想的办公自动化流程处理模式，也使办公自动化人员拥有了完整的信息技术工具。

(4) 办公自动化系统应能支持协同工作和移动办公

① 在日常办公中，办公人员需要花费大量时间进行讨论和交流意见，才能作出某种决策（即"产生"信息的过程）。而这种在群体中互相沟通、合作的工作方式就是所谓的"协同工作"（工作流是其中一种相对有序的协同工作方式）。

② 所谓的"移动办公"就是提供办公人员在办公室以外的办公条件，可以远程拨号或登录到出差地的网络，通过电话线或广域网络，随时访问到办公自动化系统；为提高工作效率和减少费用，办公人员还可以选择"离线"工作方式，即将需要处理的信息先下载到本地便携机上，然后切断连接，"离线地"处理信息（例如，办公人员可以在旅途中批阅公文，起草电子邮件等），工作完毕才再次连接，将自己的工作结果发出以及再次下载新的待办信息。

在网络时代，对信息的利用已不仅仅只是关注于信息本身了，为提高信息的利用率，必须有充分的技术可能性可以更好地支持人们的工作手段和习惯。所以办公自动化系统作为网络应用系统应提供用户协同工作支持和移动办公支持。

(5) 办公自动化系统应能集成其他业务应用系统和 Internet

办公自动化系统决不是独立的应用系统。在任何一个单位内部都存在着其他业务应用系统，如 MIS、专业应用系统等，它们与办公自动化系统互相联系。例如，专业应用系统的统计结果报表成为办公自动化应用系统的一项办公信息，反之

办公自动化系统的一项输出,如正式公文是专业应用系统的信息计算与处理依据。因此办公自动化系统必须能够集成单位内部的其他业务应用系统。此外,随着Internet 技术的普及和应用,办公自动化系统作为 Intranet 的重要应用必须能够与 Internet 相连接,包括电子邮件、Web 发布等,这不仅沟通了内外的信息,对外宣传企业,而且还可以进一步提供网络服务,实现电子商务与参与电子社区。

(6) 办公自动化系统要求完整的安全性控制功能

办公自动化系统所处理的信息一般涉及机关机密,而且不同的办公人员在不同的时刻对办公信息的处理权限也不相同,因此安全性控制功能成为办公自动化系统得以投入使用的先决条件。一般机关办公自动化的安全性控制要求包括防止非法用户侵入、权限控制、存储和传输加密以及电子签名。这些手段必须足够强大,难以被攻破,而且也必须足够灵活,方便使用者掌握和利用。

这些功能需求是我们选择办公自动化应用系统的开发与使用平台时必须考虑的判断依据。

2. OAS 的平台要求

为实现上述办公自动化的功能需求,信息技术必须提供坚实的基础和充分的技术手段。亦即 OAS 平台应具有内置的、与生俱来的特殊功能,能够很方便地实现:

① 应用系统的开发。只有拥有简单易学、快速灵活的开发手段才能开发出符合业务需要的而且是需求多变的应用。

② 应用系统的集成。包括办公系统各子系统之间的数据集成和办公系统与从不同职能部门系统之间信息双向传递的数据集成能力。特别需要强调的是,这些相关的系统可能是完全异构的、分散的系统。

③ 应用系统的管理。由于涉及重要的政务办公信息,信息系统的的安全性与完整性、强壮稳固、可配置管理是随时应该考虑的特性。

④ 应用规模。办公系统是一类地域分布广泛的分布式信息系统用户群。适应这样的特殊应用要求的邮件骨干网与信息传递通道应具备大规模信息交流与共享能力,技术的符合标准与先进性。这是应用系统开放、具有强大生命力的保证。

1.3 协同办公系统

随着网络技术的发展,异步协作方式如电子邮件、网络论坛等,同步协作方式如网络实时会议等正在逐渐成为除了人们面对面开会之外的新的工作方式,它们打破了时间、地域的限制,使人们可以随时、随地参加到协同工作中去。因此,协同

办公,尤其是以工作流应用为基础的相对有序的协同工作方式正在日常的办公系统中得到应用,大大提高了工作效率。

1.3.1 协同办公系统平台的选择

协同办公系统平台目前主要有两类:

第一类是以群件为基础,主要是基于 IBM Lotus Domino/Notes 和基于 Microsoft Exchange 的两种。Lotus Domino/Notes 是一个从邮件系统发展起来的类似于文档数据库的产品,早期是 OAS 的主流。随着 OAS 的不断发展,出现了不少基于 Notes 和 Domino 的 OA 产品,功能也从简单的收发文、信息共享发展到包括工作流等较全面的功能。Exchange 则是完全基于微软平台的一个产品,其本质是一个邮件服务器,但包含一些增强功能。

第二类是以开放平台为基础,主要是基于"J2EE(Java)"、".NET"平台和其他程序开发语言三种。这些都是基于程序开发语言来实现的,后台采用标准数据库,如 Oracle、SQL Server、DB2 等,采用标准的 B/S 结构。

以上产品各有其优缺点:

① Domino:优点是拥有较多成熟产品。从历史角度看,由于它本身就是一个面向基本的协同工作及信息共享的产品,所以早期 OA 应用大都选择以它为基础,成为此领域主流的选择。缺点是由于它不是开放的系统,因而系统的灵活性受到一定局限,给新功能的二次开发带来一定的困难。

② Exchange:它具有一些 Domino 的优点,同样也具有 Domino 的一些缺点。现在市场上基于它的 OA 产品较少,并且只能基于 Windows 平台。

③ J2EE:是当今软件开发的两大主流方向之一(另一个是.NET)。用 J2EE 做应用软件,包括 OAS 已经是现在的主流方向,它的优点很明显:标准的数据库、开放的接口,可以很好地与其他系统进行交互,也很容易在软件中增加功能,具有很强的灵活性。并且 J2EE 可以跨平台运行,这点是.NET 所不具备的。

④.NET 除了其只能局限于微软平台的缺点外,从应用角度看,与 J2EE 的优缺点类似。

考虑一般用户对协同办公系统需求的认识,以及在这一领域的成功经验,我们建议采用 IBM 公司著名的邮件、群件与 Web 应用开发平台产品 Lotus Domino/Notes 作为办公系统的基本软件平台,结合必要的相关系统、产品与工具,构筑办公自动化系统。

1.3.2 为什么推荐 Lotus Domino/Notes

Lotus Domino/Notes 是业界公认的群件"鼻祖"和事实标准。自 1989 年 12

月发布 1.0 版本以来,已有 20 年的发展历史,积累了丰富的经验。在电子邮件与群件市场,拥有最大的客户群和最大的市场份额。Lotus 正在将其优点推广到基于广域网的邮件、群件产品的开发与推广之中,其中以 Lotus Domino/Notes 为代表,继续保持其在这一领域的领先地位。目前,国内许多政府机关和企事业单位都采用 Lotus Domino/Notes 作为办公自动化系统的基础平台。Lotus Domino/Notes 是电子邮件、文档数据库、快速应用开发技术以及 Web 技术为一体的电子邮件与群件平台。其目的是跨越地域、部门之间的界限,使得各行各业的工作人员传递、共享信息与知识,从而提高群组的工作效率。

1.3.3 Lotus Domino/Notes 的应用示例

1. 基于 Lotus Notes 解决方案的清华大学办公自动化系统

清华大学办公自动化系统是清华大学信息系统三大组成部分之一,该项目已于 1997 年 4 月顺利通过专家论证并正式起用,它是清华大学在原有的信息与计算机基础设施(TICI)的框架内,成功部署的面向 21 世纪信息社会的数字化办公系统,能够为清华大学建立科学、高效的现代办公及管理制度提供重要的信息化基础,帮助清华大学朝着建设综合性、研究型、开放式世界一流大学的目标阔步前进。

办公自动化系统必须能够确保清华大学从系一级到学校一级的各部门,以及所有有关的办公人员都可以在桌面计算机上处理日常工作,在网络上完成绝大部分公文的处理和传送工作,以计算机网络通信取代磁介质和纸介质的传送,提高各部门之间的协作效率,从而确保学校领导能够方便、及时获取各种信息和统计数据,立即知晓各项工作的进展情况。

Lotus Notes 作为世界领先的通信处理软件和群件产品,具有诸多优势功能:首先,它作为文档数据库管理系统,能够高效率处理非结构化信息;其次,作为群件平台,能够支持工作组成员跨越时空界限共享信息;第三,具有先进的邮件处理和通信机制,便于工作组成员之间的协同工作;最后,融合了 Internet 和 Web 的标准,可以将 Web 浏览器作为 Notes 的客户机,从而实现与 Internet 的高效率联接。基于这些优势功能,Lotus Notes 成为清华大学办公自动化系统的应用开发平台。

清华大学在部署办公自动化系统时能够充分利用在 Unix 平台上的原有投资;能够以运行 Windows NT 环境的 PC 体系结构的服务器作为备份和开发环境,不需要购买昂贵的运行 Unix 系统的专用服务器,从而有效节省投资。

2. 基于 Lotus Domino/Notes 的新华社新闻编辑系统

20 世纪 90 年代初,新华社就开始着手通信系统工程建设,建成了编辑、图片处理、新闻通讯、经济信息、资料检索等 10 多个计算机信息处理系统,拥有包括卫星通讯在内的传输网络,形成了以北京为中心,香港、纽约、巴黎、伦敦为转发中心,

覆盖全国和世界100多个国家和地区的新闻通信体系。经过近10年的使用，新华社原有编辑信息系统的硬件使用周期已近极限；另一方面，随着新闻业务的不断发展，编辑记者对编辑系统提出了越来越多的功能需求。

新华社最终决定选用基于 Lotus Domino/Notes 工作流和数据库的管理系统方案。系统前端选择 Lotus Domino/Notes，后端采用大型数据库 IBM DB2，提供对新闻稿件和资料的海量信息管理服务；用 Domino 和 IBM MQ Series 消息排队软件构造新闻信息处理高效自动化的基础平台。

安全性方面，Notes 本身具有有效的自我保护能力，可采用身份验证来保证用户和服务器、服务器和服务器之间连接的可靠性，即使闯过防火墙也无法进入 Notes 系统。同时，Notes 系统中的信息在网络传输过程中，可通过加密和电子签名技术来保证信息的安全，而 Notes 存取控制功能分配用户不同的信息使用权限，使信息既安全可靠，又易于控制。

第 2 章 Lotus Domino/Notes 体系结构与基础知识

2.1 Lotus Domino/Notes 体系结构

Lotus Domino/Notes 是 IBM 生产的一种群件。从 1989 年 Notes 发布 1.0 版本到今天最新的 Lotus Domino/Notes 8.0 版本,其系列产品具有下列特点:

① 先进的文档数据库和坚固的电子邮件体系、工作流自动化开发、标准的 Web 应用服务器等技术优势确立了其在群件应用领域的领导地位。

② 具有跨平台、高可靠性、高伸缩性、高安全性,易于管理,高效复制和移动计算,开发效率高,支持快速实施等性能。

Lotus Domino/Notes 是实现和运行办公自动化的平台,是工作流自动化和群件标准,支持 Intranet,提供邮件系统,是知识管理系统,提供了完备的知识管理框架,是电子政务的首选平台。

Lotus Domino/Notes 是一个典型的 Client/Server 结构的应用系统,分为 Domino 服务器和 Notes 客户机两部分。

Domino 服务器包括:Domino 消息服务器,Domino 应用服务器和 Domino 企业服务器。Domino 邮件服务器专门用来提供邮件服务,不能用来提供其他服务。Domino 应用服务器提供应用程序服务器,且其企业服务器功能最强。

Notes 作为客户端软件已被认为是业界功能最强的 Internet/Intranet 客户机。Notes 在客户端为用户提供了一个高集成度的服务和应用体系,它支持几乎所有的 Internet/Intranet 标准和传统的协议标准,具有浏览器、邮件工具、日历日程安排和支持工作流的特性,而且还是一个针对 Internet/Intranet 应用的强大的开发工具。

下面将以 Lotus Domino 8.0 版本为例介绍其服务器和客户端的应用。

2.1.1 Lotus Domino 服务器的类型及应用

Lotus Domino 8.0 服务器和传统服务器一样是集成的客户端/服务器中的重要部分,支撑着 Notes 8.0 客户端的各种需求;同时,也为多种客户端提供丰

富的服务。图 2-1 描述了 Domino 8.0 服务器支持多种客户端集成使用的框架结构。

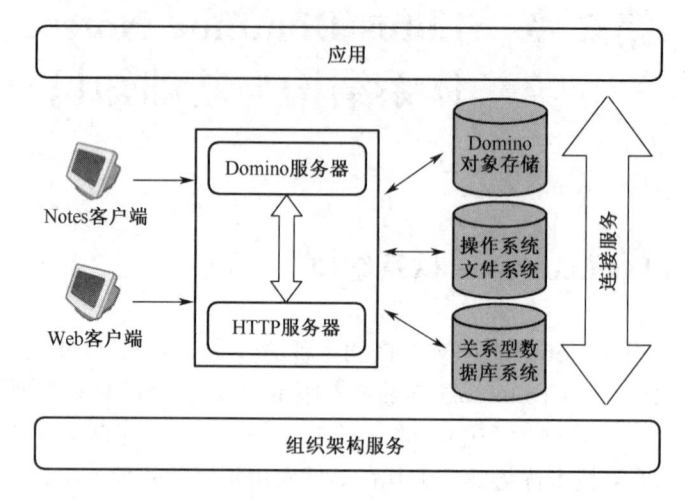

图 2-1　Lotus Domino 8.0 服务器支持多种客户端集成使用的框架

在安装 Domino 服务器的时候,用户可以选择安装服务器的类型,那么这些服务器之间在软件许可和支持功能上有什么不同呢?

1. Domino 消息服务器(Domino Messaging Server)

Domino 消息服务器是在公司范围内部署电子邮件、日历及基本协作工具的框架结构的一种服务器的软件许可选项。Domino 消息服务器支持最新的 Internet 邮件标准,包含行业领先的邮件、日历、日程安排、讨论数据库、信息数据库(Reference databases)等。所有以下应用都包含在这个安装选项中:

① 电子邮件、日历及日程安排;
② 个人信息管理(PIM)功能,包括个人目录、个人日志;
③ 讨论数据库;
④ 带有工作流和文档审批的信息数据库(Reference databases);
⑤ Lotus Notes 及 Web 用户使用的博客模板;
⑥ RSS 馈入阅读器生成模板;
⑦ Domino 分区服务器(在一台机器上,用一套 Domino 代码、运行多个 Domino 服务器实例);
⑧ 集成的管理员及系统管理工具。

2. Domino 企业服务器(Domino Enterprise Server)

Domino 企业服务器是在公司范围内部署电子邮件、日历及协作应用的框架

结构的一种服务器的软件许可选项。Domino 企业服务器包含所有 Domino 消息服务器的功能,除此以外,还增加了对 Internet 和 Internet 应用程序的支持。它包括:

① 电子邮件、日历及日程安排;
② 个人信息管理(PIM)功能,包括个人目录、个人日志;
③ 讨论数据库;
④ 带有工作流和文档审批的信息数据库(Reference databases);
⑤ Lotus Notes 及 Web 用户使用的博客模板;
⑥ RSS 馈入阅读器生成模板;
⑦ 工作室应用数据库(Teamroom Application);
⑧ 授权运行 Lotus Domino 协作应用;
⑨ Domino 分区服务器(在一台机器上,用一套 Domino 代码、运行多个 Domino 服务器实例);
⑩ Domino 群集,用于失效转移、负载平衡;
⑪ 集成的管理员及系统管理工具;
⑫ 有限地使用 IBM Web Sphere Application Server。

3. Domino 应用服务器(Domino Utility Server)

Domino 应用服务器是与邮件无关的应用的一种扩展服务器软件许可选项。这些应用可以使用 Web 浏览器而不需要获得客户端软件许可。对于用户覆盖公司内外而又不需要使用邮件、日历的协作应用,部署在 Domino 实用程序服务器上是最经济的选择。

Domino 实用程序服务器适用于部署用户量很大而又难以被追踪的应用,如 Web 上的用户服务应用。在这类应用中,设计者可以定制工作流,在部门内外部署处理文档的能力。

Domino 实用程序服务器包括的内容如下:
① 支持访问和邮件无关的协作应用(在这种服务器许可中,不能使用个人邮件);
② Domino 分区服务器(在一台机器上,用一套 Domino 代码运行多个 Domino 服务器实例);
③ Domino 群集,用于失效转移、负载平衡;
④ 有限地使用 IBM WebSphere Application Server;
⑤ 授权使用 IBM Lotus Domino Document Manager 和 IBM Lotus Workflow 软件;
⑥ 集成的管理员及系统管理工具。

如果只是通过 Web 浏览器访问和邮件无关的应用,那么可以不需要客户端的软件许可。但如果要通过 Lotus Notes 客户端访问应用,则需要客户端的软件许可。

2.1.2 Lotus Notes 客户端的组件

Lotus Notes 客户端从版本 8.0 开始,因为 Eclipse 开发架构的引入使产品分为两套软件。一套是基于 Eclipse 架构并把传统用 C 语言开发的软件作为插件形式存在的"Notes 标准版"。另一套是继续沿袭原来的单纯 C 语言开发环境下开发出来的软件"Notes 基础版"。无论标准版还是基础版,都提供给客户两种类型的客户端安装包,一种是单纯的 Notes 8.0 客户端,还有一种是包含开发和管理应用的安装包,通常称之为 Notes 8.0 客户端的完整版。如表 2-1 列出了在 Windows 和 Linux 上安装包类型及其所包含的组件。

表 2-1 Notes 安装包类型及其所包含的组件

包含组件	Windows				Linux
	Notes 标准版	Notes 完整标准版	Notes 基础版	Notes 完整基础版	Notes 标准版
Lotus Notes 8.0	√	√	√	√	√
Lotus Domino Administrator 8.0	×	√	×	√	×
Lotus Domino Designer 8.0	×	√	×	√	×
Lotus Domino Console	×	√	×	√	×
Notes Minder	√	√	√	√	×
Remote Server Setup	×	√	×	√	×
Server Load Utility	×	√	×	√	×
Lotus Documents	√	√	×	×	√
Lotus Presentations	√	√	×	×	√
Lotus Spreadsheets	√	√	×	×	√

表 2-1 提到的所有 Notes 相关组件的说明如下:

① IBM Lotus Notes 8.0:最终用户使用,实现电子邮件、日历、群组日程安排、Web 浏览和信息管理等功能。

② IBM Lotus Domino Designer 8.0:开发人员使用,它是一个集成的 Web 和局域网/互联网应用开发环境。

③ IBM Lotus Domino Administrator 8.0：管理员使用，是 Notes 和 Domino 的管理客户机，可以用来执行多数管理任务。

④ Notes Minder：最终用户使用，是一个功能部件，使用它不必启动 Notes 就可以检查邮件、监视"日历"闹铃。

⑤ IBM Lotus Domino Console：管理人员使用，是一个基于 Java 的控制 Domino 服务器的程序，能够监视受控制服务器的状态，并可以发送指令管理该服务器。例如，可以使用命令远程控制 Domino 服务器上的进程或者重新启动该服务器等。

⑥ IBM Lotus Remote Server Setup：管理人员使用，用于远程配置服务器或记录配置脚本在服务器上重新运行的能力。

⑦ IBM Lotus Server Load Utility：管理人员使用，是一个能力规划工具，通过运行测试脚本来衡量 Domino 服务器的能力和反应程度。

⑧ Lotus Notes 客户端作为一个基于网络的办公软件，其本身已经具有比较强大的编辑功能，但是从桌面办公领域来看，Lotus Notes 客户端中本身带有的编辑功能仍然具有很大的局限性，为了满足用户的这些需求，从 Lotus Notes 8.0 开始，客户端中捆绑了生产力工具这一桌面办公软件——Lotus Symphony。包括 IBM Lotus Documents、IBM Louts Spreadsheets 和 IBM Lotus Presentations。

A. IBM Lotus Documents：生产力工具中文档处理组件，使用 Lotus Document，可以创建简单或高度结构化的文档、图形、表格、图表和电子表格。它提供了精确控制文本、页面、文档部分和整个文档的格式等众多功能。

B. IBM Louts Spreadsheets：生产力工具中电子表格处理组件，使用 Lotus Spreadsheets，可以执行标准和高级的电子表格功能来计算、分析及管理数据。

C. IBM Lotus Presentations：生产力工具中演示文档处理组件，使用 Lotus Presentations，可以创建包含图表、绘图对象、文本和多媒体等内容的专业演示文稿。Lotus Presentations 提供了多种模板来帮助迅速制作专业演示文稿。

2.2　Lotus Domino / Notes 系统的安装配置与启动

下面将以 Windows 环境下 IBM Lotus Domino/Notes 8.0 的安装和配置来说明。软件均可从 IBM 网站下载：http://www.ibm.com/developerworks/cn/lotus。

2.2.1　Domino 服务器的安装和配置

① 运行 Domino 安装程序"setup.exe"，进入安装界面，点击"Next"。

协同办公——Lotus Domino/Notes 实验教程

图 2-2 安装界面

② 在许可协议界面选择接受选项,点击"Next"。

图 2-3 许可协议界面

③ 选择安装路径,一般系统文件安装后所需的空间比较稳定,而数据文件随

着系统的使用,空间使用会不断增大,因此数据文件的存放地点应有较大的空余空间。选择好安装路径,点击"Next"。

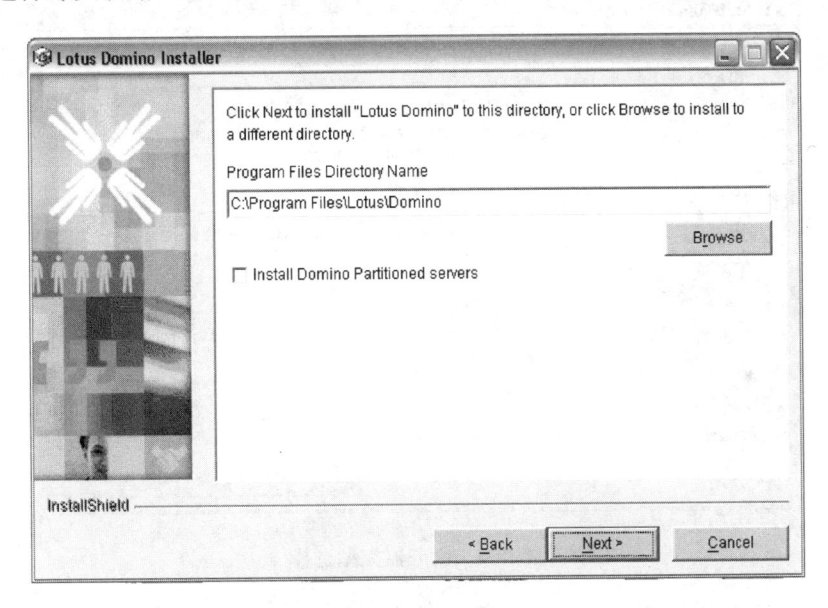

图 2-4　系统文件安装路径选择

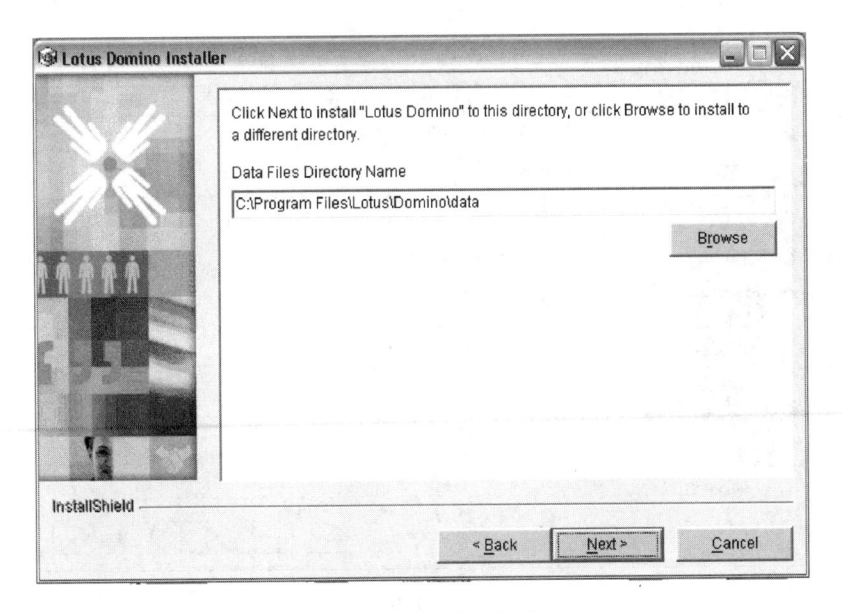

图 2-5　数据文件安装路径

④ 选择安装 Domino 的"Enterprise Server"选项，点击"Next"。

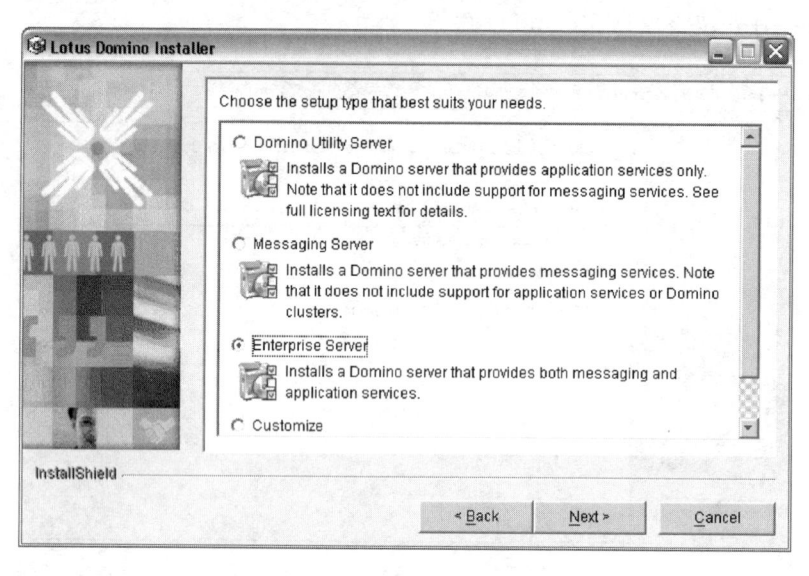

图 2-6　服务器类型选择

⑤ 确认安装信息，点击"Next"后进入安装界面，完成后点击"Finish"完成安装。

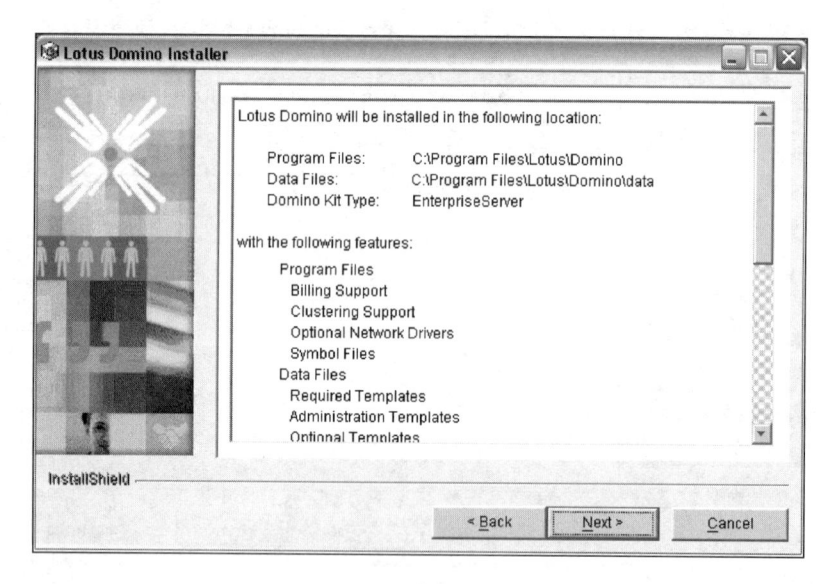

图 2-7　安装信息

第 2 章　Lotus Domino/Notes 体系结构与基础知识

⑥ 点击"开始"→"所有程序"→"Lotus Applications"→"Lotus Domino Server",运行 Lotus Domino Server 程序,进入 Domino 的配置界面。

图 2-8　服务器启动程序

⑦ 在"Server setup"界面,点击"Next"。

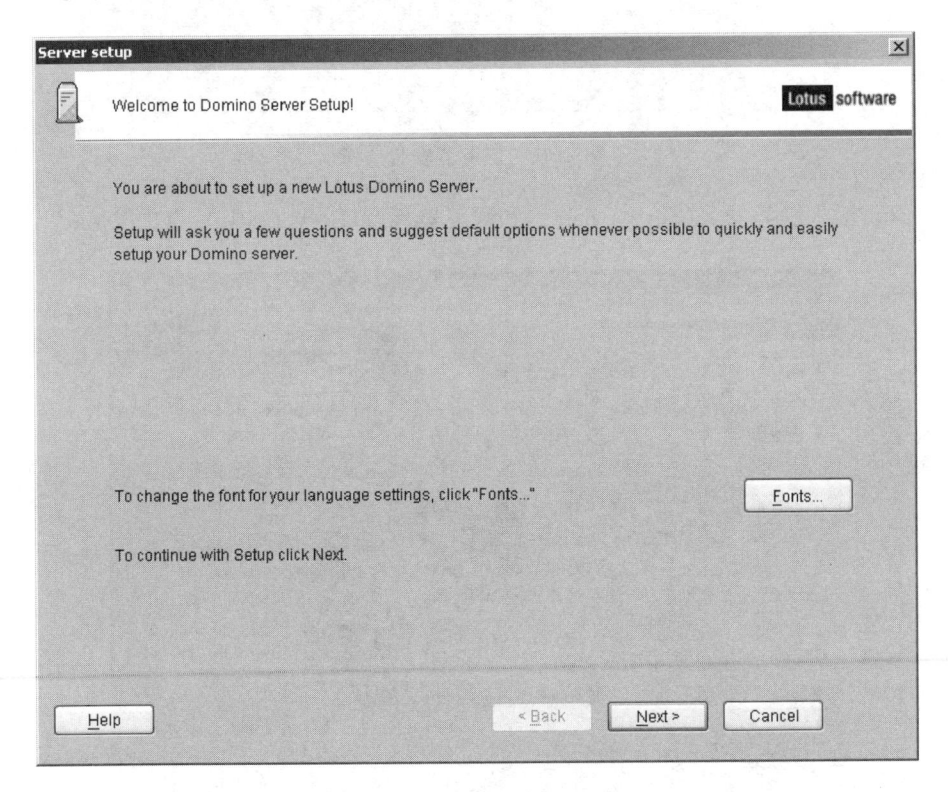

图 2-9　服务器启动

⑧ 如果该服务器是配置的第一台服务器,选择"Set up the first server or a stand-alone server"选项,否则选择"Set up an additional server"。点击"Next"。

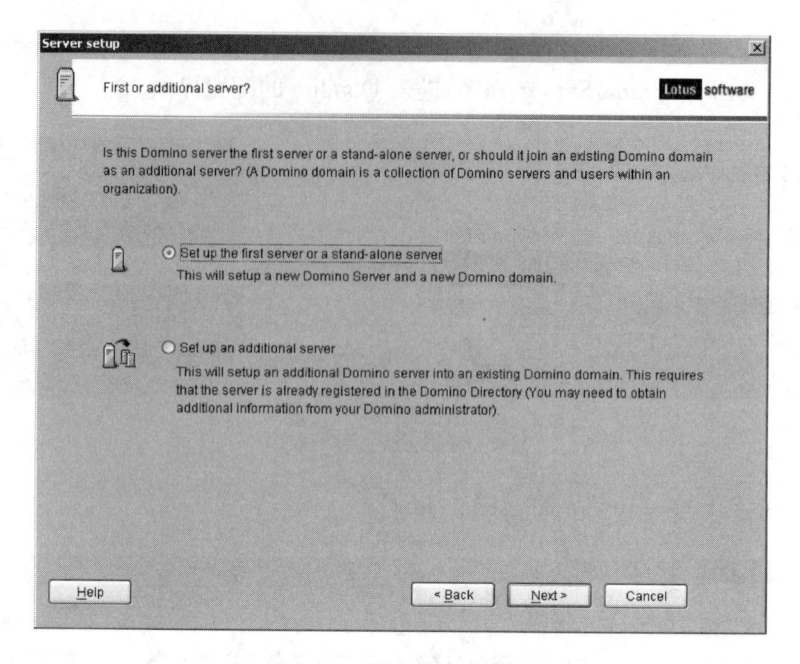

图 2-10　服务器安装选择

⑨ 输入服务器名（Server name）和服务器标题（Server title），点击"Next"。

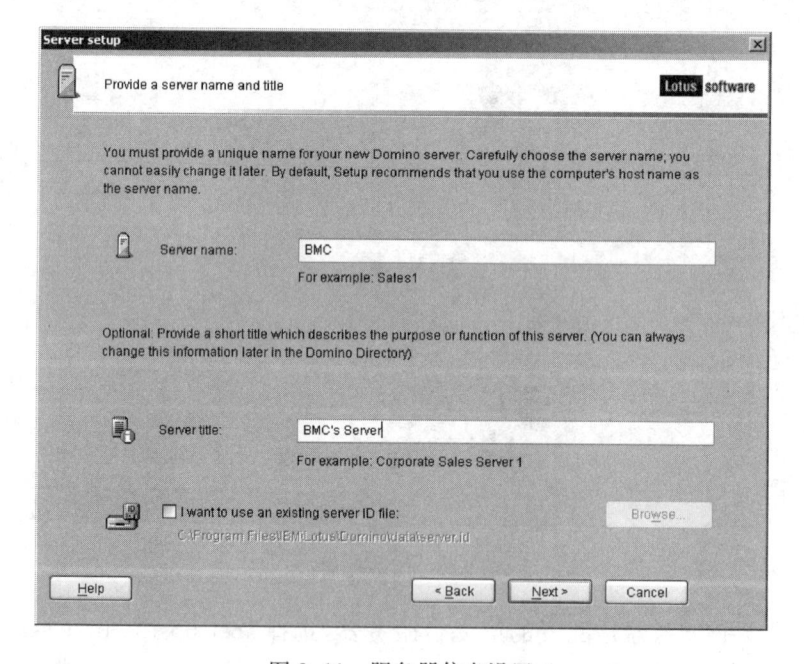

图 2-11　服务器信息设置

第 2 章 Lotus Domino/Notes 体系结构与基础知识

⑩ 输入组织名称（Organization name）、组织验证者和密码（organization Certifier/password），并确认密码（Confirm password），注意组织名称和密码必须牢记，该信息存储在"cert.id"的标识符文件中。点击"Next"。

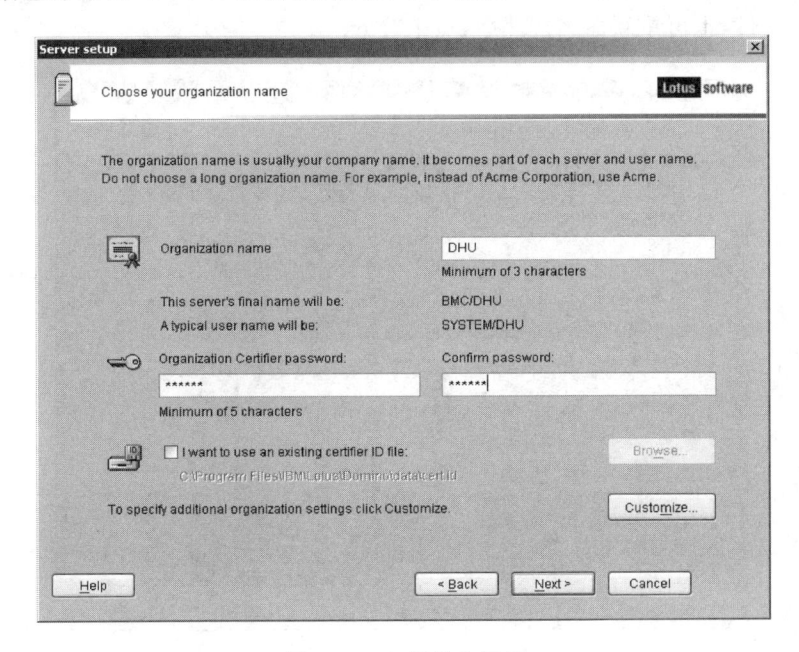

图 2-12 组织信息设置

⑪ 输入 Domino 网络域名称（Domain name）。点击"Next"。

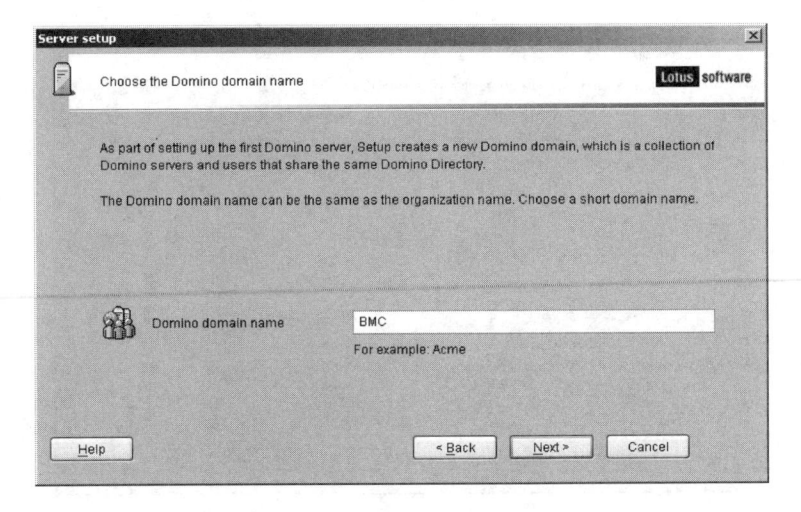

图 2-13 域名信息设置

⑫ 输入管理员名字(Last name 必须输入)、密码,并确认密码。注意该用户是系统管理员,用户名和密码是将来进行身份验证的重要文件,一定要牢记,最好能"Also save a local copy of the ID file",对其 id 文件作本地拷贝,默认生成"Admin.id"文件,也可重新命名。然后,点击"Next"。

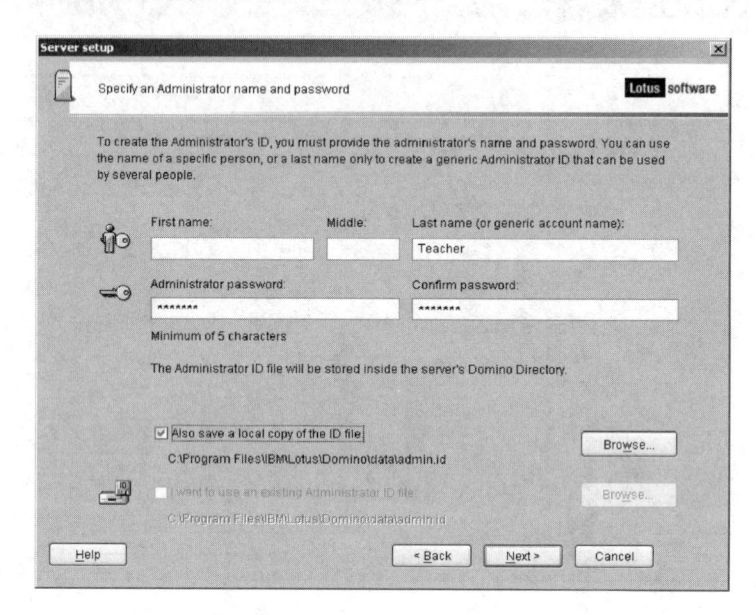

图 2-14　管理员信息设置

⑬ 选择服务器提供的 Internet 服务选项。点击"Next"。

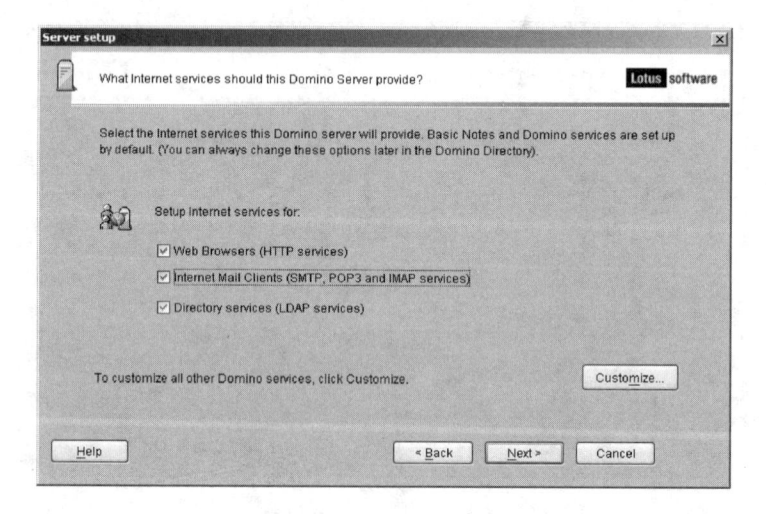

图 2-15　Internet 服务选择

⑭ 输入主机名,可点击"customize",输入完整的主机网络域名,例如,"bmc.dhu.edu.cn",点击"OK"。然后,点击"Next"。

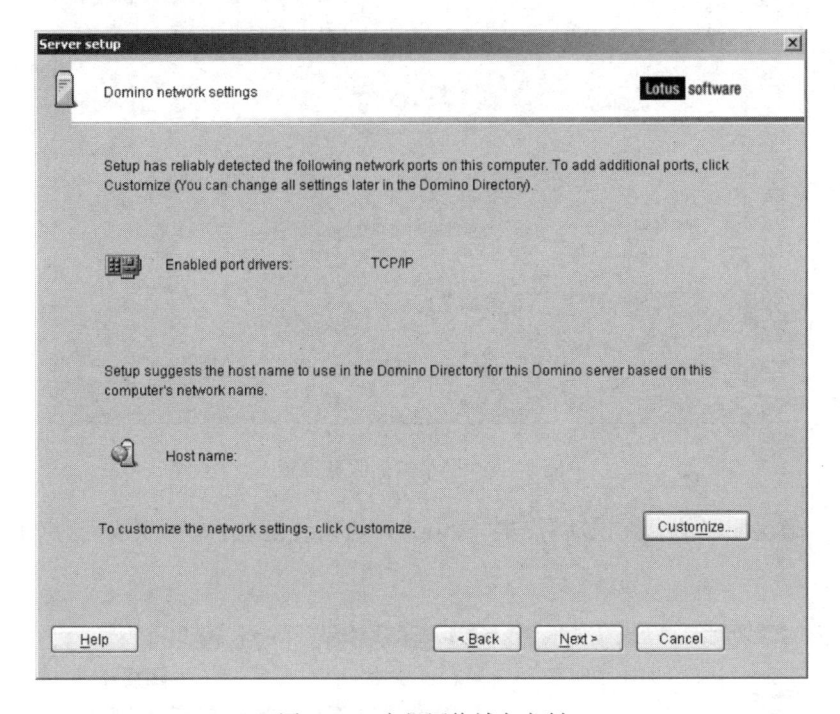

图 2-16 主机网络域名定制

图 2-17 主机网络域名设置

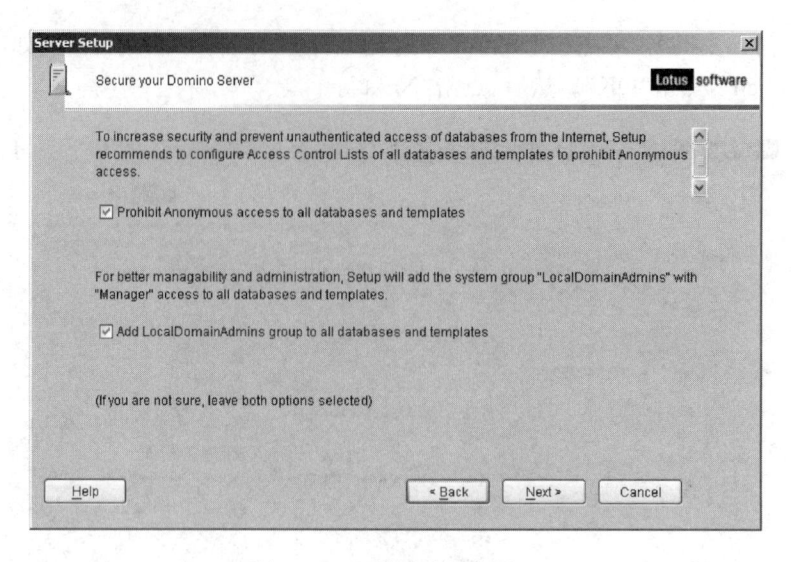

图 2-18　网络默认服务设置

⑮ 确认配置信息无误后，点击"Setup"开始系统配置，配置完成后，点击"Finish"。

图 2-19　服务器配置信息

⑯ 重复步骤 6，启动服务器。

图 2-20 启动服务器

2.2.2 Notes 客户端的安装与配置

① 运行 Notes 安装程序"setup.exe",进入安装界面,点击"Next"。在许可协议界面,点击"Next"。选择安装路径,同 Domino 服务器安装类似。客户端系统文件安装后所需的空间比较稳定,而数据文件随系统的使用,空间使用不断增大,因此数据文件的存放地点应有较大的空余空间。选择好安装路径点击"Next"。进入 Notes 客户端软件选择界面。见图 2-21。

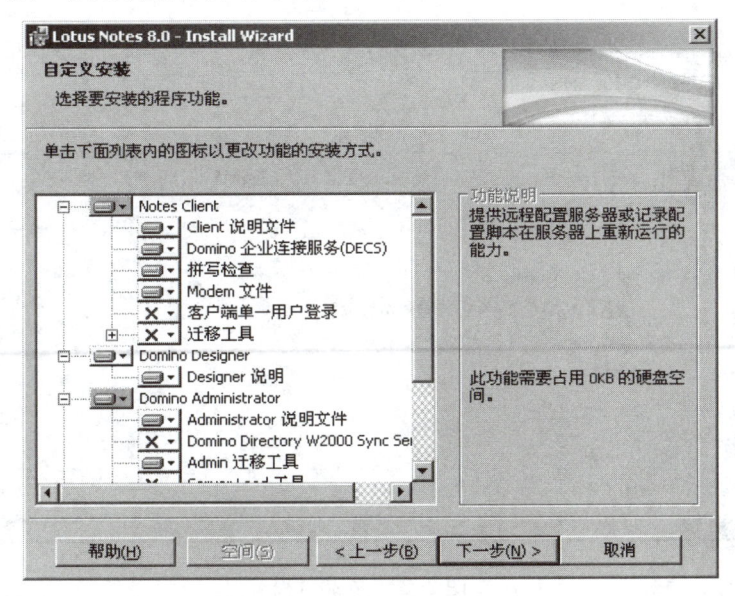

图 2-21 客户端软件安装选择

② Notes 客户端包括 Notes Client、Domino Designer 和 Domino Administrator，分别为一般用户的客户端、设计者客户端、服务器管理员客户端。选择好需要安装的软件后点击"下一步"。

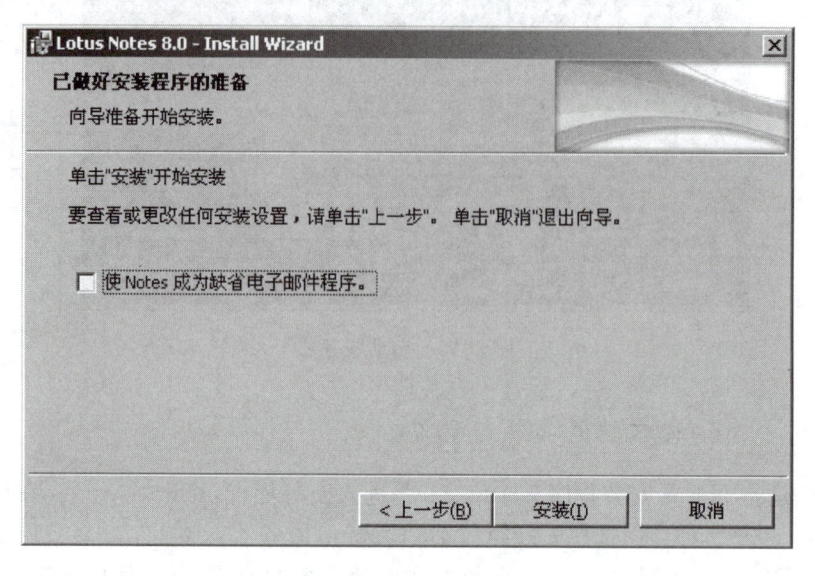

图 2-22 安装客户端的确认界面

③ 安装进行过程。

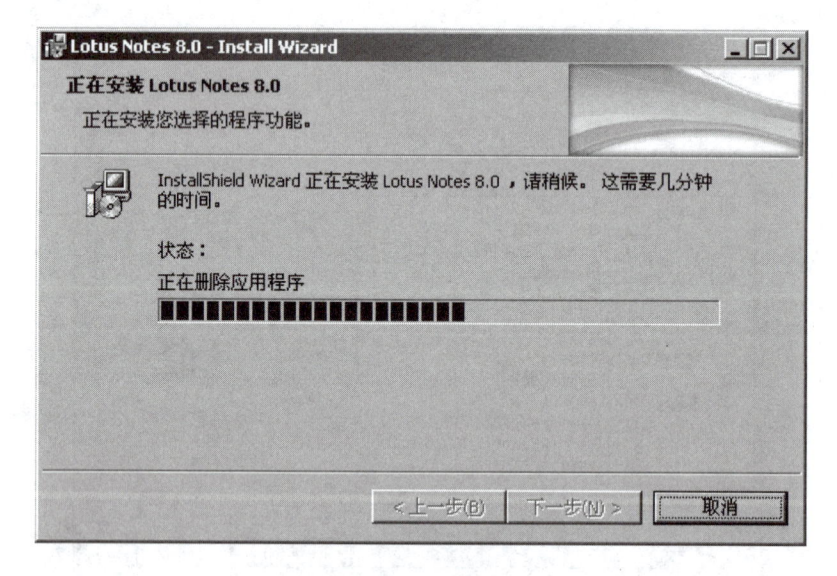

图 2-23 安装过程

④ 点击"完成",完成客户端的安装。

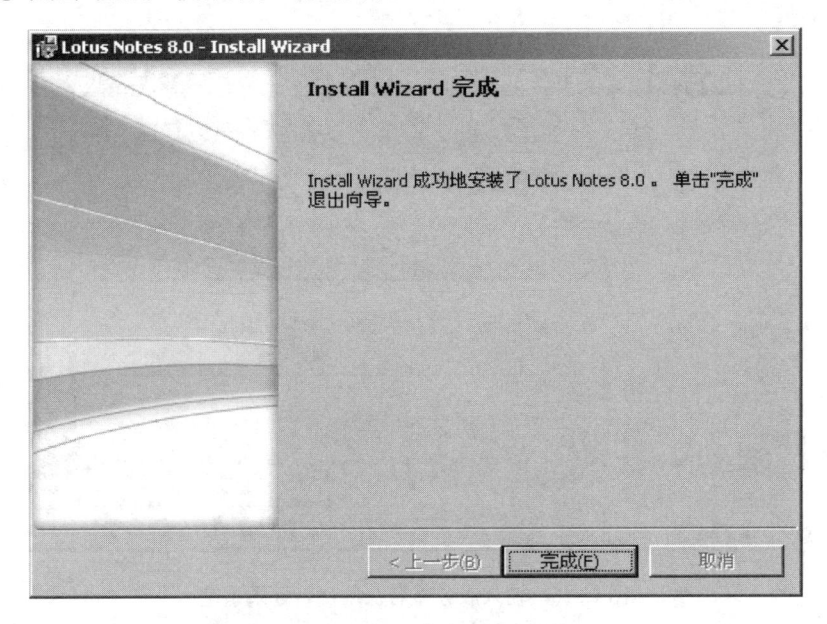

图 2-24 客户端安装完成界面

⑤ 配置客户端,首先保证已经启动 Domino 服务器。详情参考 Domino 服务器安装步骤 16。

⑥ 连接到 Domino 服务器。点击"开始"→"所有程序"→"Lotus 应用程序"→"Lotus Notes",启动 Notes 客户端,进入启动界面。

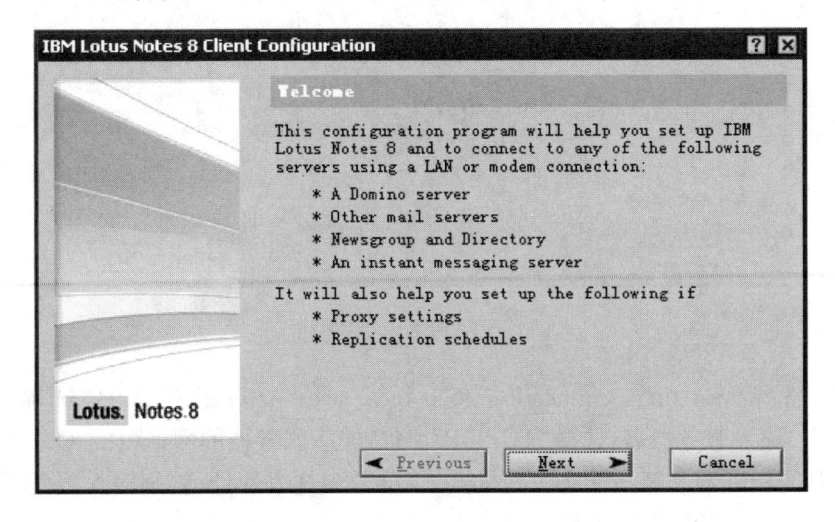

图 2-25 客户端启动界面

⑦ 输入用户名（可以是配置服务器时输入的管理员名字）及网络域名称，点击"Next"。

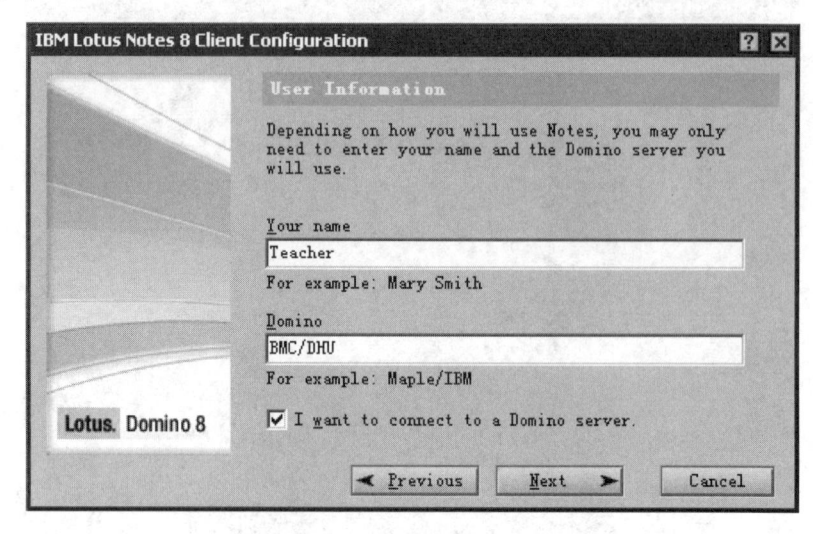

图 2-26 输入服务器名及用户名登录系统

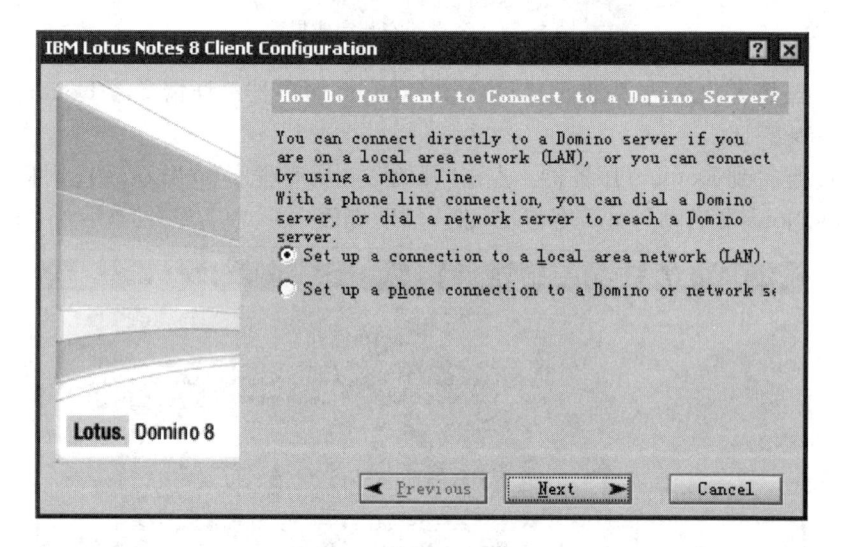

图 2-27 服务器连接设置

⑧ 选择"Set up a connection to a local area network(LAN)"选项，点击"Next"。输入服务器名，选择"TCP/IP"协议，输入服务器的网址（127.0.0.1 代表本机，如果服务器和客户端在一台机器上，可输入这个网址，否则输入服务器的实际网址）。点击"Next"。

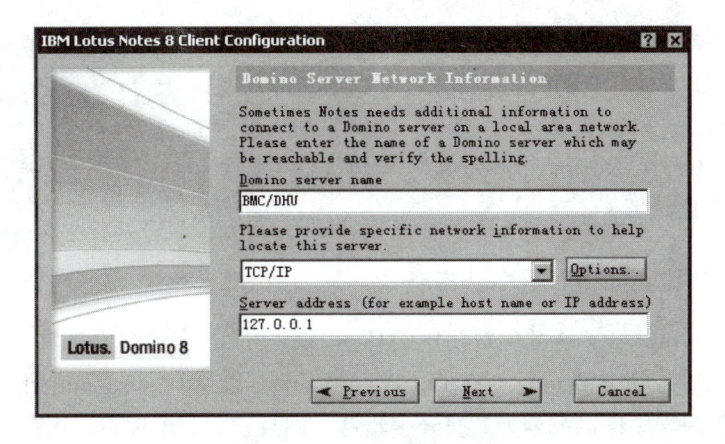

第 2 章 Lotus Domino/Notes 体系结构与基础知识

图 2-28 输入服务器网址

⑨ 输入用户密码,点击"OK"。

图 2-29 密码输入

⑩ 其他的可选配置,可根据需要安装。点击"Next"

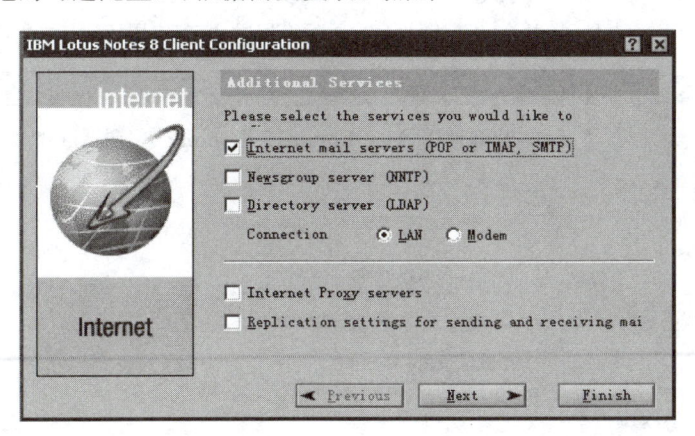

图 2-30 客户端其他配置

⑪ 当看到图 2-31 时,配置成功完成。点击"确定",进入 Lotus notes 8.0 平台。同时在 Notes 的数据目录(默认为 Notes\data)下创建了个人通讯录(NAMES.NSF),并将其图标加在工作台页面上;将服务器上的公共通讯录数据库

· 35 ·

和用户邮件数据库的图标也加在工作台页面上。

注意：如果对客户的配置不满意，可以通过系统提供的功能，重新进行设置。启动 Notes 后，选择"Tools"→"Client Reconfiguration Wizard"，就可以重新进行初始化设置。

图 2-31 客户端配置成功

2.2.3 Lotus Symphony 的安装

Lotus Symphony 是可免费使用的具备丰富功能的文档编辑工具，可以选择集成在 Notes 中或者独立运行。在 Lotus Notes 中可以从 Open 菜单打开该编辑器，也可以在应用程序中以编程方式打开编辑器。而且它们的图标将出现在计算机桌面及开始菜单中，因此产品编辑器的使用可以独立于 Lotus Notes。它们具有直观的用户界面，以基于 Eclipse 的应用程序为特点，支持开放式文档格式（Open Document Format，简称 ODF），与各种文档格式兼容（Microsoft Office，OpenOffice，Lotus SmartSuite 等），可以把编辑的文档直接以 Adobe Acrobat（PDF）格式导出，支持多种平台（Windows，Linux，Mac），更重要的是 Lotus Symphony 具有开放的接口，可以进行灵活的定制和各种业务与协作应用集成。

Lotus Symphony 整套工具可以单独安装，目前可以在 http://www14.software.ibm.com/webapp/download/search.jsp?pn=Lotus+Symphony 地址下载 IBM Lotus Symphony 3 测试版 2，安装步骤如下：

① 运行 Lotus Symphony 安装软件"set.exe"，进入安装界面，点击"下一步"。

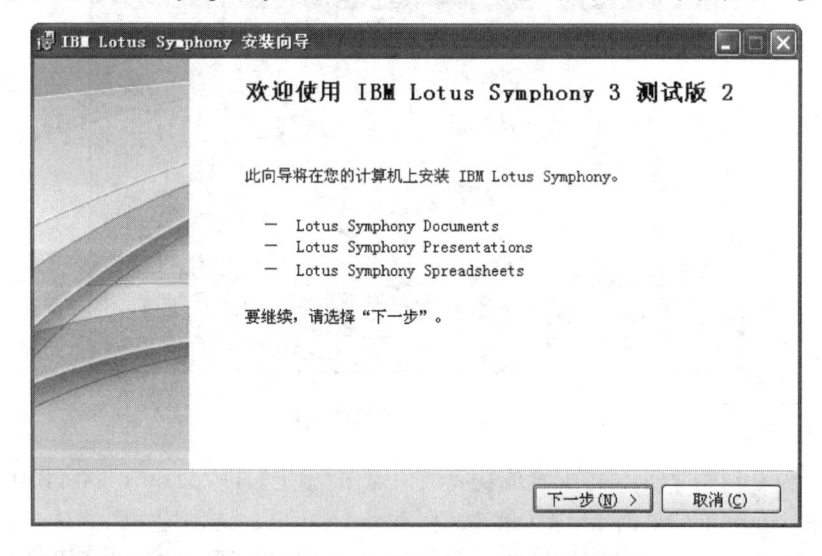

图 2-32 IBM Lotus Symphony 安装界面

第 2 章　Lotus Domino/Notes 体系结构与基础知识

② 在软件许可协议页面勾选"我接受许可协议中的条款"选项，然后点击"下一步"。

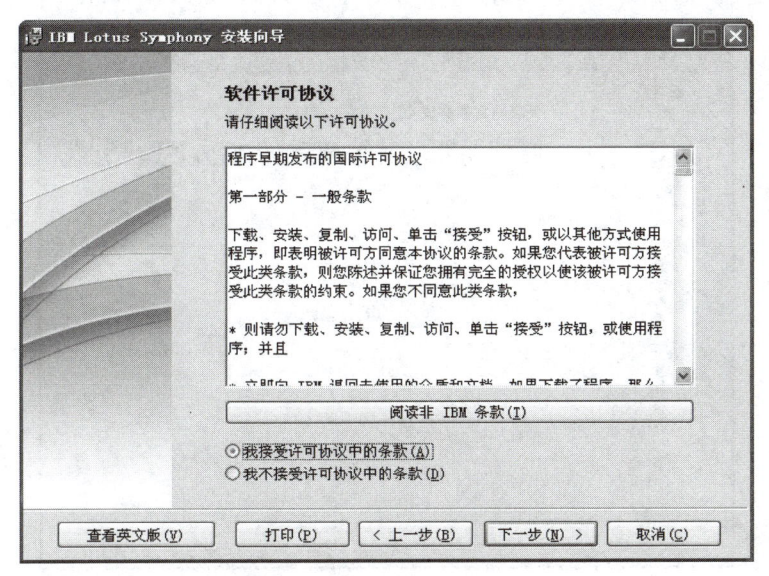

图 2-33　许可协议界面

③ 选择安装路径。一般安装路径默认为"C:\Program files\IBM\Lotus\Symphony\"，用户也可以根据具体情况另外选择安装路径。

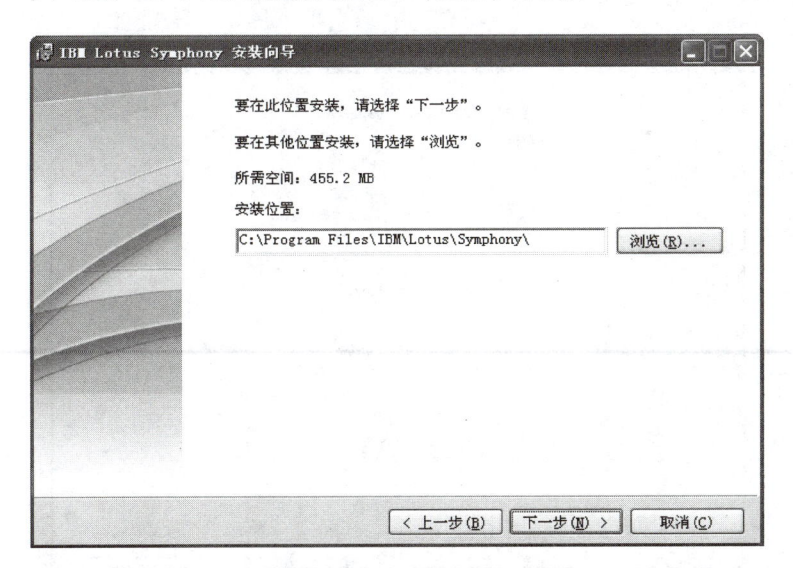

图 2-34　安装路径选择界面

④ 勾选关联的文件类型,然后点击"下一步"。Lotus Symphony 安装过程中默认与"Open Document Format 文件类型"和"Open Office.org 1.1 文件类型"相关联。

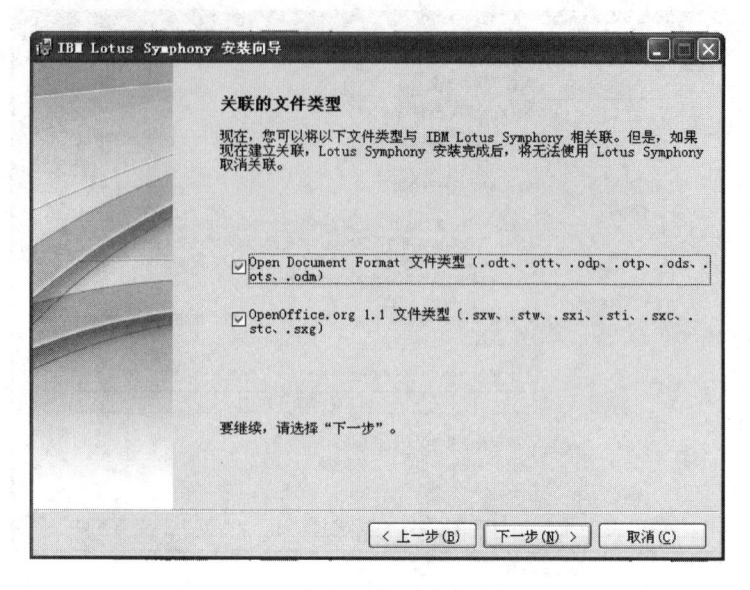

图 2-35 文件类型关联选择

⑤ 若继续安装,点击"下一步",若需要更改安装装置则选择"上一步"。图 2-36 为安装进行过程。

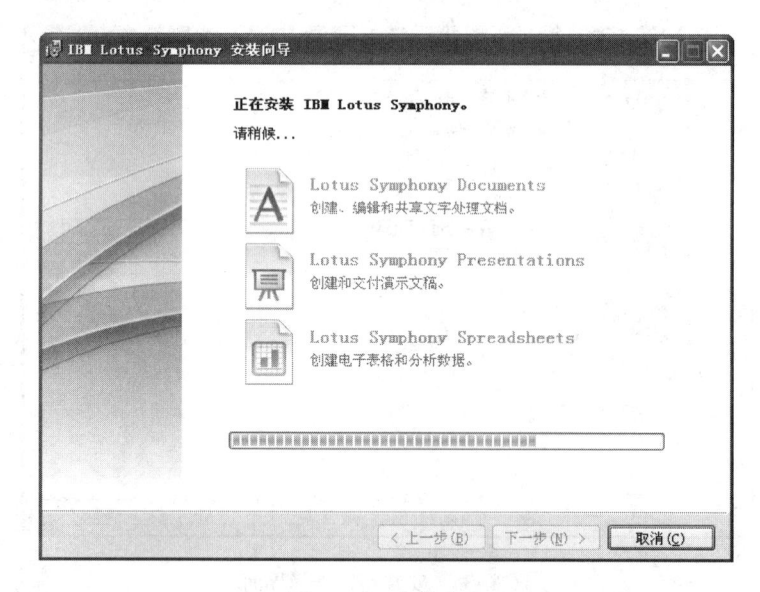

图 2-36 安装过程

第 2 章　Lotus Domino/Notes 体系结构与基础知识

⑥ 完成安装。勾选"打开 Lotus Symphony",点击"完成",就能直接启动 Lotus Symphony 软件。或从开始菜单启动 Symphony 客户端,进入启动界面。

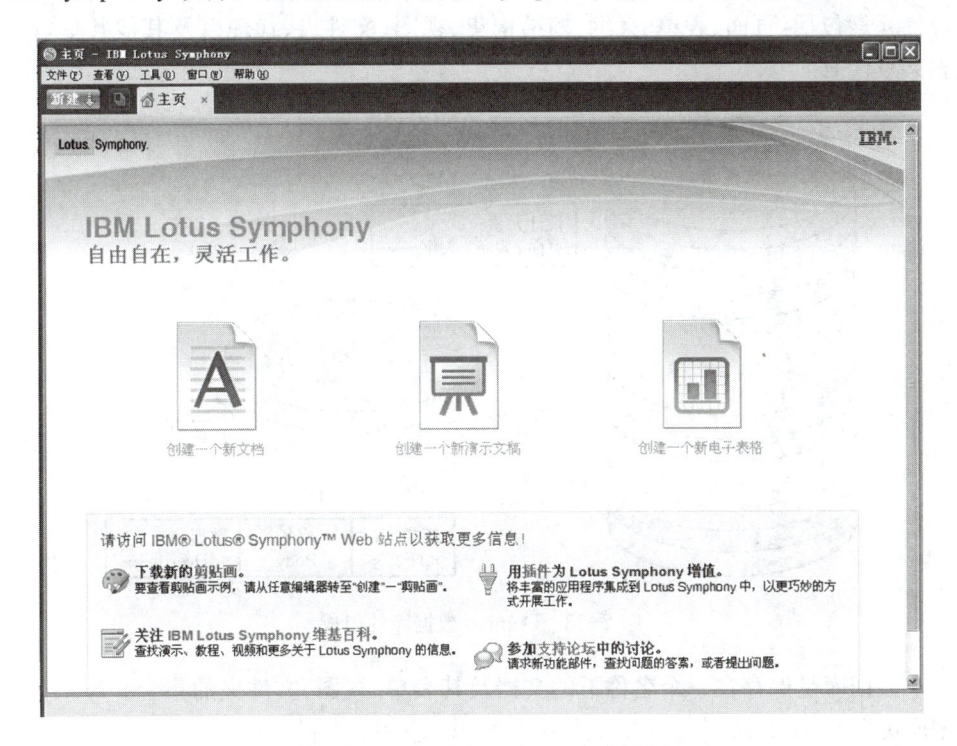

图 2-37　Lotus Symphony 启动界面

2.3　Domino 应用程序和数据库

通过 Domino 应用程序,用户可以使用 Lotus Notes 或 Web 共享、收集、跟踪并组织信息。Domino 应用程序包括广泛的商业解决方案,其中涉及到:

① 工作流:路由信息的应用程序。
② 跟踪:监控进程、工程项目、性能或任务的应用程序。
③ 协作:创建讨论论坛和协作的应用程序。
④ 数据集成:与关系数据库和事务系统集成的应用程序。
⑤ 个人化:基于用户名、用户简要表、存取权限或时间、日期等信息生成动态目录的应用程序。
⑥ 全球化:使用 Domino Global Workbench 生成全球站点的应用程序。

所有 Domino 应用程序都是以 Domino 数据库为基础创建的。Domino 数据

· 39 ·

库是包含应用程序的数据、逻辑关系和设计元素的容器。Domino 应用程序可以由一个或多个 Domino 数据库组成。设计元素是用来创建应用程序的构建单元，设计元素包括：页面、表单、大纲、帧结构集、视图、文件夹、代理以及其他共享资源和共享代码。

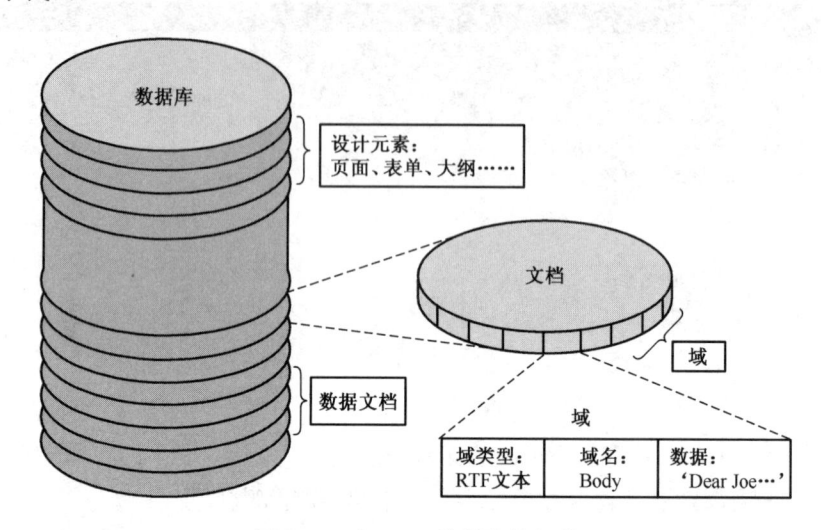

图 2-38 Domino 数据库的组成

数据库是保存在一个名称下的文档及其表单、视图、文件夹的集合。Notes 数据库可以是 Web 站点的一部分或者是 Notes 应用程序的一部分。

2.4 几个重要的文件

为了保证系统长期稳定地正常运行，我们建议最好将用户标识符文件（*.id）、个人通讯录（NAMES.NSF）、配置文件（NOTES.INI）和桌面文件（DESKTOP.DSK）都保留一个备份并定时更新，以便在系统发生崩溃后，可以很快恢复原有的安装和配置。

① Domino 使用标识符文件标识用户和控制服务器的访问，每个标识符文件记录着用户的详细信息，因此非常重要。当注册用户和服务器时，Domino 自动创建 Domino 服务器、Notes 验证者和 Notes 用户的标识符。标识符文件的名字是"*.id"。例如，在配置第一台服务器时，Domino 自动生成三个标识符文件，放在服务器上：一个是验证者标识符"Cert.id"，一个是服务器标识符"Server.id"，一个是管理员标识符"Admin.id"。用户个人标识符文件存放在用户客户端数据目录下，一旦 ID 文件被删除或破坏，没有备份的话，用户身份将无法恢复。管理员只能

为用户重新注册一个新的用户标识符。

② NAMES.NSF 实际是 Notes 为用户创建的个人通讯录(Personal Address Book),其中包含了交叉验证信息、场所信息、个人和群组信息以及连接信息文档。

③ NOTES.INI 涉及 Notes 的设置信息,包括用户的默认目录和网络域名称等,Notes 在每次使用时都检查此文件并在必要时改变其中的内容。

④ DESKTOP.DSK 是存储 Notes 客户端所有工作台的信息。很多 Notes 客户习惯使用工作台,工作台上保留着用户多年来积累的许多数据库应用程序的连接。用户的私有视图和文件夹的信息也是通过这个文件保存的,故它和 ID 文件一样,强烈建议用户随时备份该文件。

2.5　Lotus Domino/Notes 其他基本概念

1. Domino 目录

"Domino 目录"是 Domino 自动在每台服务器上创建的数据库。"Domino 目录"有两方面的作用:一是关于用户、服务器、群组以及其他可能被包含在用户目录中的对象(例如,打印机)的信息目录;二是管理员用来管理 Domino 系统的工具,例如,管理员在"Domino 目录"中创建文档,以便连接服务器进行复制或邮件路由、注册用户和服务器、安排服务器任务,等等。

通常情况下,"Domino 目录"与 Notes 网络域相关联。在网络域中注册用户和服务器时,请在"Domino 目录"中创建"个人"或"服务器"文档。这些文档包含有关每个用户和服务器的详细信息。

在 Notes 网络域中设置第一台服务器时,Domino 会自动创建"Domino 目录"数据库并取名为 NAMES.NSF。当添加一台新的服务器到网络域中时,Domino 自动在新服务器上创建"Domino 目录"的复本。

2. Domain 网络域

Domino 网络域是共享一个公共"Domino 目录"的 Domino 服务器和用户的集合。其主要的功能是邮件路由。基于服务器的邮件文件决定了用户的网络域。

3. 层次命名

与 Notes 标识符相关联的命名系统,它反映了组织中名称与验证者的关系。层次命名有助于区别使用相同公共名称的用户以提高安全性,并且允许分散验证字的管理。层次名称的格式是:

公共名称/组织单元/组织/国家代码

例如,名称 Sandra E Smith/West/Acme/CA 的规范格式为:

CN=Sandra E Smith/OU=West/O=Acme/C=CA

这里 CN 是公共名称，OU 是组织单元，O 是组织，C 是国家代码。注意 OU 最多可以有四层。

4. Domino 服务器和 Notes 用户标识符

Domino 使用标识符文件标识用户和控制对服务器的访问。每个 Domino 服务器、Notes 验证者和 Notes 用户都必须拥有标识符，保存为"＊.id"文档。当注册用户和服务器时，Domino 自动创建他们的标识符。标识符文件包括：所有者的姓名、永久许可证号、验证者的 Notes 验证字、私有密钥、Internet 验证字、一个或多个加密密钥、口令。

5. 本地数据库

存储在计算机的硬盘驱动器、软盘或已上网的文件服务器上的 Lotus Notes 数据库。

6. 复制

Notes 允许在多个服务器或工作站上保存单个文件的多个拷贝，这些拷贝称做"复本"。它们使各个地方不同网络上的用户共享相同的信息。复本与文件拷贝的不同之处在于在复制时源文件与其复本具有相同的复本标识符。

复制是在复本之间共享更改信息的过程。复制时，Notes 通过把更改信息从一个复本拷贝到另一个复本来更新复本。最终，Notes 使所有复本保持一致。可以选择在复本拷贝之间进行复制，此时两个复本都发送并接收更新信息，或者选择仅从一个复本复制到另一个复本。也可以定期安排复制，或者根据需要手动进行复制。复制可以在两台服务器之间或者在服务器和工作站之间进行。如果设定为定期进行完整复制，那么 Notes 会根据时间使所有复本保持同步。

7. 复本标识符

标识一个数据库及其所有复本的唯一编号。

8. 复制冲突

当两个或更多的用户通过复制在数据库的不同复本中编辑同一文档时出现的一种情况。

第二篇
协同办公基础操作

第3章 Lotus Notes 客户端的使用

Lotus Notes 客户端的使用包括一般用户使用的 Notes 客户端、设计人员使用的 Designer 客户端和系统管理员使用的 Administrator 客户端。系统管理员可以通过 Administrator 客户端注册用户，创建分组以及对服务器和用户的数据库进行管理等；设计人员可以通过 Designer 客户端进行数据库应用程序的设计与开发；一般用户可以通过 Notes 客户端使用系统提供的用户定制开发的应用程序。

下面我们首先从系统管理员角度简要介绍 Administrator 客户端的基本操作，然后重点从一般用户角度介绍 Notes 客户端的使用。

3.1 Domino 系统的管理及 Administrator 客户端的基本操作

3.1.1 Domino 系统的管理

对 Domino 及其应用的有效管理是整个 Domino 系统高效运行的关键。如何有效地管理 Domino 服务器是每个 Domino 管理员必须掌握的内容。Lotus Domino 为管理员提供了许多管理工具，以用于对 Domino 中各项服务进行管理。其中最主要的常用工具就是 Domino Administrator。

Domino 的管理涉及的内容很多，包括从 Domino 的安装部署到 Domino 系统的性能检测优化。Domino 将网络的管理和监控功能集中化，同时将较为普通的管理功能分散化，从而降低使用者维护 Intranet 和系统的费用。Domino/Notes 管理的对象主要包括：用户管理、服务器管理、数据库（应用）管理、邮件管理、日程表信息管理、验证（证书）管理、性能监视等。

1. 用户管理

① 用户注册管理：用户注册由掌管认证标识符的管理员完成。

② 系统的访问权限：系统管理员可以任意指定用户可以访问的服务器和其上的数据库，甚至数据库中的文档。

③ 系统资源的占用：管理员可以根据需要定义用户对系统公共资源的使用界限，如邮箱的大小、是否可以在服务器上创建数据库、可否通过一台服务器访问另

外的服务器等。

④ 用户的移动：系统管理员可以借助管理进程的帮助，根据需要在系统内移动用户或为用户更名。

2. 服务器管理

服务器管理任务包括监视服务器的运行状态，监视负载、内存、磁盘空间等信息，出现问题时进行必要的修复工作以及数据备份等。

3. 数据库(应用)管理

数据库管理包含数据库设计的管理、内部文档的管理、容量的限制、用户权限的定义、信息的维护、复制管理等。Domino/Notes 系统中绝大多数的管理工具都是针对数据库操作的。

4. 邮件管理

邮件管理包含邮件的拓扑结构设计、邮件路由选择、邮件流量的监视、用户邮箱的监控、与外部组织机构间的邮件投递管理等。管理员可以十分方便地利用 Domino/Notes 提供的管理功能，方便地管理诸如邮件路由选择、邮件的投递限制，用户邮箱大小的限制等。

5. 日程表信息管理

用户可以用个人日历来安排和管理时间。用户邮件数据库的日历可以跟踪众多用户共享的日程安排信息。"资源预定"数据库允许用户安排并管理会议资源。

6. 验证管理

验证管理实际上是一种相互信任过程的管理，其中有对人的信任、对机器的信任和对验证者的信任等过程。其包括用户的注册、服务器注册、组织机构的生成、公共密钥的管理、私人密钥的生成与发放、不同组织之间的交叉验证等。Domino/Notes 可以使这种信任管理受到良好的监控，从而不至于滥用信任关系。

7. 系统性能监视

性能监视包括对系统所使用的资源状况的监控，及时报告系统运行的潜在问题，随时解决已经出现的突发事件。Domino/Notes 系统在运行时可以随时记录每一发生事件，提供统计信息供管理员分析，并按照管理员的指示提供各种事件报告或预警消息，也可根据设置自动采取行动。

3.1.2 注册用户

注册用户的具体步骤如下：

① 在 Domino Administrator 中，单击"People & Group"附签。

② 如下图，在"Tools"窗格，单击"People"，选择"Register..."。

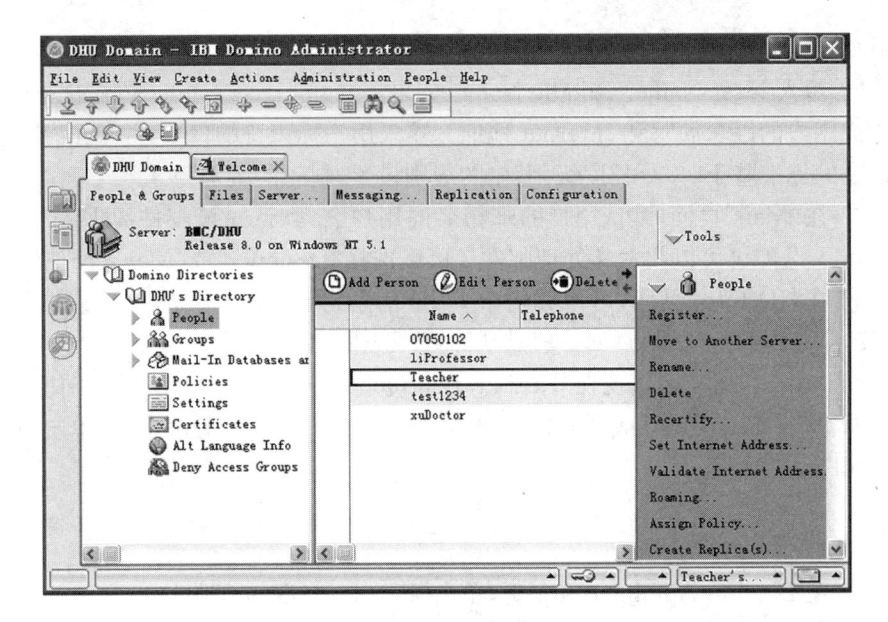

第 3 章　Lotus Notes 客户端的使用

图 3-1　用户注册

③ 点击"Registration Sever",选择 Certifier ID 文件"cert.id",选择"OK",输入验证者标识符的口令,并单击"OK",进入个人注册对话框,如下图。

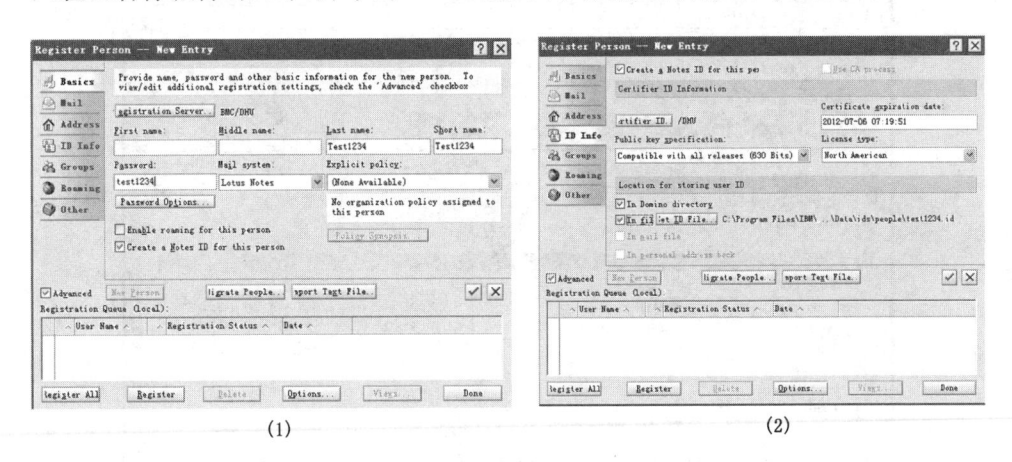

(1)　　　　　　　　　　　　　　(2)

图 3-2　用户注册窗口

④ 在该对话框中,默认只有基础(Basics)图标。单击"Advanced"打开高级选项,可设置用户的邮箱、地址、ID 信息、所属群组等。

⑤ (可选)在 Basics 页面,要更改注册服务器(在"Domino 目录"进行复制之前存储"个人"文档的服务器),请单击"注册服务器",选择注册所有新用户的服务器,

· 47 ·

然后单击"确定"。

⑥ 输入 First Name、Middle Name(如果需要)和 Last Name(必需输入)。自动生成用户的姓名简写和 Internet 地址。输入用户标识符的口令,并单击"确定"。此口令的标准基于"口令长度级别"中的级别设置,缺省的级别为8。

⑦ 在"Mail"页面,默认用户的邮箱名同用户名,默认对该邮件数据库的权限为"Editor",即仅可以收发和处理邮件。可以选择"Designer"或"Manager"权限。

⑧ 在"ID Info"页面,可以编辑个人 ID 信息,为便于以后访问,建议选择"In file"保存 ID 文件。其他页面一般默认即可(见图 3-2(2))。

⑨ 单击☑,用户名出现在"Registration Queue"视图(用户注册列表)中。

⑩ 单击"Register",或重复以上第 6~9 步,输入多人注册信息后,单击"Register all"。

3.1.3 创建群组

① 在 Domino Administrator 中,单击"People & Group"附签。

② 选择"Domino Directories",然后选择"Groups"。

③ 单击"Add Group",进入群组添加页面,见图 3-3。

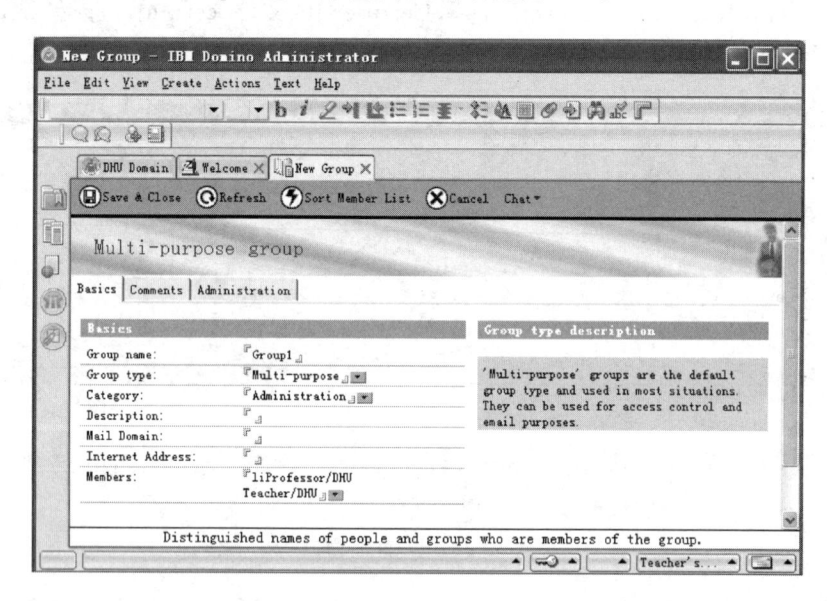

图 3-3 群组添加页面

④ 在"Group name"域输入群组的名称。

⑤ 从"Group type"域选择群组类型。

表 3-1 群组类型及其用途

群组类型	用途
Multi-purpose	用于有多种用途的群组，例如，邮件、存取控制列表等
Access Control List only	用于添加到存取控制列表
Mail only	用于邮件列表群组
Server only	用于服务器群组
Deny List only	用于添加已终止的用户或其他用户，Administration Process 无法删除任何群组成员

⑥ (可选)在"Descrption"域输入对群组的描述。

⑦ 单击"Members"，选择要添加的用户、服务器或群组，单击"Add"，然后单击"OK"。

⑧ 单击"Save&Close"保存退出。

3.1.4 创建复本

可以为数据库创建本地复本，包含数据库的所有文档和设计。

① 打开需要做复本的数据库。

② 选择"File"→"Replication"→"New replica…"打开新建复本对话框，如下图。

图 3-4 新建复本

③ 在"Server"域中,选择"Local",输入复本文件名。选中"Create Immediately"选项,立即执行复制操作,不选该项则需手动启动复制操作,具体操作见3.1.5。

④ (可选)如果希望加密复本,以便只能使用个人用户标识符打开,可选中"Encrpt the replication"选项,并选择加密的级别"Low Encryption"、"Medium Encryption"或"High Encryption"。

如果希望创建索引以便能对复本执行全文搜索,请选中"Create full text index for searching"。

⑤ 单击"OK"。

3.1.5 复制数据库

创建一个本地复本后,可以对其进行更改,并将更改内容发送到服务器上的原始数据库。也可以接收对服务器数据库所作的更改。Notes允许单向或双向复制更改。

① 单击希望复制的数据库。
② 选择"File"→"Replication"→"Replicate..."。
③ 选择"Replicate with options"。
④ 单击"OK"。
⑤ 选择不同的服务器以进行复制。
⑥ 执行下列操作或其中一种操作:选择"Send documents to server"选项发送文档到服务器,或选择"Receive documents from server"选项从服务器接收文档。
⑦ 单击"OK"。

3.2 Notes客户端基本设置

3.2.1 Lotus Note 8.0客户端常用选项设置

1. 用户常用选项设置

用户可以根据个人习惯对Notes进行设置。选择"File"→"Preferences"→"User Preferences",系统弹出如图3-5所示的用户惯用选项对话框。

在"用户惯用选项"对话框中有四个选择图标"Basics"、"International"、"Mail"、"Instant Messaging"以及"Ports"、"Replication"、"Logs and Traces"。我们这里只介绍基本设置(Basics),其他设置会在后面的章节中陆续介绍。

这里基本设置分别包括启动选项的设置、显示选项的设置和其他选项的设置。

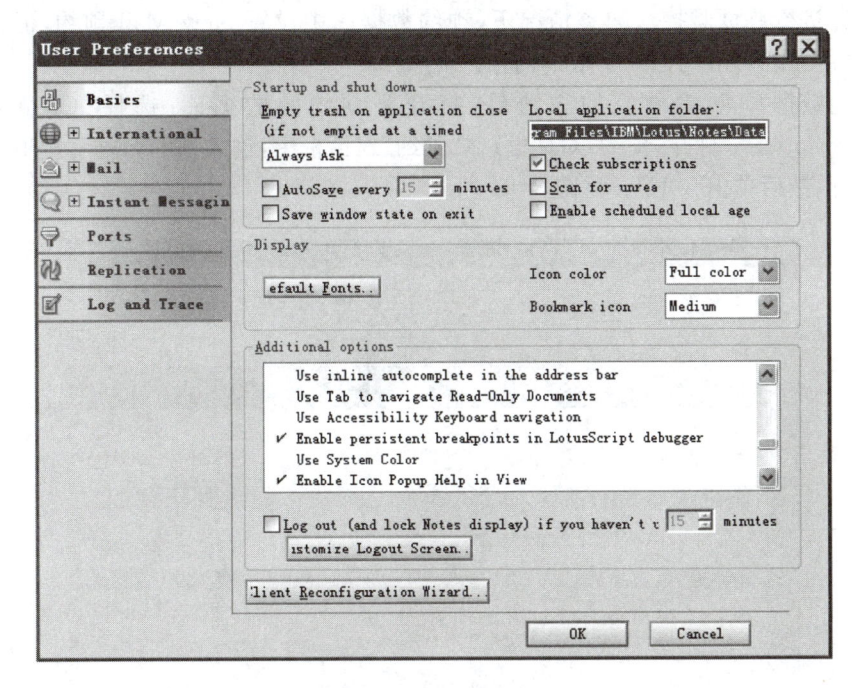

图 3-5 用户惯用选项

（1）启动选项（Startup and shut down）

① 当关闭数据库时，清空废纸篓的方式（Empty trash on application close）有下列三种选择：

A."Always ask"：每次关闭数据库时 Notes 将询问用户是否要清空废纸篓中的文件。

B."Always"：每次关闭数据库时 Notes 将自动清空废纸篓中的文件而不作提示。

C."Never"：Notes 取消自动清空废纸篓，由用户根据需要手动清空。

② 在"Local application folder"框中可以输入新的 Notes 数据目录路径用来更改本地数据库目录或数据文件夹。

Notes 的数据目录 Data 文件夹应包含本地数据库、本地数据库模板、"Bookmark.nsf"文件和"国家语言服务(.CLS)"文件，此文件中包含 Notes 用来排序文档和引入文件的信息。

③ 选中"Check Subscription"（检查预约）选项，这里的预约是指数据库预约。数据库预约是允许用户接受位于"欢迎页面"中的用户感兴趣的 Notes 数据库的实时更新。要预约某个数据库，则该数据库驻留的服务器必须支持预约，且允许对该

数据库进行首页监控。缺省情况下，预约数据库中设置 New Mail 预约，但被禁用，禁用预约可节约四兆字节的内存。

为数据库创建预约的方法是：打开要预约的数据库；选择"Create"→"Subscription"，打开"预约"对话框；在"预约"对话框中，输入预约名称和提取文档的条件，然后单击"OK"。见图3-6。

图 3-6 数据库预约

Notes 检查数据库预约更新信息的频率是检查新邮件的两倍。例如，如果设置惯用选项为每四分钟检查一次邮件，Notes 将每隔两分钟检查一次数据库预约结果。

④ 选中"Scan for unread"复选框，这样设置后当 Notes 启用时会自动扫描选定的启动库，查找其中的未读文档并显示出来。

⑤ 选中"Enable scheduled local agent"复选框，就可以在启动 Notes 时运行定时代理，让 Notes 自动执行预先安排好的任务，如发送邮件、删除旧文档等。

⑥ 选中"AutoSave every minutes"复选框，系统能够在指定的时间间隔进行自动保存，设定的时间间隔以分钟为单位。

(2) 显示选项（Display）

"显示选项"用于设置屏幕显示外观，例如设置字体，图标大小和颜色等。其中"图标颜色方案"可以选择全色、灰色、系统色或浅色四种颜色中的一种，"书签图标大小"可以选择小、中、大三种图标中的一种。

Notes 还允许更改 serif，sans serif 和 monospace 字体在 Notes 中的外观。缺省时 Notes 都使用"宋体"样式。单击"Default fonts…"，然后在"缺省字体"对话框中，选择喜欢的缺省字体，最后单击"OK"。不过，只有重新启动计算机后 Notes 才显示更改后的字体。如果要复原 Notes 缺省字体设置，只需在"缺省字体"对话框中单击"Default"即可。

(3) 其他选项（Additional options）

在这里可以进行一些其他高级选项的设置。

2. 本地常用选项设置

本地只能默认为当前用户，如果客户机需要同时供多人使用时，每位用户需要自己进行本地设置，以便正确打开自己的邮件。选择"File"→"Preferences"→"Local Preferences"，系统弹出如图 3-7 所示的"本地设置"对话框。

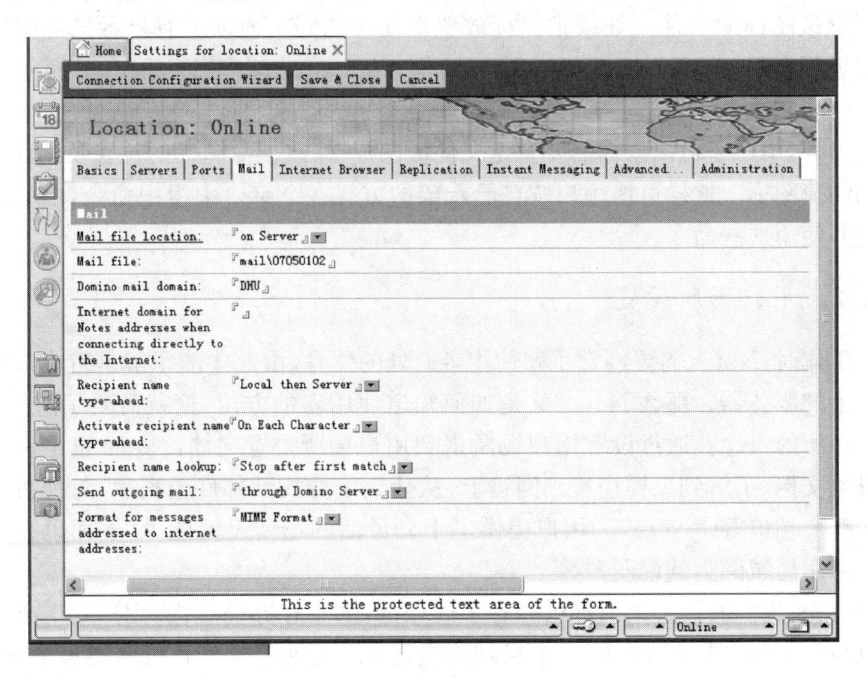

图 3-7 本地设置

在"本地设置"对话框中，有多个选择页，选中"Mail"页，确保 Mail File 打开的

是自己的邮箱。

3. 便捷图标

大多数设计在 Windows 下运行的产品,都包含有带图标的工具栏。例如,执行打印、剪切、拷贝和粘贴等操作的图标。图标是使用菜单的一种快捷方式。在访问菜单时,可以单击图标来执行相应的菜单功能。单击便捷图标比使用菜单要快捷。Lotus 公司把这些图标叫做便捷图标(Smart Icons)。

在屏幕上最初的几个图标总是一样的,包括属性、文件保存、编辑剪切、编辑复制、编辑粘贴和打开 URL。剩下的便捷图标是前后文相关的,并且随着在 Notes 中所执行的任务不同而不同。打开数据库时出现一组图标,而创建表单或视图时又会出现另外一组图标。Notes 有 150 多个预定义的"便捷图标",其中包含大多数 Notes 菜单命令的图标,还包含超过十几个可以自己指定宏的定制便捷图标。

缺省情况下,便捷图标是隐藏的,可以选择"File"→"Preferences"→"Toolbar Preferences",打开"便捷图标设置"对话框,进行设置。

当鼠标光标移动到便捷图标上时,便会显示对该图标的简要说明,以帮助用户了解该图标的功能。如果把鼠标放置在便捷图标上面却没有显示描述图标的简要说明,可以打开便捷图标设置对话框,从中单击选取"Display"下面的"Description"复选框。

另外,用户还可以根据需要自定义便捷图标、修改便捷图标的位置及创建一组新的便捷图标。这样可使用户按自己希望的方式在 Notes 中组织命令,以便迅速找到并使用这些命令。

3.2.2 用户场所设置

工作时,Notes 需要经常了解使用者所处的位置,由此才能了解是否应该查找网络上的服务器。那么 Notes 又是如何知道使用者的方位,这就需要了解 Notes 用户场所的概念。通过设置用户场所得到用户场所设置文档,Notes 正是根据这些设置文档,了解到怎样连接到网络上,从什么地方找到邮件数据库,怎样拨号和使用哪个端口等。Notes 为用户提供了十分灵活的场所设置能力,下面以在办公室内采用局域网为例说明。

首先,我们假设公司内部已经有了局域网,如果在办公室内,用户的 Notes 客户机与 Domino 服务器在同一个局域网上,这时就建立一个局域网类型的场所。设置方法如下:

① 选择"File"→"Locations"→"Manage Locations",打开用户通讯录的场所视图,如图 3-8 所示。

第 3 章　Lotus Notes 客户端的使用

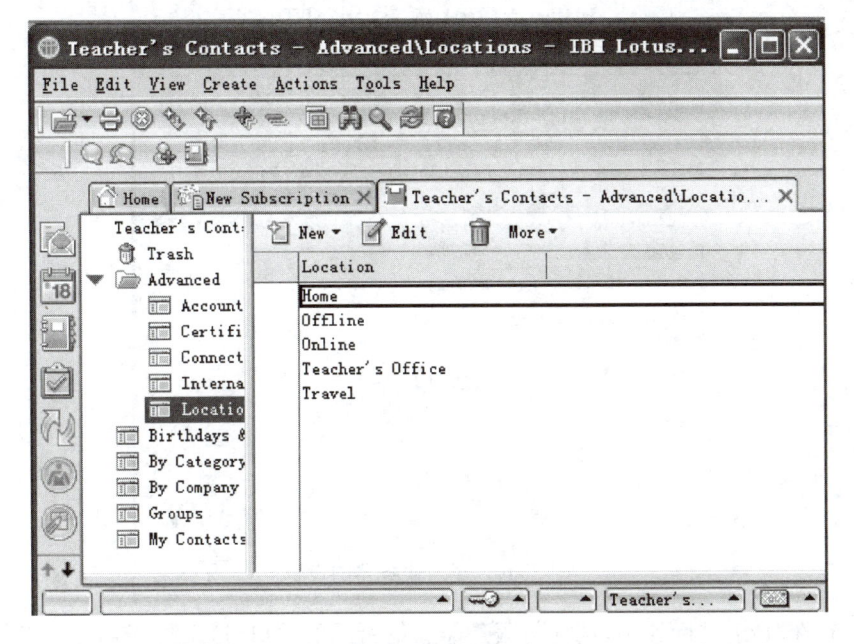

图 3-8　场所设置

② 选择"New"操作或选择已有的场所，点击"Edit"操作，进入场所编辑界面。如图 3-9。

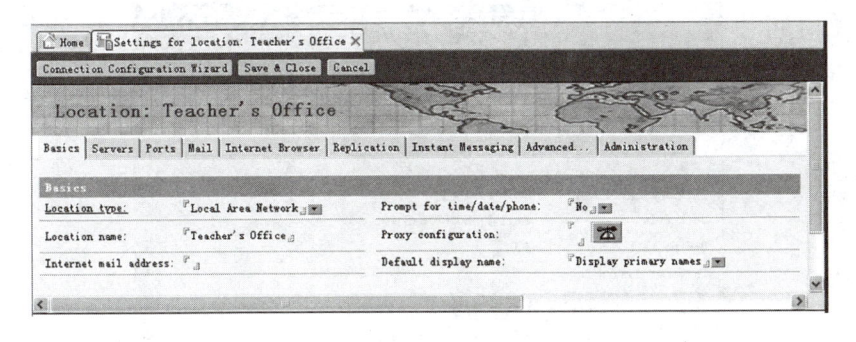

图 3-9　场所编辑

③ 在"Basics"基本标签中，场所类型提供了局域网、Notes 直接拨号、网络拨号、定制和无连接五种类型，这里我们选择"Local Area Network"，并在场所名称中为场所命名。

④ 在"Server"标签中，设置用户所用的 Mail Server，directory Server 等，如下图所示。

· 55 ·

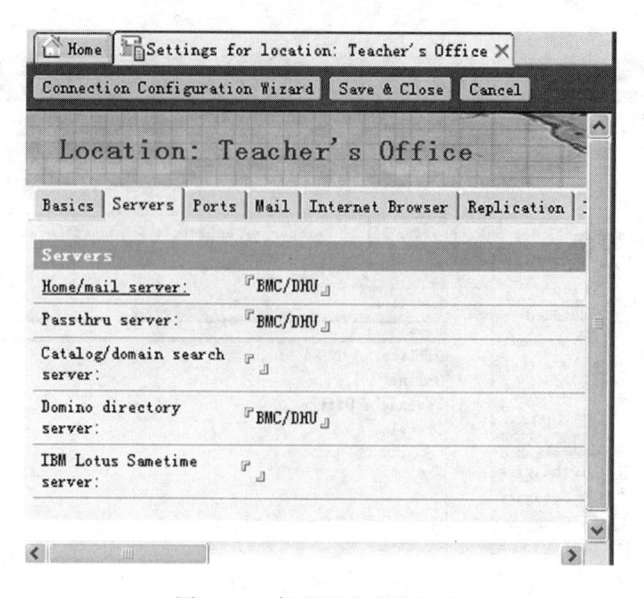

图 3-10 场所服务器的设置

⑤ 在"Ports"标签中,选择与服务器通信所用的端口,这里选择"TCP/IP"。

⑥ 在"Mail"标签中,定义用户邮件文件的位置(Location)、名称(Mail File)、网络域(Mail Domain)等信息。如图 3-11。

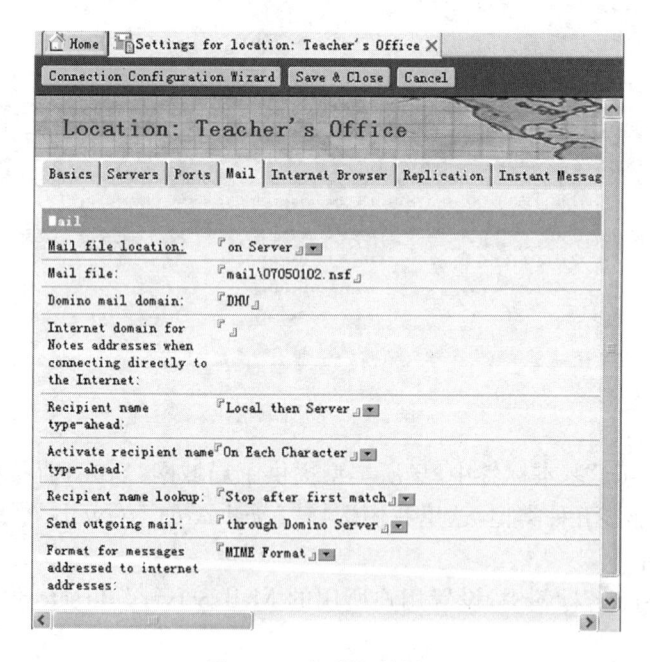

图 3-11 场所邮件设置

⑦ 在"Internet Browser"中，选择用户所使用的 Internet 浏览器类型。
⑧ 在"Replication"中定制复制选项，如图 3-12 所示。

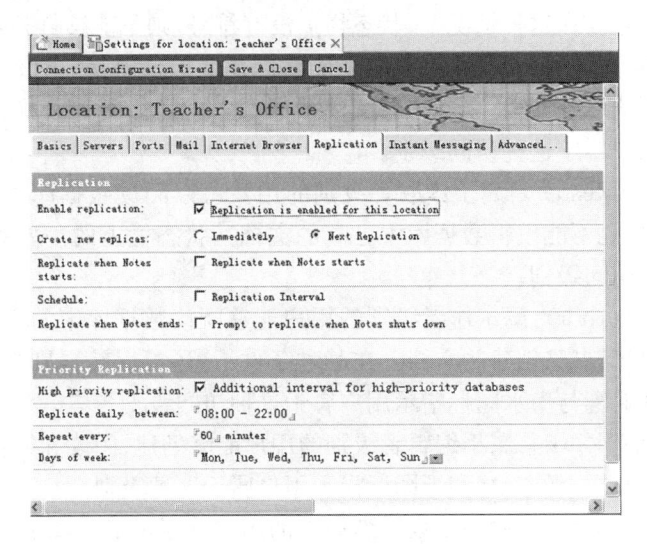

图 3-12　复制选项设置

⑨ 在高级中定义其他一些高级选项设置。

3.2.3　安全性设置

启动 Notes 工作时，Notes 会要求输入口令，进行安全性检查。因此，了解关于 Notes 和 Domino 的安全性设置非常重要。虽然 Notes 是在共享信息环境中工作，但是对于谁能够查阅何种数据仍然有限制。除非 Notes 系统管理员授予用户特定的权限，否则用户不能够访问 Domino 服务器上的全部数据，而只能访问其中的部分数据。事实上，除非能正确地向服务器提供正确的标识符和口令，否则用户就不能够访问服务器。

在 Notes/Domino 网络中的每个用户都有一个标识符文件。该文件中包含有访问服务器的用户名和口令。当用户试图访问 Domino 服务器以打开数据库或者用户的邮件文件时，必须首先向服务器进行身份验证（Authenticate）。这就意味着用户的 Notes 客户工作站向服务器提供用户名和口令，服务器将把该用户名和口令与地址簿中用户的对应信息进行比较，看它们是否匹配。如果匹配，才会允许用户访问服务器。

通过了身份验证，并不意味着就能够打开服务器上的任何数据库。每个数据库都有一个访问级别。当打开数据库时，可以看到 Notes 客户程序的状态栏上显示的访问级别。访问级别如下所示：

① 不能存取者(No access)：属于不能存取者级别的用户不能访问数据库，不能打开数据库，不能阅读和编写数据库中的文档。因为用户打开数据库后，状态栏上才会显示符号。在这种情况下，状态栏上没有符号，则不能够打开数据库。

② 可存取者(Depositor)：可存取者能够创建文档。但是，当该文档被保存之后就不能够再读取此文档，也不能够阅读数据库中的任何文档。状态栏上的投票箱图标指示用户属于这种访问级别。

③ 读取者(Reader)：属于读取者级别的用户可以阅读数据库中的文档，但是不能创建文档，也不能编辑数据库中已有的文档。状态栏上的一副眼镜图标指示用户属于这种访问级别。

④ 作者(Author)：属于作者级别的用户能够阅读数据库中的文档，能够创建文档，还能够编辑自己创建的文档。在某种条件下，还可以编辑别人创建的文档。状态栏上的羽毛笔与墨水图标指示用户属于这种访问级别。

⑤ 编辑者(Editor)：属于编辑者级别的用户能够创建、阅读和编辑数据库中的所有文档。状态栏上的铅笔和纸图标指示用户属于这种级别。

⑥ 设计者(Designer)：属于设计者级别的用户除了具有编辑者访问级别的全部权限之外，还可以创建设计元素，例如，表单、窗口、框架组、视图、大纲、数据库、导航按钮及其他元素。状态栏上的尺子图标指示用户属于这种访问级别。

⑦ 管理者(Manager)：管理者除了具有设计者访问级别的全部权限之外，还能够对其他用户分配访问级别。管理者还可以删除服务器上的整个数据库。一般用户可以让管理者访问自己的电子邮件数据库。状态栏上的钥匙图标指示用户属于管理者访问级别。

3.3 Notes 邮件系统

基本上每个利用计算机工作的人都会发送邮件。使用邮件可以发送便笺、通知会议、发送报告等，还可以实施问候、讨论等工作。Lotus Notes 提供了强有力的邮件功能。

Lotus Notes 中能够找到的所有信息都是存储在数据库中的，邮件也不例外。Lotus Notes 把邮件存储在邮件数据库中。每个用户都有自己的邮件数据库。存储的邮件中包括接收和发送邮件信息的备份和一些特殊的文档，例如，约会和任务。

3.3.1 创建、发送和接收邮件

1. 创建并发送邮件

可以直接从"Inbox"创建邮件，具体操作步骤是：

① 选择"Create"→"Message"或者单击操作栏上的"New message"。
② 填写收件人、抄送、密送和主题。
③ 在邮件主体内键入邮件内容。
④ 如果单击工具栏上的"编辑拼写检查"便捷图标，可以拼写检查邮件。
⑤ 最后单击操作栏上的"Send"按钮发送邮件。

邮件便笺可以显示用户的姓名、当天的日期和时间。邮件便笺中的"To"收件人域中需要键入收件人的电子邮件地址，如果这个人包含在用户的个人通讯录和/或 Domino 姓名地址录中，就不必键入邮件地址，而只需简单地键入姓名即可。如果要发送给多个收件人时，可以在"收件人"域内用逗号将需发送的邮件地址隔开。

"Cc"抄送域是用于把邮件的各份发送给某人。

"Bcc"密送域是发送隐蔽的副本给某人。邮件的收件人和密送域中的人并不知道别人也收到了一份这个邮件的副本。即使把多个姓名放在"密送"域中，该隐蔽副本的接收者也不知道在密送域内还有其他的接收者。

"Subject"域是对邮件的说明性题目。主题将出现在收件人的收件箱视图中。如图 3-13 所示。

图 3-13 新建邮件

2. 接收邮件

要接收邮件，可单击"Mail"书签，打开邮件收件箱。也可以在标准的 Lotus Notes 欢迎页中，单击"打开邮件"热点来查看自己的邮件。"收件箱"窗口分成"邮件导航窗格"和"视图窗格"。"邮件导航窗格"列出了标准的邮件视图，例如收件箱（Inbox）、草稿（Drafts）、发送（Sent）、所有文档（All Documents）、废纸篓（Trash）、

讨论线索（Chat History）和信笺（Junk）等。"视图窗格"列出了包含在已选取视图中的文档明细。

"邮件导航窗格"（如图 3-14）中的各个邮件视图的具体说明如下：

① 收件箱：存放已经收到的邮件。

② 草稿：存放还没有完成，但是已经被选择来作为草稿保存在这个文件夹中的便笺。

③ 发送：发送邮件。

④ 所有文档：存放包含在邮件数据库中的全部文档，包括发送和接收两个方面的邮件、便笺以及日历条目和待办事宜。

⑤ 废纸篓：做删除标记的文件的收容箱。做了删除标记的文档显示在这个文件夹中，直到清空这个废纸篓或者永久性地删除这些邮件为止。

⑥ 讨论线索：邮件是按照第一个字母的顺序排列的，所有对该邮件的回答都会排列在该邮件的下面。

⑦ 信笺：标准化及自定义经常重复用来书写邮件的便笺。信笺包含有页眉和页脚，并且还可以包含样板文件的文本。

另外，在"邮件导航窗格"的底部有三个图标，它们分别代表邮件、日历和待办事宜视图。图 3-14 是打开"收件箱"的界面。

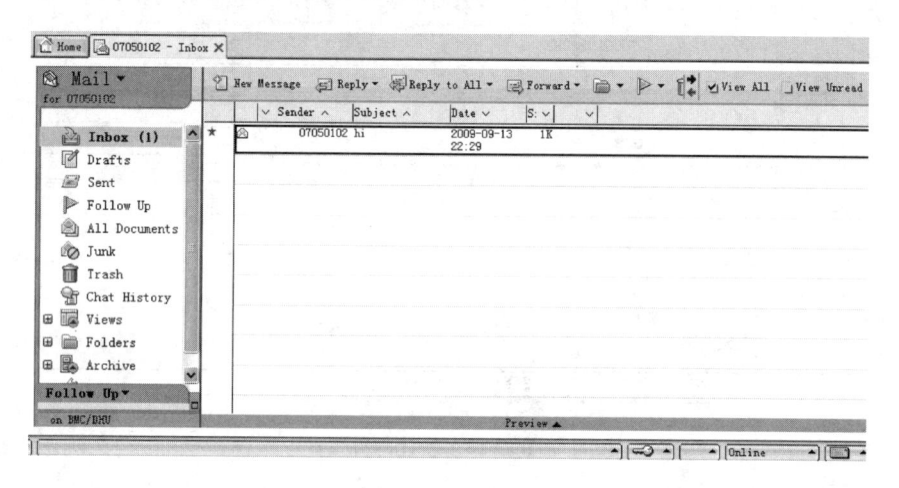

图 3-14　收件箱

在"收件箱"中的邮件是按时间顺序显示的，可以单击"日期"列标题右边的小三角形使邮件按照时间的升序或者降序排列。当按照降序排列时，即按照从最新到最旧的顺序显示时，可以避免由于邮件过多而需滚动滚动条的麻烦，可直接查看到最新邮件。

3.3.2 指定邮件发送地址的几种方法

有几种方法可以指定邮件的地址:键入邮件地址,从通讯录中选择收件人,使用 Notes 的自动查找功能自动填入邮件地址。

1. 从通讯录中选择收件人

Notes 客户有两种通讯录:"个人通讯录"和"姓名地址录"。"个人通讯录"通常存储在本地硬盘上,而"姓名地址录"通常存储在 Domino 服务器上。这两个通讯录也是数据库。个人通讯录只有用户本人才能访问,而姓名地址录是在服务器上拥有访问权限的每个人都能够访问的。

通讯录的重要功能是帮助用户向邮件中添加地址。要在邮件便笺内访问通讯录,可单击菜单"操作(Action)"下的"Address(地址)"或单击邮件中的"To"打开"选择地址"对话框。如图 3-15 所示。

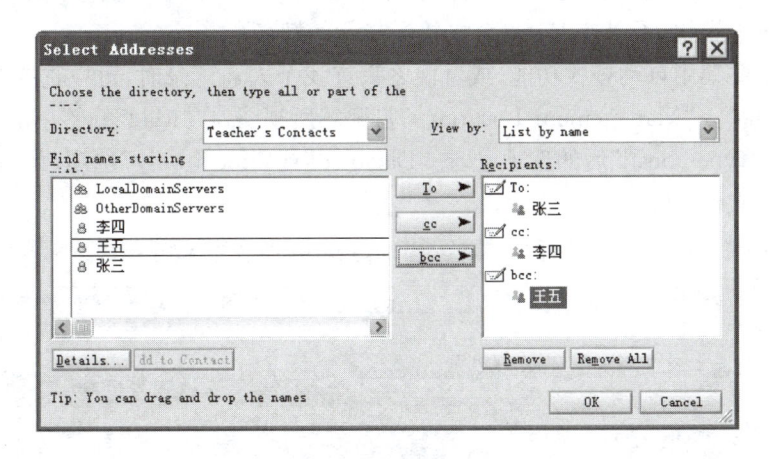

图 3-15 选择地址

"选择地址"对话框中的各个选项说明如下:

① "Directory":选择使用的通讯录的名称。

② "Find names starting...":键入要查找的姓名的第一个字母则可以迅速移动到以该字母开头的姓名上。

③ "List by name"下拉式选项:能够改变在通讯录中的姓名显示的顺序,默认设置 Notes 将按姓氏的字母表顺序显示姓名列表,还可以选择按照"Notes 名称层次"、"公司层次"和"按语言分类"显示通讯录中的姓名。其中按照"Notes 名称层次"是指如果通讯录中包含有多个单位组织,则把姓名按组织分开。按照"公司层次"是指如果公司层次信息存储在 Domino 姓名地址录的个人文档中,则按个人在公司的职位层次列表。按照"按语言分类"是指按通讯录中指定的每个人的母语

列表。

④ "Detail"按钮：是打开显示个人更多信息的窗口。

⑤ "Add to contect"按钮：选择的姓名被复制到个人通讯录。

⑥ "To"、"cc"、"bcc"：把选取的姓名填入相应的标题域。

⑦ "Remove"、"Remove all"：从标题中删除选取的姓名或全部姓名。

从可用的姓名列表中选择个人或群组的名字，还可以一次选择多个姓名。选取姓名之后，根据需要填入的地址域分别单击"To"、"cc"或"bcc"。在选择地址对话框的"Reciprects"框中，将显示用户在便笺中所选择的相应域内的姓名。当完成接收者列表后，单击"OK"。

2. 使用 Notes 的自动查找功能

使用 Notes 的自动查找功能搜索姓名。例如，如果键入"Litong"，按默认设置，Notes 首先在用户的通讯录中查找，然后在用户的邮件服务器上的 Domino 姓名地址录中查找，可以按 Enter 键来接受显示的姓名。

如果要禁用自动查找功能，或者使之只查找个人通讯录时，可以选择"File"→"Locations"→"Management Locations"打开场所视图，在"Mail"标签单击"Recipient name type-ahead"后的选项，选择"Disabled"或"Local only"选项，最后保存并关闭场所文档，如图 3-16 所示。

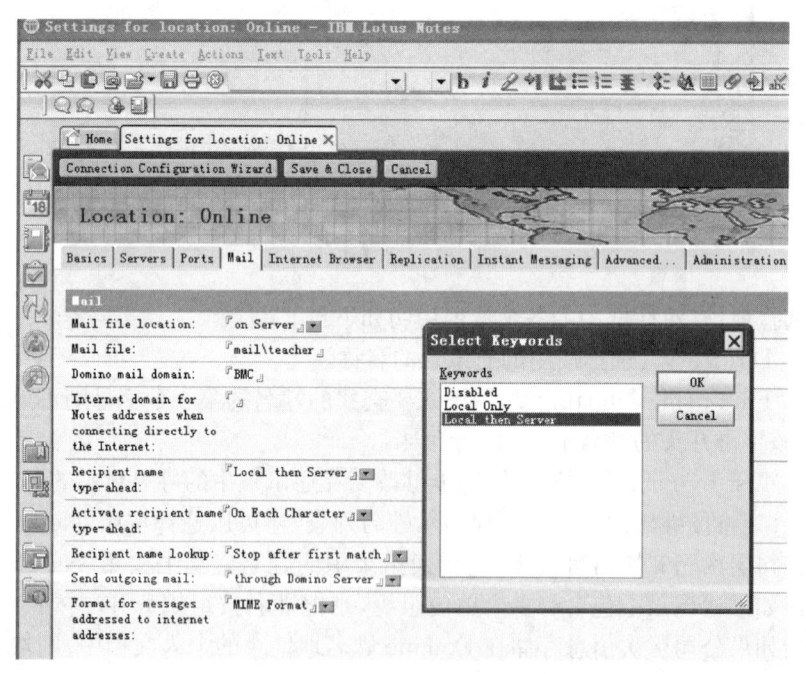

图 3-16　禁用自动查找功能

如果需要设置查找顺序，单击"Recipient name lookup"后的选项，选择查找的范围。如图 3-17 所示。

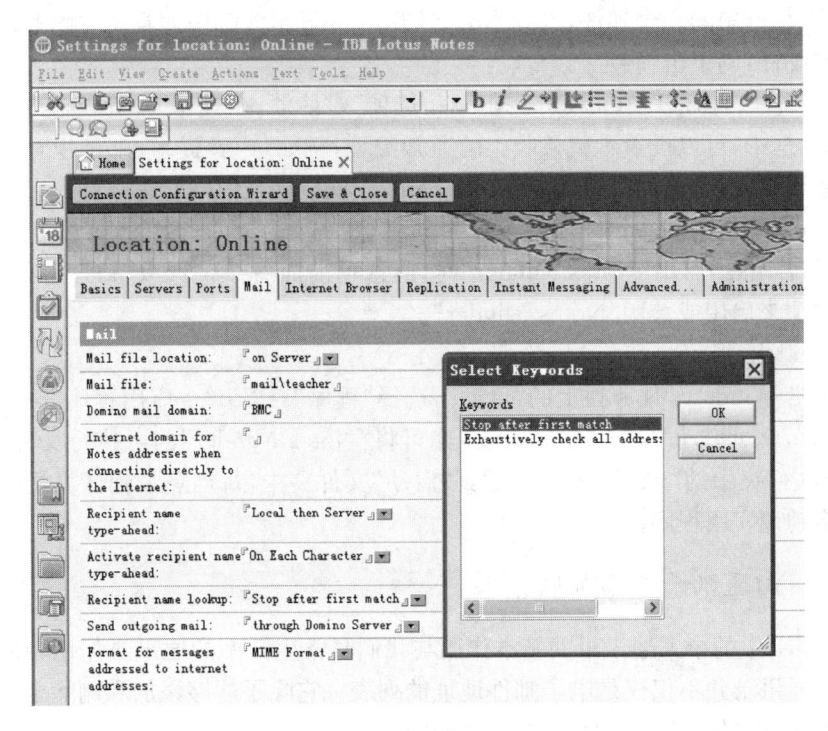

图 3-17 设置自动查找功能

3.3.3 使用 Notes Minder

只要运行 Notes Client 程序，即使将界面最小化，用户都会接收到所有新电子邮件的通知。但是如果退出了 Notes，那么即使有新邮件，并且可能是已经邮递到邮件数据库的急件，用户也不会知道。不过 Notes 有一个自带的实用程序，即使没有运行 Notes Client，当有新邮件和日历警告时，该实用程序也会通知用户，这就是 Notes Minder。当 Notes Minder 运行时，就会有一个信封图标出现在 Windows 操作系统任务栏的系统托盘上。当把鼠标光标指向该图标时，就会弹出一个提示框，显示当前状态或收到的新邮件数量。双击该图标就会在邮件文件中启动 Notes。

用鼠标右击 Notes Minder 图标，将弹出快捷式菜单。从菜单中可选择下列选项：

① 打开 Notes：打开 Notes Client 并显示收件箱。

② 正在检测：检测邮件文件的状态。

③ 显示邮件摘要：打开显示收件箱中未读邮件的对话框。双击在"未读邮件提要"对话框中的一个邮件，打开 Notes Client 并显示该邮件。若要关闭对话框而不查看邮件，则单击"确定"。

④ 属性：打开"Lotus Notes Minder 选项"对话框，在"Lotus Notes Minder 选项"对话框中，可以设置希望接收到的通知类型，例如，声音提示、邮件视觉提示或显示错误警告，也可以指定希望 Notes Minder 间隔多长时间检查邮件或者禁止检查。单击"确定"可关闭对话框。

⑤ 启用：当启用"Notes Minder"时，此选项前面有一个选取符号。可单击此菜单选项来启用或禁用"Notes Minder"。

⑥ 退出：退出"Notes Minder"。

单击 Windows 任务栏上的"启动"，选择"程序"→"Lotus 应用程序"→"Notes Minder"，就可启动"Notes Minder"。亦可将"Notes Minder"的可执行文件，即在 Notes 文件夹中的"nminder.exe"放到"启动"文件夹中，每当登录到计算机时就会自动启动该实用程序。

3.3.4 向通讯录中添加联系人

Notes 中的个人通讯录的基本作用与我们日常生活中的通讯录作用相同。但是个人通讯录并不仅仅是电子邮件地址的列表。它除了能够添加和删除个人通讯录中的信息之外，还能够做下面一些事情：

① 书写邮件便笺，以便选择联系人。

② 用选取的联系人安排会议。

③ 创建邮递列表和群组。

④ 设置分类。

⑤ 建立账号以搜索 Internet 目录。

⑥ 对于远程使用，指定对服务器的连接。

⑦ 维护场所信息，主要是对远程用户。

Notes 使用的通讯录的缺省名称为"NAMES.NSF"。可以将关于个人的消息保存在通讯录的"联系人"视图中。如果保存了个人邮件地址，则创建邮件时，可以通过键入个人姓名来填写邮件地址，而不用输入完整的邮件地址。还可以给通讯录中的个人发送邮件和会议邀请。如果保存了个人的 Web 页面，则可以从通讯录访问个人页面。

向通讯录中添加联系人的步骤：

① 单击左边栏中的"My Contacts"打开通讯录，如图 3-18 所示。

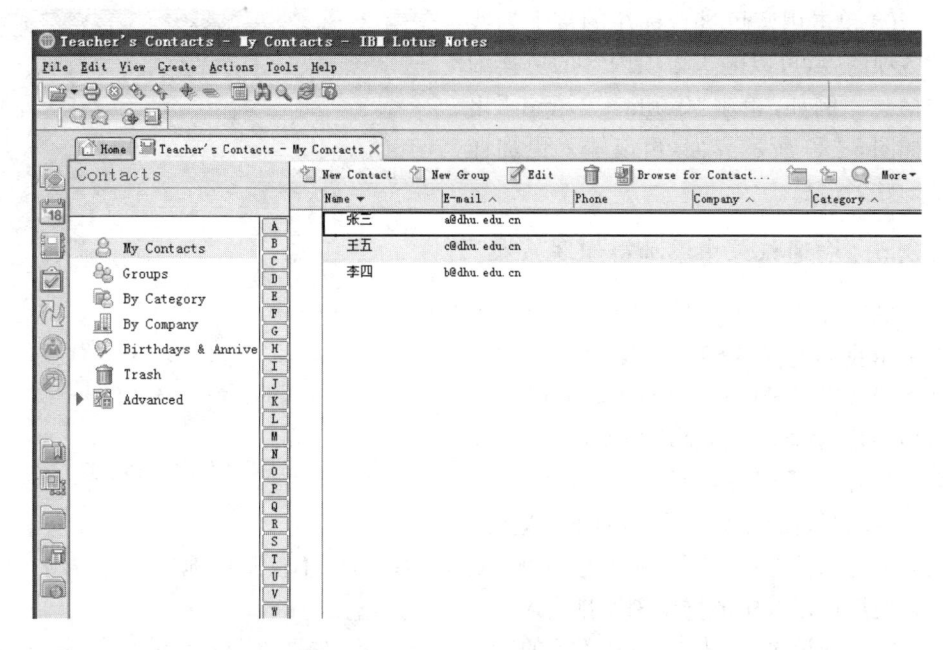

图 3-18　打开通讯录

② 单击"New Contact",输入联系人的各项信息,如图 3-19 所示。

图 3-19　联系人信息

③ 单击用蓝色进行标注的带下划线的各项内容，可以输入该项内容的更详细的信息。例如，单击"Contact Name:"出现如图 3-20 所示界面，可以输入更加详细的姓名信息。

3.3.5 向通讯录中添加群组联系人

如果只给一个或几个人发送邮件，可以采用我们前面介绍的直接输入邮件地址或者从通讯录中选择用户名的办法，但是如果是给群组中每个用户发送邮件，那么可以创建适用群组联系人，这样一来，就不用填写群组中每个用户的邮件地址，

图 3-20 联系人姓名详细信息

而只是将邮件地址填写为所创建的群组的名称即可。不仅邮件地址设置群组，还可以使用通讯录中的群组来安排会议。

打开通讯录，单击"Groups"下的"New Group"，如图 3-21 所示。在"Group Name"域中键入详细名称，在"Members"部分单击"Member"从通讯录中选择联系人或者输入用户名，在输入每个名称后，按 ENTER 键或输入逗号隔开，最后单击"Save & Close"按钮保存操作并退出。

图 3-21 群组联系人

3.4 使用 Notes 浏览 Internet

Internet 已经深入到人们工作、生活和学习的方方面面，它将大量信息提供给商业公司以及个人使用，对整个人类社会产生了深远的影响。Notes 非常适合于 Web 和 Internet 环境。Domino 是把 Lotus Notes 变成 Internet 应用程序的服务器技术，它把开放的 Internet 网络环境的标准和协议以及 Lotus Notes 的应用程序开发的强劲功能集于一身，从而把 Internet 和 Internet 的商业应用程序发展到一个更宽广的境地。

Web 导航器是 Lotus 的一个特征，它使 Notes 用户很容易访问 Internet 上的信息。Web 导航器把 Web 浏览器和 Notes 的群件特征集于一身，使 Notes 用户能从熟悉的 Notes 环境访问 Internet 上的信息。

使用 Notes 和 Web 导航器能够实现下列功能：

① 使用个人 Web 导航器的客户端检索功能浏览 Web。
② 使用服务器 Web 导航器的基于服务器的检索功能浏览 Web。
③ 当与 Internet 断开连接后浏览以前检索的 Web 页。
④ 为以后的引用在 Notes 的数据库中保留 Web 页。
⑤ 在任何应用程序中截取 Web 页。
⑥ 把 Web 访问和导航器的特征编入任何 Notes 程序。
⑦ 评价、注解和分类 Web 页。
⑧ 用内置智能代理定位和返回用户感兴趣的 Web 页，或者产生自己的定制代理。
⑨ 访问活动的 Web 页。
⑩ 创建定制浏览器程序。
⑪ 浏览 Web 页并把浏览过程保存在一个 Web 漫游中，以便以后能重新载入它。
⑫ 获得优先搜寻节点的单击访问。

要访问 Web 站点，首先需要连接到 Internet 和 Web 站点的浏览器软件，在 Notes 中已有内置的浏览器软件。当然也可以选择使用其他浏览器进行浏览，例如，Netscape Navigator 或 Microsoft Internet Explorer，但是要使用其他软件来作为 Web 浏览器，就必须在计算机上安装这些软件。安装方法是选择"文件"→"设置场所"→"编辑当前场所"，系统弹出场所文档。单击"Internet 浏览器"附签，在"Internet 浏览器"域内，选择要使用浏览器。例如，Internet Explorer、Netscape Navigator 或其他浏览器，最后单击"Save & Close"按钮保存操作并关闭当前

窗口。

如果直接使用 Notes 作为浏览器,则有许多其他浏览器所不具备的优点:能够存储查看的 Web 网页将其拷贝到 Notes 数据库中,以便脱机时进行查看;能够转发存储的网页到其他 Notes 用户或链接到那些网页并发送链接到其他地方;能够在任何时候请求 Web 网页,并且 Notes 将从存储的网页或连接到 Internet 打开该 Web 网页;可以使用 Notes 浏览 Web,还可以使用 Notes 访问 Internet 邮件、Internet 新闻组和 Internet 目录,不过首先要设置 Internet 连接。

3.4.1 设置 Internet 连接

使用 Notes 浏览 Web,既可以设置 Notes 直接提取 Web 页面,也可以设置 Domino 服务器提取 Web 页面。Notes 提取的 Web 页面存储在本地,只有用户本人可以查看。Domino 服务器提取的 Web 页面存储在服务器上,对该服务器有存取权限的所有用户都可以查看。下面分别说明使用 Notes 系统提取 Web 页面和使用 Domino 服务器提取 Web 页面的步骤。

设置 Internet 连接以便使用 Notes 提取页面的步骤是:

① 选择"File"→"Preferences"→"User Preferences",系统弹出"用户惯用选项"对话框,单击"Ports"图标,确定正在运行 TCP/IP,选择 Windows 的"开始",并选择"设置"→"控制面板"→"网络",确保启用了 TCP/IP,如图 3-22 所示。

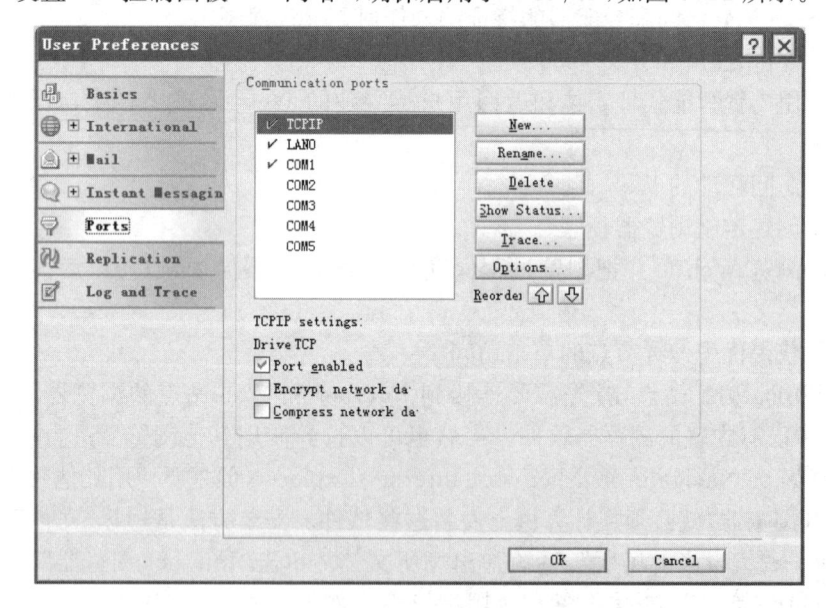

图 3-22 用户惯用选项

② 选择"File"→"Locations"→"Mangement Locations",打开当前场所,编辑界面,如图 3-23 所示,确认网络设置正确。

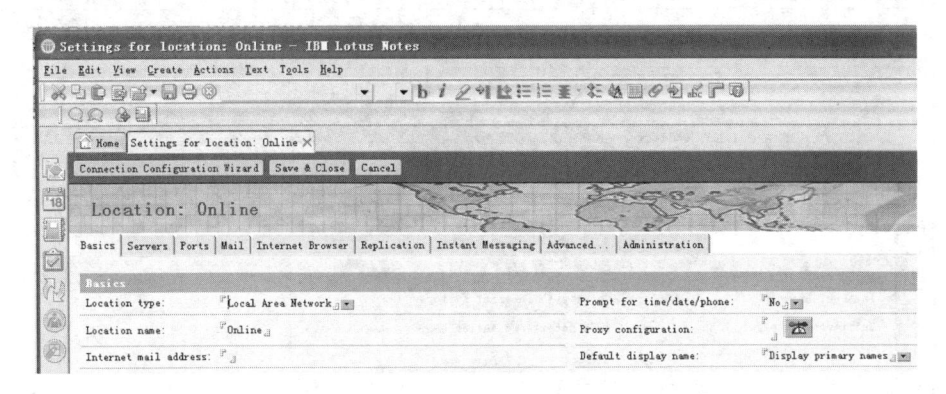

图 3-23 编辑场所

③ 如果是通过代理服务器连接到 Internet,单击场所编辑界面中的"Basic"附签并在"Servers"域输入代理服务器的名称或 IP 地址,或者单击"Servers"域旁边的小图标来详细配置代理服务器,如图 3-24 所示。

④ 单击"Internet browser"附签。在"Internet browser"域,选择一个浏览器,缺省为"Notes with Internet Explorer"。

⑤ 在"Retrieve/open pages"域,选择"from Notes worksation",然后单击"Save & Close",如图 3-25 所示。

设置 Internet 连接以便使用 Domino。服务器提取页面的步骤与使用 Notes 提取页面的步骤类似,步骤如下:

① 方法同上,打开场所编辑界面。

图 3-24 代理服务器配置

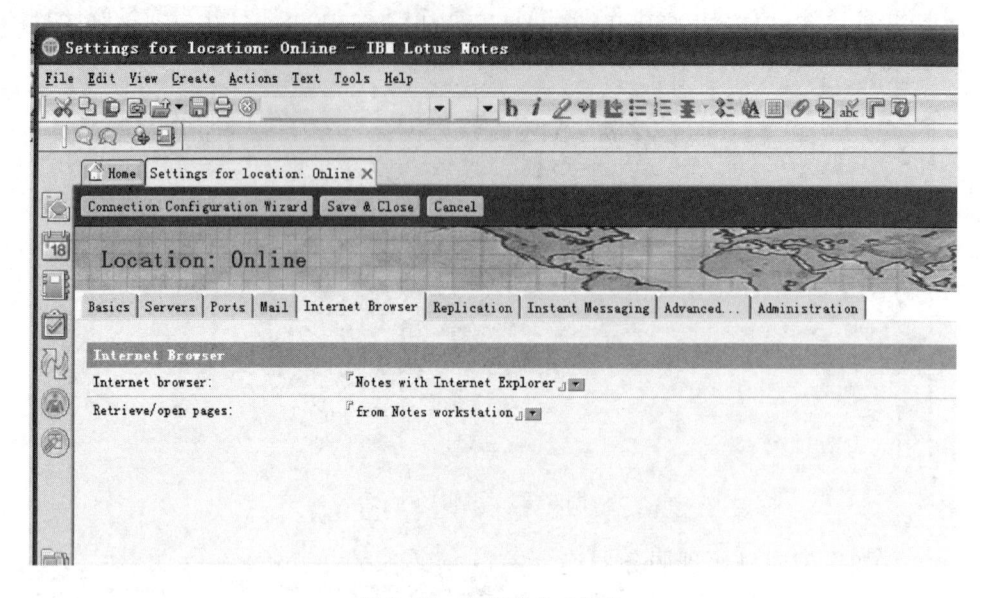

图 3-25 浏览器方式设置

② 单击"Internet Browser"附签,在"Internet Browser"域,选择一个浏览器,缺省为"Notes with Internet Explorer"。

③ 在"Retrieve/open pages"域选择"from Domino Sever"。

④ 单击"Servers"附签,在"Web Retrieve Server"域,指定一个 Domino 服务器。最后单击"Save & Close"保存并退出。

3.4.2 使用 Notes 打开 Web 页面

设置了 Internet 连接后,就可以使用 Notes 打开 Web 页面了。Notes 8.0 缺省状态下地址栏是隐藏的,右击工具栏,选中"Address"选项,即出现了地址栏,在地址栏中输入地址即可浏览相应网页。

例如,输入"www.dhu.edu.cn"就可以链接到东华大学网站。注意不需要输入 URL 的协议前缀,例如,http://等。见图 3-26。

3.4.3 保存 Web 页面以方便访问

可以将 Web 页面保存,以方便日后访问。保存 Web 页面的一种方法是将其加入书签。可以将打开的任何 Web 页面加入书签。具体做法是,打开 Web 页面,选择"Create"→"Bookcases",在对话框中选择将页面放入已有的文件夹或新建文件夹。如图 3-27 所示。

第 3 章　Lotus Notes 客户端的使用

图 3-26　使用 Notes 浏览 Web 页面

图 3-27　添加书签

　　Notes 还可以自动存储在线查看的 Web 网页。当使用 Notes 直接检索网页时，网页被存储在本地驱动器的个人 Web 导航器数据库中。如果使用服务器来检索 Web 网页，则该网页就会存储在位于服务器上的服务器 Web 导航数据库中。服务器是由许多用户共享的，所以服务器 Web 导航数据库也将包含其他用户访问过的网页。

　　但是，如果使用 Notes 内嵌的 Internet Explorer，并且在 Internet Explorer 的选项文档的"大小"选项中选择"人工存储网页以便脱机使用"选项，则 Notes 将不会自动存储网页。在这种情况下，可以打开网页然后选择"Actions"菜单中的

"Save",在个人 Web 导航数据库中人工存储网页。

对于已经存储的网页,需要指定该网页应该多长时间更新一次。可打开场所编辑窗口,选中"Aadvanced"附签,然后单击选取"Web Retriever"附签。

从"Update cache"选项下面选择其中一项:

① "None":默认设置,如果不想更新存储的 Web 网页,就选取这个选项。

② "Once per session":如果选取这个选项,每个 Notes 会话期间都会更新存储的网页一次。

③ "Each once":如果选取这个选项,在每次打开网页时都会更新存储的网页。当需要每次打开网页都更新信息时,选取这个选项就显得特别重要。如图 3-28 所示。

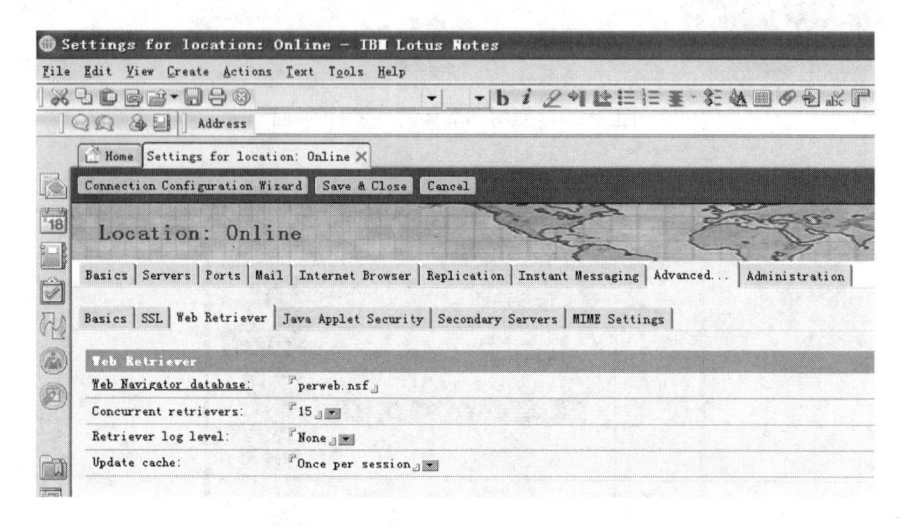

图 3-28 提取器配置

3.4.4 脱机查看 Web 网页

因为 Notes 存储浏览过的 Web 网页,所以当试图打开 Web 网页时,Notes 会检查该列表。如果在列表中有该网页,就会打开已存储的网页;如果这个网页没有在该列表中,Notes 就会从 Web 站点提取该网页。其优点在于:首先,Notes 能够以比打开新网页更快的速度打开存储的 Web 网页;其次,即使在脱机条件下,也能够查看 Web 网页。

如果希望从 Internet 断开连接的时候仍可查看网页,就必须打开场所编辑窗口,选择"Internet Browser"附签,在"Retrieve/open pages"域选择"work offline"选项,然后单击"Save & Close"保存并退出。如图 3-29 所示。

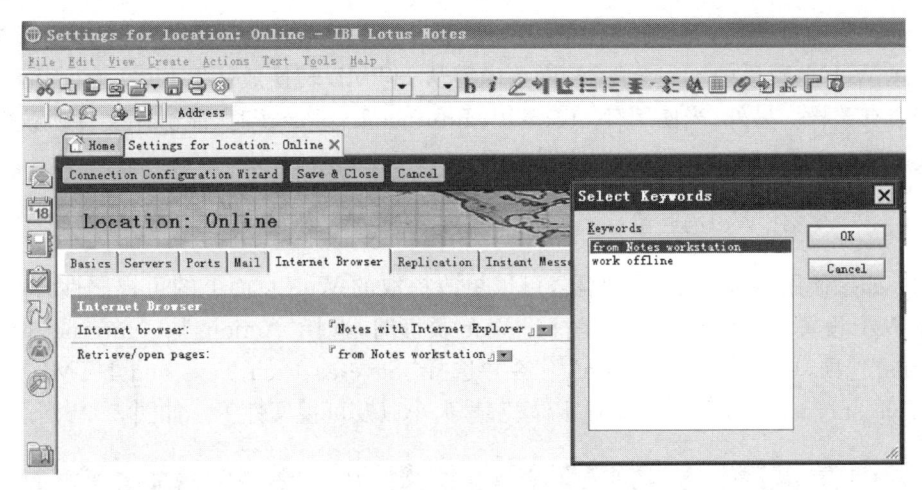

图 3-29　浏览器选项

选取了"work offline"之后，Notes 将只从个人的 Web 导航器或服务器 Web 导航器数据库中提取网页，而不从 Web 提取网页。要想提取新的网页，必须重新连接并修改场所中的设置。

在断开连接时要查看存储在服务器 Web 导航器数据库上的网页，就必须在断开连接之前制作该数据库的拷贝。

另外，当要与其他人共享 Web 网页时，可以转发该 Web 网页或者发送包含有该 URL 的邮件便笺。转发 Web 网页将把 Web 网页的主体发送给接收者。然而，如果要确保接收者能够访问网页的全部特性，应该转发的是 URL 而不是网页。要转发网页，可以打开 Web 网页，并选择"Actions"菜单中的"Forward"命令。然后，选取"Foward copy of this page"单选钮，单击"OK"，如图 3-30 所示。

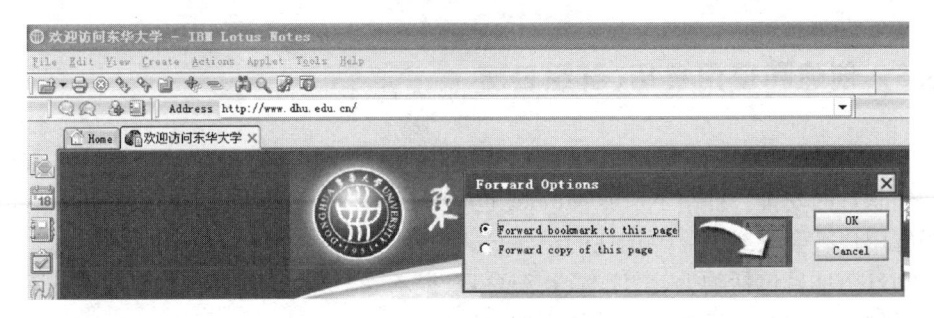

图 3-30　转发选项

如果想发送包含有 URL 的邮件便笺，那么在打开的邮件便笺中，在"To"域中输入或选择接收者的姓名，然后，单击"Send"。如果指定"Notes with Internet Explorer"作为浏览器,而且转发的收件人使用 Notes 作为浏览器,则转发的网页可能与在 Web 上看见的不完全一样,网页内容从 HTML 转换成了 RTF 文本,因而可能会有差异。另外,当使用"Notes with Internet Explorer"时,能够用文件协议转发 URL,但是用 Notes 作为浏览器就不行。

3.4.5 定制 Web 设置

如果使用 Notes 作为浏览器,可以更改提取的 Web 页面上的可视属性,即定制 Web 设置。具体定制方法是打开 Web 页面时,选择"Actions"→"Internet Options"选项,单击"Presentation"附签并选择"Save as Rich Text and HTML"或"Save only as RTF",可以设置字体、字号大小以及可视属性等。如图 3-31 所示。

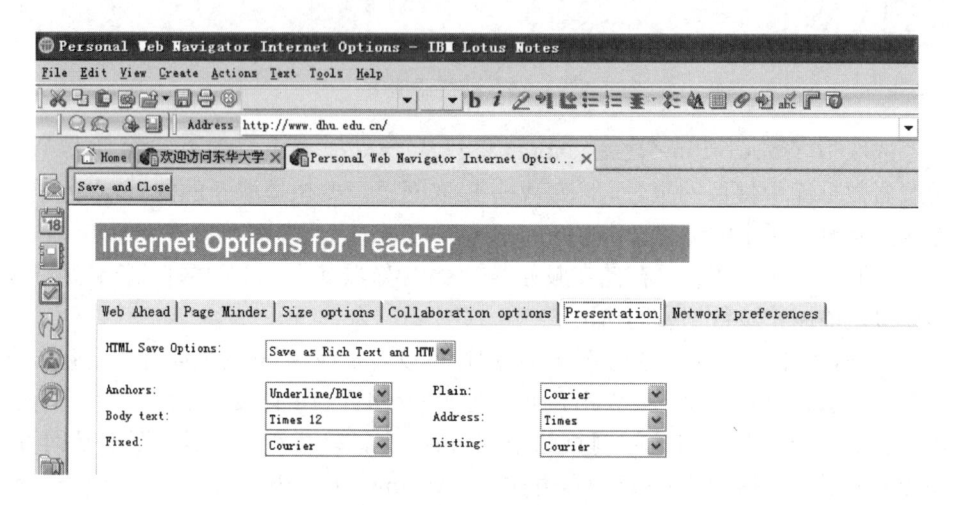

图 3-31 显示设置

3.5 创建和使用日历、群组日历

日历是邮件数据库的重要组成部分,日历可以帮助用户记住约会、会议、事件和纪念日的安排。提醒 Notes Minder 也是日历的一部分任务,Notes Minder 可以提醒用户有会议或者需要记住的纪念日。

日历项目包括约会、会议邀请、纪念日、提示等多种不同的项目,分别用于不同的目的。具体的日历项目及其作用如下:

① "约会(Appointment)"是为自己安排一个时间段。在该时间段,其他人不能够参加。例如,安排时间接见客户等。约会可能有开始和结束的时间,可以设置为重复进行,并可标记为私人约会,这样一来即使是可以访问用户日历的人也不能

够阅读特定的私人约会。

②"会议邀请（Meeting）"是用于邀请其他人在某个时间段内与自己一起参加会议。所邀请的人必须是 Domino 邮件系统的一部分。因为会议邀请是分发到参加者的收件箱里，当被邀请者接受邀请之后，还会同时出现在被邀请者的日历上。会议也有时间值，是在一个日历天内的开始时间和结束时间。

③"纪念日（Anniversary）"是安排特定的一年一次的日期，如生日、结婚纪念日等。纪念日只出现在日历中，并可以将其设置为重复。

④"提示（Reminder）"是在特定的时刻提醒自己某件事。提示在分配的日期和时间内，提示的通知会显示在屏幕上。提示有开始时间，但是没有时间值，即没有结束时间。它们只显示在日历上，并且可以设置为重复。提示最常用的功能之一就是提醒打电话。

⑤"整日事件（All Day Event）"是为用户安排一天或几天的时间。它不像会议和邀请，不能够指定开始和结束时间。对于安排空闲时间、研讨会和谈话等特别有用。

⑥"事件公布（Event Announcement）"是向相关人员布置某件事情。

3.5.1 创建约会、纪念日、提示或整日事件

打开日历后，有两个日历视图可用：

① 日历是以天、星期或月的格式显示安排的约会和已经接受的会议信息。

② 会议是按日期及会议时间列出会议的邀请和已经接受的会议。

下面介绍创建一个新的约会的过程。单击日历中的菜单项"New"→"Appointment"，如图 3-32 所示。

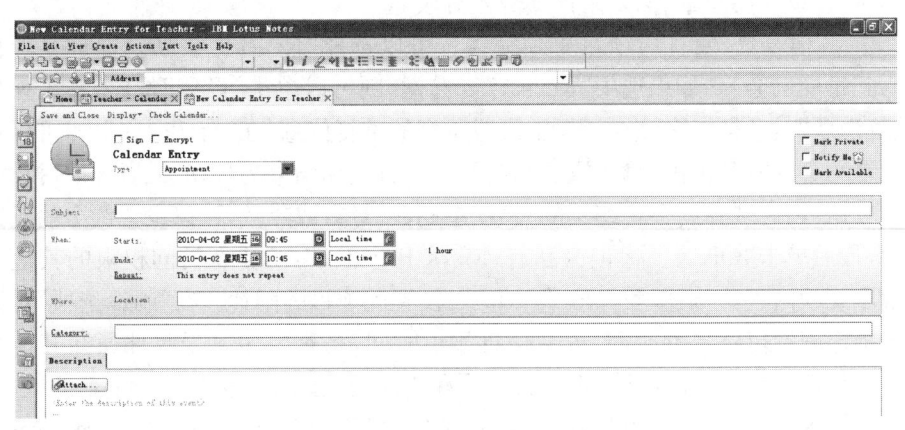

图 3-32 新建日历项

① 在"Subject"域输入主题短语描述。该主题域将出现在日历视图中,如果发送给其他人,也将出现在邮件的便笺的主题域中。

② "Type":显示在域及日历项的顶部。

③ 在"Starts"域指定日历的起始日期和时间,在"Ends"域指定日历的结束日期和时间,而纪念日提示就只有"开始"日期,没有"结束"日期。整日事件是指整天,所以在"Starts"和"Ends"域中只有日期,而没有时间。

④ 在"Where"域中可以指定该约会的进行地点。

⑤ 在"Category"域中还可以指定约会的类别,具体类别见图 3-33。

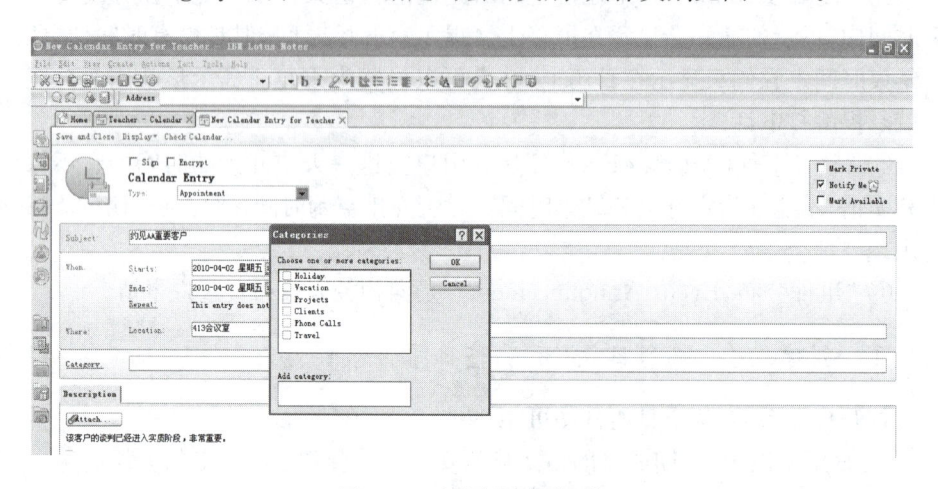

图 3-33 填写日历项细节

⑥ "Description":利用此区域可以为日历项提供更详细的说明。这是 RTF 文本域,可以使用文本、插入附件或嵌入对象等。

⑦ 其他设置,使日历项目更加完善。可以选择"Repeat"项以设置重复项目(例如,每周例会)。如果选中"Repeat"复选框,则可以单击"设置"按钮,系统弹出"重复选项"对话框。在该对话框中设置所有的重复信息,在"持续时间"中,可以选择重复约会的时间范围,输入重复约会开始的日期和结束的日期,或者选取"持续"单选按钮,然后选择约会将继续的天数、星期数、月数或年数,可以设置约会的频繁程度,最后单击"OK"。"标记为私有(Mark Private)":防止有访问权限的其他用户读取此项内容。"通知我(Notify Me)":设置此项目的闹铃。在"闹铃选项"对话框中指定闹铃持续提醒时间,屏幕信息显示时间,是否要用电子邮件通知其他人等。如果选取"发送邮件并附带项目标题和描述"复选框,则会打开一个新的域,可以从中选择电子邮件的接收者,然后单击"确定"。"标识为可用(Mark Available)":保持此项目的时间在空闲时间表中为空闲。

在完成所有必要的域之后,单击"Save & Close",Notes 会在日历视图中添加项目并在空闲时间表中将项目的时间标记为占用。

还可以从邮件消息创建会议日程、约会、纪念日、提示或整日事件:打开邮件并选择消息,单击"Copy to"并选择"New calendar",缺省情况下,Notes 将把消息的主题拷贝到项目的"Subject"域,并将消息的正文拷贝到"Description"域,从"Type"域中选择会议日程、约会、纪念日、提示或整日事件,接下来的步骤与从日历直接创建约会、纪念日、提示或整日事件的步骤类似。

3.5.2 为日历项目设置闹铃

Notes 邮件数据库包含可以用来为日历和代办事宜项设置闹铃的闹铃系统。设置闹铃且闹铃"Enabled"时,Notes 显示闹铃消息提醒用户,也可以使 Notes 在闹铃启动时播放选定的声音或发送邮件消息。

在日历项目中选中"Notify Me",单击闹铃图标,即可以进一步完善闹铃设置,具体如图 3-34 所示。

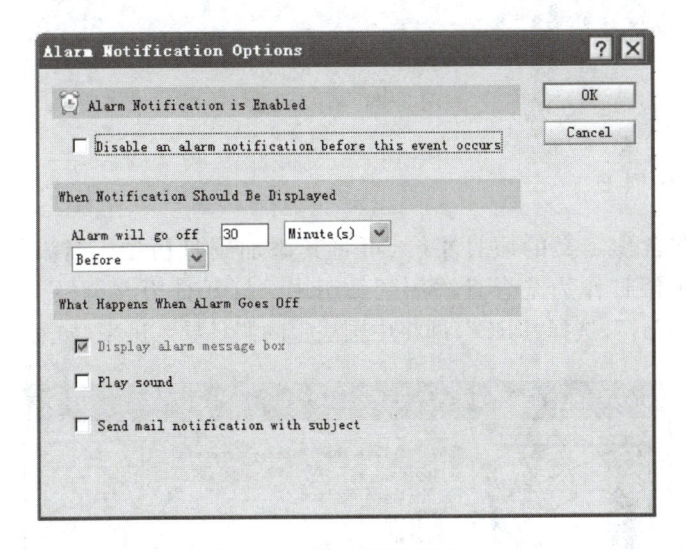

图 3-34 为日历设置闹铃

可以为所有的约会、会议、提示、事件、纪念日以及待办事宜项自动设置闹铃。这样就可以在创建单个项目时更改或取消闹铃。具体操作步骤如下:打开日历菜单栏上的"More"→"Preference"→"Calendar & To Do"中的"Alarms",如图 3-35 所示。选择"Display alarm notification",选择一个或多个日历项目类型,分别输入闹铃提前启动的分钟数或天数。

图 3-35 闹铃设置

3.5.3 添加假日

Notes 包含预定义的假日集合,可将其添加到日历中。当添加假日集时,Notes 将每个假日作为纪念日添加到日历中。打开日历菜单栏上的"More"→"Import Holiday",选择"PRC",即将中国法定的假日导入进来,如图 3-36 所示。

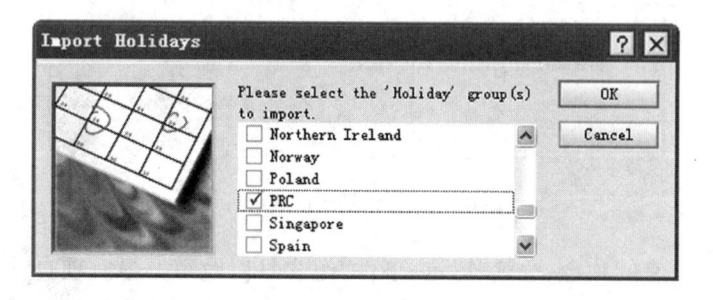

图 3-36 添加假日

另外组织可以定制供用户使用的假日集。可以通过创建个人的纪念日项目以便在日历中添加自己的假日。

3.5.4 创建和使用群组日历

群组日历是所选用户空闲时间安排表的集合。可以使用群组日历来快速查看选定群组中的用户在指定时间内是空闲还是忙碌。另外,有访问其他人日历的权限的用户,还可以在群组日历下面的窗格中显示其他人的日历。

创建群组日历的步骤是:

① 打开日历菜单栏上的"More"→"View and Create Groupa Calendars"。

② 单击"New Groupa Calendars"。

③ 输入"Title"域名。

④ 在"Members"域指定人员或群组的名称,也可以从通讯录中选择人员或群组。

⑤ 单击"OK"。

如图 3-37 所示。

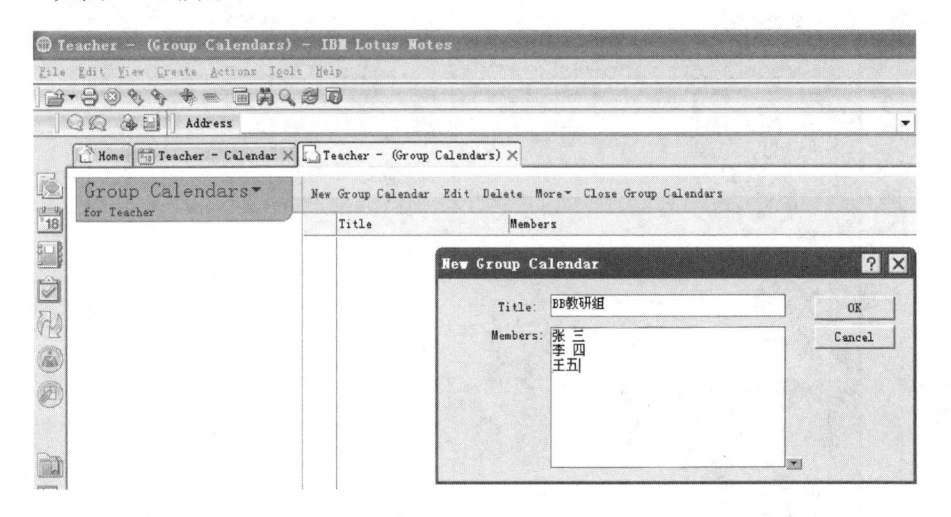

图 3-37 新建群组日历

创建群组日历后,还可以编辑群组日历:选中群组日历,单击"Edit"可以更改"Title"域中的名称,添加或删除"Members"域中的人。

打开群组日历后还可以单击"Display Options",更改群组日历的每天起始时间和时间长度。

3.6 使用待办事宜和安排会议

邮件数据库还有跟踪项目和最后期限的方法,这就是待办事宜列表。待办事

宜列表是用户为自己或者为其他人设置的任务，当然为其他人设置任务要设置权限才行。Notes 有两种待办事宜。一种是"个人待办事宜"，用来核实用户是否已经把待办事宜完成了，并且是否及时完成。另外一种是"群组待办事宜"，应用"群组待办事宜"，用户可以管理自己及其他人的时间。因为 Lotus Notes 是组织群组活动的理想产品，Notes 可以帮助用户安排会议，邀请会议参加者以及为这些会议预定房间和预定资源。

3.6.1 创建待办事宜

1. 新建待办事宜

单击左边导航栏中的"To Do"进入待办事宜，单击待办事宜中的菜单"New To Do Item"可以创建新的待办事宜，如图 3-38 所示。

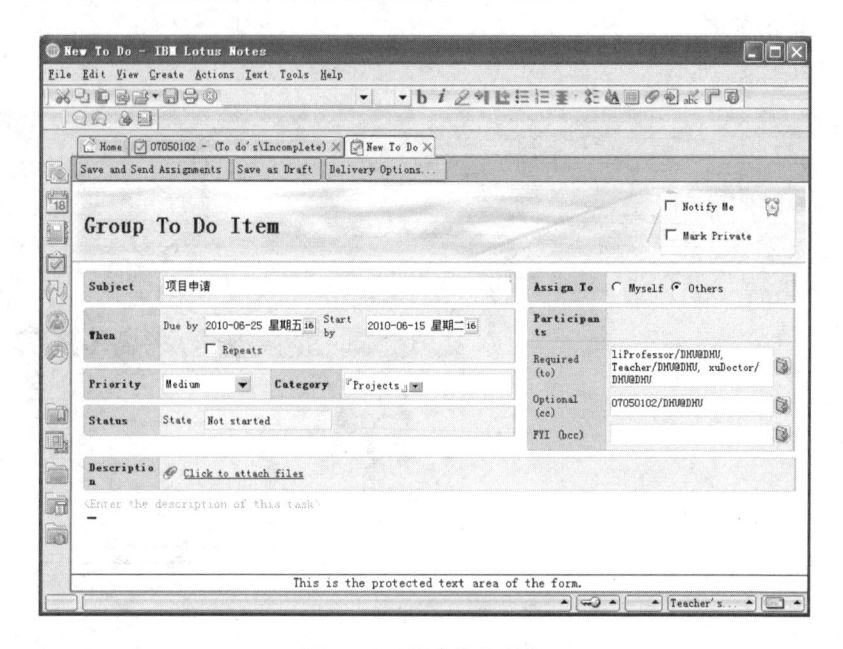

图 3-38 新建代办事宜

在新建代办事宜界面中填入下面几个域：

① "Subject"：输入任务或项目的简短名称，标题将出现在日历上。
② "Start by"：输入或选择任务或项目开始的日期。
③ "Due by"：输入或选择任务或项目终止的日期。
④ "Assign To"：选择要创建的待办事宜类型，是"Myself"还是"Others"。
⑤ "Priority"：为待办事宜选择适当的属性级别，"高"、"中"、"低"或"无"。除

了"无"之外,所设置的其他优先级都要在"待办事宜"视图中作为数字图标显示。1代表"高",2代表"中",3代表"低",没有数字则表示"无"。

⑥ "Description":输入对任务的详细说明。这个域是 RTF 文本域,因而可以格式化文本、添加附件或嵌入对象,包括帮助用户完成该任务所需要的任何信息。

⑦ "Repeat":选中该复选框可以设置重复任务,例如,撰写每月例会的议程。在系统弹出的重复选型对话框中,可以设置重复的频率和持续时间等。

⑧ "Mark Private":如果已经授予其他人访问和阅读过,这个选项是重要的。选择这个选项,可以防止其他人查看有关这个任务的细节。

⑨ "Status":标识了待办事宜的状态。

⑩ "Category":从下拉式列表中选择待办事宜的分类,以便按分类显示项目。其中类别包括"Holidays"、"Projects"、"Clients"、"Travel"等。

最后单击"Save & Close",用以保存待办事宜。Notes 将新建的待办事宜添加到用户的待办事宜和日历视图中。出现在日历上的待办事宜的开始日期可手动设置闹铃以提示完成的日期即将到来。如果任务没有在日期上显示。选择"操作"→"工具"→"惯用选项",选取附签,然后再选取附签下的"待办事宜"附签,选中"显示当前的待办事宜到今天的日历项中"复选框。

2. 修改待办事宜

如果待办事宜的类型为"Myself",则直接打开待办事宜修改。如果待办事宜的类型为"Others",则可以重新安排、取消或确认待办事宜请求,Notes 将发送通知给那些用户已经发送过请求的人。具体步骤是:

① 单击"Owner Actions"并选择"cancel"、"confirm"或"Reschedule"。如图 3-39 所示。

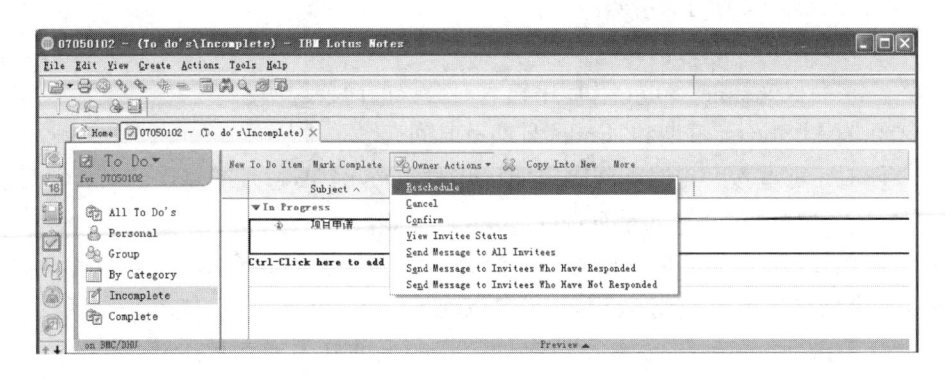

图 3-39 所有者操作

② 如果选择"Reschedule",则指定一个新的开始和/或结束日期。

③ 如果选择"Cancel",并且希望删除请求和收到的对于该请求的任何答复,要选择"Permanently deleted the To Do and all notices and documents related to the To Do"。

④ 如果要在通知中添加备注,选择"Include additional comments on notice"。

⑤ 单击"OK"保存操作。

发件人可以跟踪待办事宜请求的答复,只需要选中待办事宜,选择"Owner Actions"→"View Invitee Status",则可以查看参加者状态。

用户的日历和待办事宜都是私人的。如果没有用户的授权,其他人不能够查看用户的日历。要把该访问权限授予其他用户时,可选择"More"→"Preperences"打开惯用选项对话框,单击"Access & Delegation"附签,然后选择"Access to Your schedule"附签。

3.6.2 创建和发送会议邀请

在召开会议之前,需要将会议时间和地点通知所有与会议有关人员并邀请他们出席会议。可以用创建会议邀请的方法来实现这一点。

(1) 创建会议邀请的前提工作

① 创建邀请。

② 标志被邀请者。

③ 检查被邀请者的时间并可以根据他们的可用时间来安排会议时间。

④ 确定要被邀请者如何回复会议邀请。

⑤ 邮递会议邀请。

(2) 创建会议邀请的步骤

① 打开日历,单击操作栏上的"New"→"Meeting"。

② 在会议文档的"Subject"域中输入对会议的简要说明。

③ 输入"Starts"日期和"Ends"日期及时间。

④ 对于那些按一定时间间隔定期召开的会议,例如,每月或每周例会,可以选取"Repeat"复选框,并输入重复选项。

⑤ 在"Description"域中输入有关会议的重要事件,这是个 RTF 文本域,可以输入文字信息。例如,会议议程等,也可以附加或嵌入图形文件,如图 3-40 所示。

⑥ 单击"Required",输入邀请参加会议的人的姓名或者单击该域右端的图标,可以从通讯录中选择姓名,如图 3-41 所示。

⑦ 单击"Delivery Options"可以选择下列选项:

A. "Delivery Report":如果希望接收关于消息的报告要选择此项。该选项包

图 3-40 填写"Description"

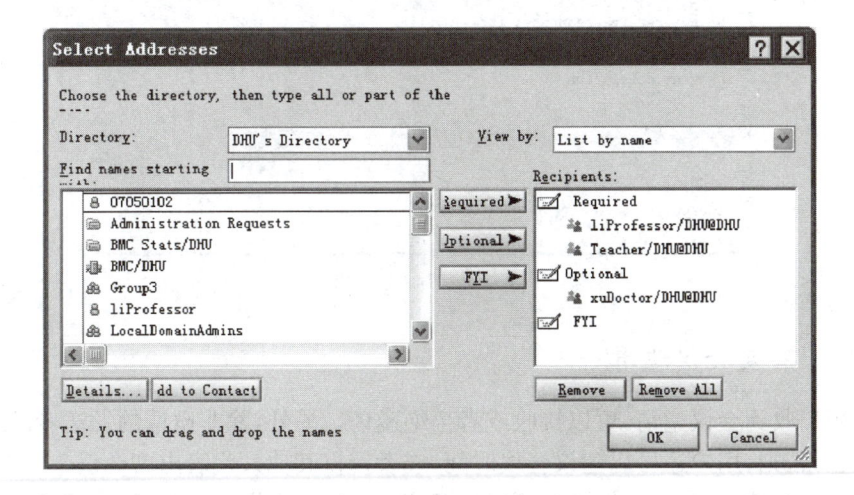

图 3-41 会议邀请和资源预定

括"无"、"仅在失败时"、"确认邮递"和"跟踪整个路径"几个选项,缺省值为"无"。

  B. "Delivery Priority":选择消息的优先级,优先级分为"低"、"高"和"一般"。

  C. "Return Receipt":如果希望在消息已打开时得到回执,需要选择此项。

  D. "Do not receive responses from invitees":将请求作为广播消息发送时,选

择此项为收件人提供了将该请求添加到他们的待办事宜列表中的机会,而不提示收件人答复发件人。

E. "Prevent courter-proposals":选择此项可以防止收件人对请求提出不同的开始或结束日期。

F. "Prevent delegation":选择此项防止收件人将请求发送给其他人来进行答复。

G. "Sign":选择此项可以将数字签名添加到请求中,这样收件人就可以确信发件人。

H. "Encrypt":如果选择此项加密请求那么就只有指定的收件人才可以读取。如图3-42所示。

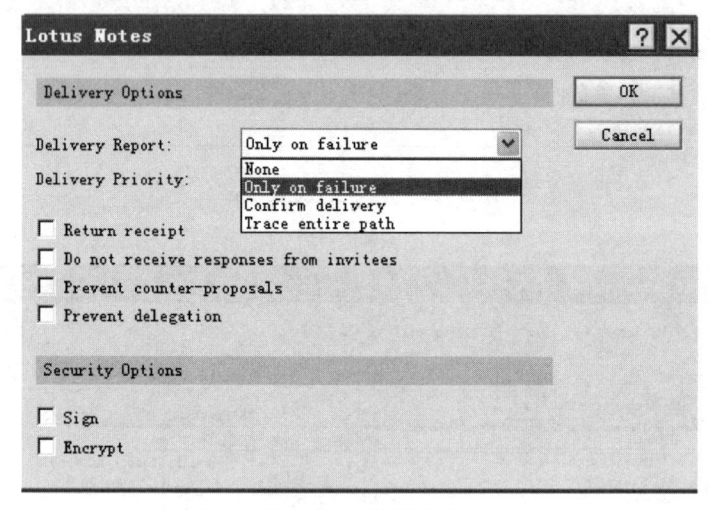

图 3-42 邮递选项

3.6.3 答复会议邀请

用户收到会议邀请,可以接收或者拒绝邀请。另外,除非邀请的发送者已经事先防止,否则,用户还可以建议会议时间,或者授权其他人代表出席会议。

当在邮件中接受到邀请时,可以打开该文档。单击操作栏上"Reply"或"Reply with History"按键回复会议邀请。回复会议邀请可以选择下列选项:

① "Aceept":如果接受邀请那么接受的便笺就会被发送,并且该会议的项目将会出现在日历上。

② "Decline":如果拒绝邀请那么拒绝邀请的便笺将被发送。

③ "Delegat":拒绝邀请但是可以指定要将此邀请转发给别人,然后,Notes就

会把邀请发送给被指定者。但如果邀请参加会议的邀请者选择了防止授权,这个选项就不可用。

④ "Propose New Time":建议更改会议时间以便更适合自己的日程安排。当指定了新的时间或日期后,单击"确定",发送拒绝便笺给发送邀请人,但是同时会显示建议更改的日程。当然,用户的建议也可能被接受或被拒绝。同样,如果邀请参加会议的邀请者选择了防止新时间建议,那么"建议新时间"选项就不可用。

⑤ "Tentatively accepted":接受会议邀请,把会议作为项目添加到日历。但是,可以启用项目的"选项"页的"写入"选项,因而,该会议的时间仍然会在空闲时间安排中出现。

除了分别回答每个会议邀请,Notes 还能够自动地回答所有会议邀请。单击日历操作栏上的"More"→"Preferences",选择"Calendar To Do",然后单击选取"Autoprocessing"附签。

从下拉式列表中选择下列选项之一:

① 不自动处理会议邀请:此为默认选项。在这个选项下,需要人工回答所收到的每个邀请。

② 自动为所有用户处理:自动接受所收到的所有邀请。

③ 自动为以下用户处理:自动邀请输入或选择将自动接受其会议邀请的用户姓名。

3.6.4 预定房间和资源

开会要有会议室,创建会议邀请应该预定会议房间以及需要用于会议的设备,例如,投影仪。预定房间和资源必须保证房间和资源已经包括在目录中,并且已经分配站点分类。

当创建邀请时,甚至在会议已经安排之后,都可以从"Rooms"和"Resources"附签中预定房间及资源。在会议已经被保存之后,也可以通过单击操作栏上的"日程安排"按钮预定房间和资源。

预定房间和预定资源可以应用下面的两种方法之一:使用会议室的名称来预定和按定则或分类来搜索。例如,可以用预定"第一会议室",这就是使用会议室名称来预订,不过这种方法只适合用于已知会议室的座位能够满足开会人数的需求。如果对会议室的座位情况不了解,就只能使用第二种,按提供的出席人数和/或座位数来搜索合适的会议地点。

预定资源与预定房间类似,可以按照资源的名称(例如投影仪)或者按资源的分类(视听设备)进行搜索。

要按名称预定房间时,可以打开会议邀请,在"Rooms"域中输入需求使用的房间名称,或单击域右端的按钮"Find Rooms"从房间列表中选择房间。如图 3-43 所示。

图 3-43　预定房间和资源

第 4 章　Lotus Symphony 的应用

Lotus Symphony 是 IBM 基于"Open Office.org"开发的集文字处理、电子表格和演示幻灯片于一身的免费办公套件。该软件可以替代现有的办公软件,同时还支持与 IBM Lotus Notes 等重要的业务应用程序,常见的通讯和协作工具集成。

Lotus Symphony 包括电子文档(Documents)、电子表格(Speradsheets)和演示文稿(Presentations)三种工具,这三种工具集成在一个页面下,整个主界面的风格与网页浏览器具有众多相似之处。

4.1　Lotus Symphony 电子文档的应用

在了解 Word 文字处理软件后,我们一起来完成一份办公常用文件"通知"的录入,其效果如下图。

> **研究生学术讲座通知**
>
> 讲座主题:物联网及其行业应用实例(IOT and its industry samples)
>
> 讲座时间:2010.4.8(周四)9:00——11:00
>
> 讲座地点:三南311
>
> 主　讲　人:李立(IBM 软件工程师,IBM 中国开发实验室传感器与促动器开发部门)
>
> 主题介绍:物联网是2009年中国很热门的话题。本讲座将全面介绍物联网的基本概念、架构、标准,面临的挑战和实际应用中存在的问题等物联网的相关基本知识。然后结合IBM实际的行业解决方案介绍物联网在日常生活中的具体应用。通过参加本讲座,学生能够对物联网有一个全面的认识,从实际的行业应用例子了解物联网是如何被应用在日常生活当中的,同时也能够拓宽学生在物联网应用领域的视野。
>
> 欢迎管理科学与工程硕士、物流工程硕士、物流管理、信息管理与信息系统、电子商务专业本科生及其他对物联网感兴趣的师生参加!
>
> 　　　　　　　　　　　　　　　　　　　　　　东华大学旭日工商管理学院
> 　　　　　　　　　　　　　　　　　　　　　　　　　　2010 年 4 月 5 日

图 4-1　通知

在这份通知里,我们将通过实践使用 Lotus Symphony 电子文档处理文档的录入、修改、选定、复制、移动和保存等技能。

4.1.1 文档的创建

1. 文档创建

进行文档录入之前首先要在 Lotus Symphony 的主界面下创立新文档/文件,创立新文档/文件方法有:

① 通过鼠标点击选项卡"文件"→"新建"→"文档",就可新创立一个电子文档。

图 4-2 新建电子文档菜单方式一

② 通过鼠标点击"新建"按钮,然后选择"Lotus Symphony 文档"即可。见图 4-3。

③ 也可以直接在主界面上单击 A 按钮新建文档。

2. 文档的录入

新文档完成创立以后,就可以进行文档的录入了。文档录入的操作为:

① 用鼠标或者"Ctrl+Shift"组合键切换好输入法,就可以在窗口进行文档录入了。

② 录入标题文字。

图 4-3 新建电子文档菜单方式二

研究生学术讲座通知

③ 录入正文文字和结尾落款文字。

第4章　Lotus Symphony 的应用

讲座主题：物联网及其行业应用实例（IOT and its industry samples）

讲座时间：2010.4.8（周四）9：00——11：00

讲座地点：三南311

主 讲 人：李立（IBM 软件工程师，IBM 中国开发实验室传感器与促动器开发部门）

主题介绍：物联网是2009年中国很热门的话题。本讲座将全面介绍物联网的基本概念、架构、标准、面临的挑战和实际应用中存在的问题等物联网的相关基本知识。然后结合IBM实际的行业解决方案介绍物联网在日常生活中的具体应用。通过参加本讲座，学生能够对物联网有一个全面的认识，从实际的行业应用例子了解物联网是如何被应用在日常生活当中的，同时也能够拓宽学生在物联网应用领域的视野。

欢迎管理科学与工程硕士、物流工程硕士，物流管理、信息管理与信息系统、电子商务专业本科生及其他对物联网感兴趣的师生参加！

东华大学旭日工商管理学院

2010 年 4 月 5 日

图 4-4　正文

4.1.2　文档的编辑

1. 文档编辑

在录入过程中经常出现一些需要修改的地方，比如标题设置，文字内容的字体、字号和段落格式等。通过下面几点进行文档编辑：

① 选定第一行的标题，如图 4-5(1)。然后单击工具栏上的应用样式按钮 `缺省文本`（默认为"缺省文本"），选择"标题"如图 4-5(2)，然后在文本属性窗口里将标题设置为黑体字体，如图 4-5(3)。

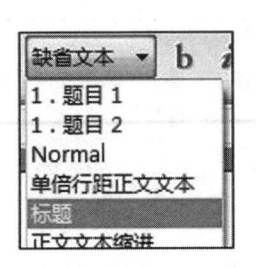

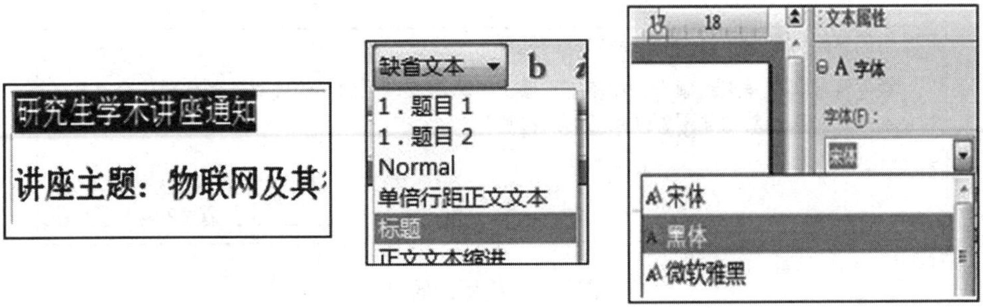

(1)　　　　　　　　(2)　　　　　　　　(3)

图 4-5　标题设置

② 依次选定"讲座主题:"、"讲座时间:"、"讲座地点:"等通知的关键词,点击加粗按钮 b 或者在文本属性窗口中选择 样式(T): 下的粗体样式。也可以按住"Ctrl"键,同时选择通知的各关键词,然后再统一设置为粗体,过程如如图 4-6。

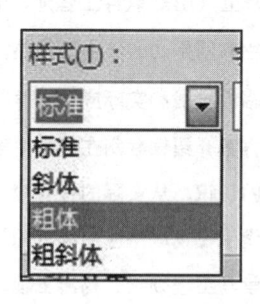

图 4-6　字体设置

③ 选定最后两行落款,并依次点击加粗按钮 b、倾斜按钮 i、和下划线按钮 u,可以得到图 4-7 所示效果。保持这两行为被选定状态,然后点击工具栏中右对齐按钮 得到图 4-8 所示效果。

图 4-7　排版的文字

图 4-8　排版的效果

④ 文档编辑好后需要及时保存,以免丢失。文档保存可以通过选项卡"文件"→"保存(或另存为)"或者直接点击保存按钮 即可将文档保存到指定文件夹,如下图。

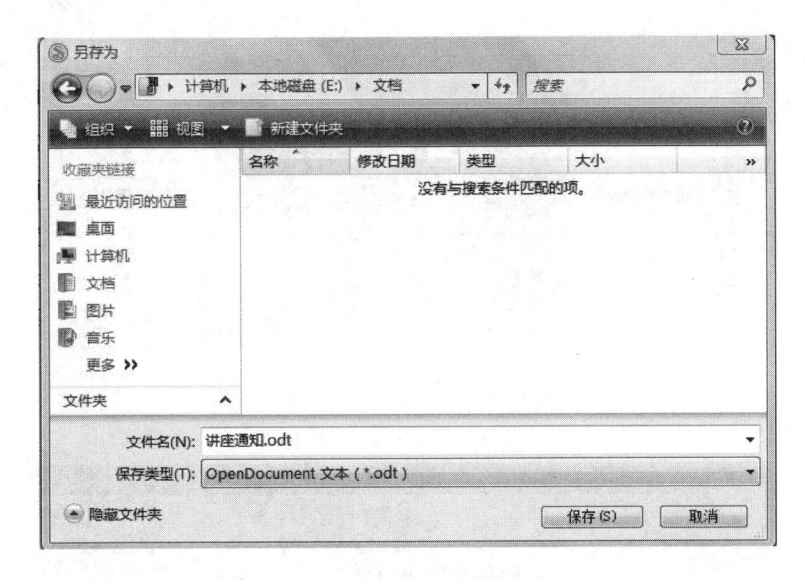

图 4-9　文档保存

2. 文档编辑的其他要点

Lotus Symphony 电子文档具有强大的功能来进行文字处理，这里我们再介绍几点文字编辑功能，方便读者平时学习和办公使用。

① 表格的插入。通过"表格/创建表格"或者直接单击创建表格图标▦，在弹出的窗口中设置表格行、列数和表格样式等参数。我们在这里创建一个表格名称为"物流工程课程表"的 5 行 6 列，并且格式为棕色的表格设置如图 4-10 和图 4-11，成表效果图见图 4-12。

图 4-10　表格行列设置

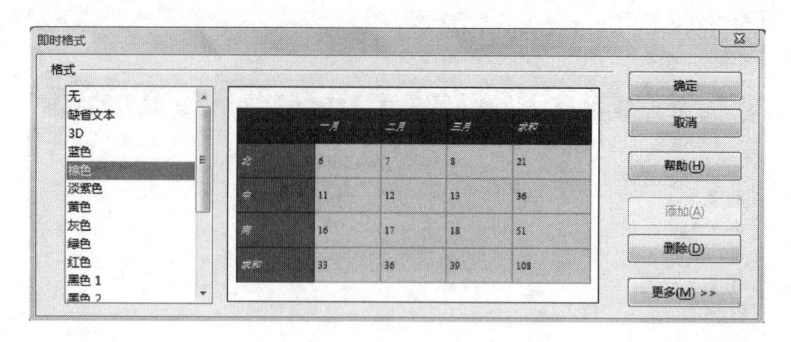

图 4-11　表格背景设置

图 4-12　表格效果图

② 段落属性处理。在文档录入与编辑中我们已经接触到 Lotus Symphony 电子文档处理段落右对齐方式，这里我们将介绍如何对段落的缩进、行间距、段间距、背景色、首字下沉和边框等进行设置。

首先，选定段落文字对象，单击右键，在显示的快捷菜单中选择"段落属性"将弹出段落属性的设置窗口如图 4-13，然后根据实际需要可在窗口的选项卡中切换设置。也可直接在文档页面右边的段落属性窗口见图 4-14，直接设置。

图 4-13　段落属性设置(1)　　　　　图 4-14　段落属性设置(2)

4.2　Lotus Symphony 电子表格的应用

本节将通过制作一份"学生成绩表"(见图 4-15)来学习 Lotus Symphony 电子表格的应用。通过此例帮助读者学会 Symphony 工作表格的创建、处理、数据的录入与操作、图文混排和实现智能化表格等内容。

图 4-15　电子表格

① 打开工作簿并编辑内容。在 Lotus Symphony 主页面上单击 按钮,直接建立一个新工作表,如图 4-16。然后用鼠标选定需要输入内容的单元格,在单元格中输入相应的内容,如表标题、学生姓名、课程名称、各科成绩以及总分和平均分等,其结果如图 4-17。

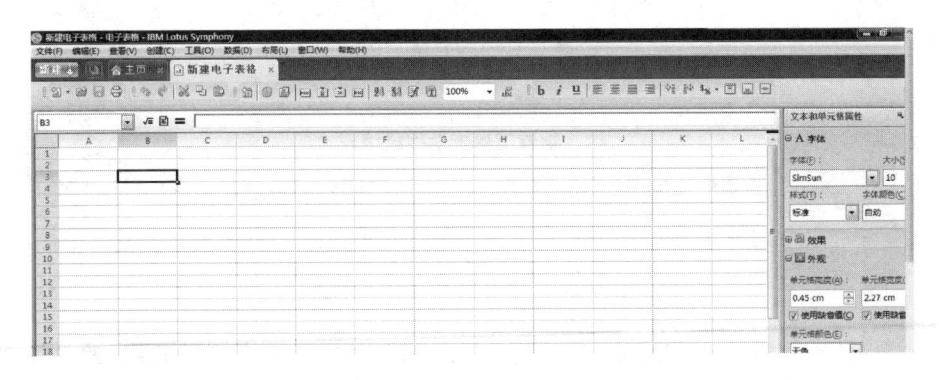

图 4-16　新工作表

② 调整标题,美化表格。在表格输入内容后,此表格还显得比较粗糙,为此需要对表格进行美化调整。美化标题:首先,用鼠标单击标题所在的第一个单元格将其选定,按下鼠标左键拖动到如图 4-18 所示的位置,将工作表的标题栏全部选定;其次,通过选择"布局"→"合并单元格"→"合并",单击 按钮,将标题的位置放置

到表格的正中;最后,单击"文本和单元格属性"窗口内的字体、字号等下拉按钮,把标题字体设置为"Impact"、14号字体、粗体。其效果如图4-19。调整好标题后,继续对表格其他内容进行美化调整。

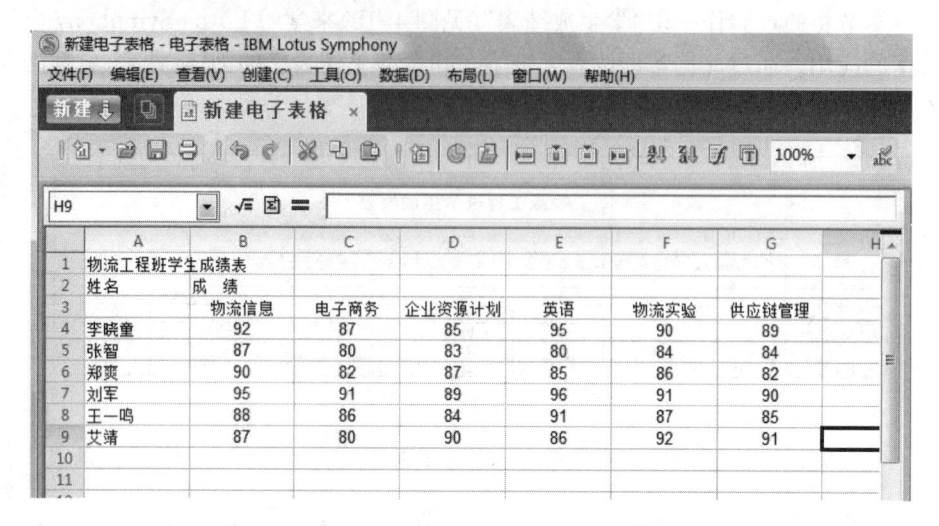

图4-17 工作表内容

图4-18 合并单元格

图4-19 合并后的单元格效果

③ 分别选定"A2:A3"和"B2:I2",将这两个被选区域合并单元格,效果如图4-20,然后在文本与单元格属性窗口中对其设置属性,见图4-21所示。

图4-20 成绩单元格的合并

图 4-21　文本与单元格属性设置

④ 表格线的设置。用鼠标以从左到右，从上到下拖动的方式选定工作表中需要添加表格线的内容，效果如图 4-22。然后，将鼠标放在选定区域右键单击，在菜单选项中点击选择"文本与单元格属性"，这时会跳出文本与单元格属性浮动窗口，在"边框"选项卡下设置，如图 4-23。

	A	B	C	D	E	F	G	H	I
1				物流工程班学生成绩表					
2					成　绩				
3	姓名	物流信息	电子商务	企业资源计划	英语	物流实验	供应链管理	总分	平均分
4	李皖童	92	87	85	95	90	89	538	89.67
5	张智	87	80	83	80	84	84	498	83.00
6	郑爽	90	82	87	85	86	82	512	85.33
7	刘军	95	91	89	96	91	90	552	92.00
8	王一鸣	88	86	84	91	87	85	521	86.83
9	艾潇	87	80	90	86	92	91	526	87.67
10									

图 4-22　选中单元格

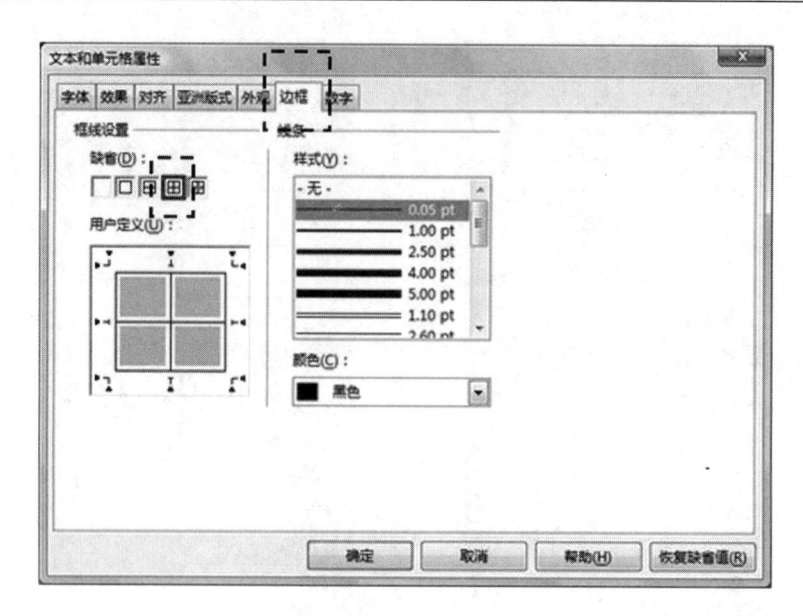

图 4-23 表格线设置

⑤ 利用表格函数。当把所有学生的各科分数都输入完毕后，我们需要对每个学生的分数进行加总，然后计算出平均分数。以计算"李晓童"的总分和平均分为例。首先，在 H4 格输入等于号"＝"，在函数工作表区域的下拉菜单选择求和函数"SUM"，见图 4-24；然后，用鼠标选中 B4：G4 区间按"Enter"键确认，就可以得到"李晓童"的总分数。求该学生平均分数则将上述操作中求和函数改为求平均数函数"AVERAGE"就可以了。图 4-25 为我们求得的"李晓童"的总分和平均分数结果图。可以以此类推求得其他学生的总分和平均分，也可以通过选中 B4：G4 区域，将鼠标放在所选区域右下角，这时候光标变成一个小"＋"号，然后向下拖动鼠标如图 4-26，释放鼠标后就可以自动生成各位同学的总分和平均分，效果如图 4-27。

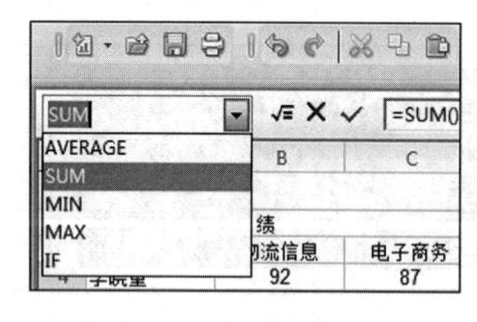

图 4-24 求和函数"SUM"

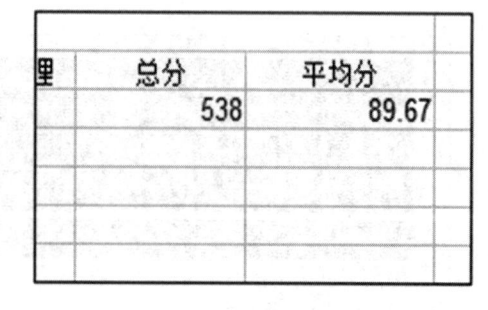

图 4-25 总分和平均分数结果图

图 4-26　光标变成小"＋"号　　　　　图 4-27　向下拖动鼠标

⑥ 填充颜色。拖动鼠标将需要填充色彩的区域选中，在文本与单元格属性窗口的"外观"→"单元格颜色"下拉菜单中选择需要的颜色即可，如图 4-28 将"总分"栏设置为"绿色 2"，图 4-29 为效果图。

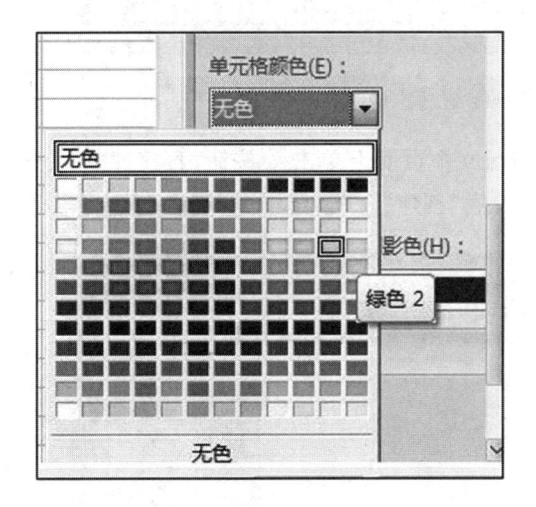

图 4-28　总分背景颜色设置　　　　　图 4-29　效果图

4.3　Lotus Symphony 演示文稿的应用

Lotus Symphony 演示文稿是主要用于设计制作广告宣传、产品展示和演讲汇报等方面用途。演示文稿是在一些办公或者公众场合进行产品宣传的重要手段和工具，具有制作方便、简单实用和内容表达形式灵活等特点。下面以一份上海世博会宣传文稿（如图 4-30），来介绍 Lotus Symphony 演示文稿的简单应用。

图 4-30 世博会宣传文稿

① 新建演示文稿。在 Lotus Symphony 主页面上单击▢按钮,直接建立一个演示文稿,初始界面如图 4-31。通过工具栏"创建"→"新建页面"或者直接将鼠标

图 4-31 空白演示文稿

放在页面缩略图上，右键单击选择"创建页面"等方式来增加新的幻灯片，如图 4-32。根据幻灯片具体内容要求，可以在页面属性调整幻灯片页面布局，如图 4-33。先选中幻灯片第 2 个幻灯片，然后单击选择有"标题，剪贴画，文本"格式的幻灯片板式。

图 4-32　新建演示文稿

图 4-33　演示文稿页面布局

② 制作封面，添加、编辑文本。一般第一个幻灯片的格式为"仅标题"板式，调节好合适的输入法，在文本框中输入标题内容，需要调节文字时则需用鼠标选定文字，然后在文本属性窗口中设置字体属性，如图 4-34 中设置为"微软雅黑，48 号大小，粗体"。同时还可以选定文本框，待鼠标变成图标时拖动文本框至合适地方。

图 4-34 封面设置

③ 填充背景,添加图片。填充背景可通过选项"布局"→"背景填充"或者在幻灯片空白区域右键单击选择"背景填充",在弹出的窗口颜色单选项中选择"洋红色10",如图 4-35,并将该背景应用于所有幻灯片,效果如图 4-36。执行"创建"→"来

图 4-35 背景填充设置

自文件的图形"或者点击图按钮可以插入图片,在弹出的窗口中选择指定的图片,如图 4-37。插入图片后第一章幻灯片的效果见图 4-38。

图 4-36　背景设置效果

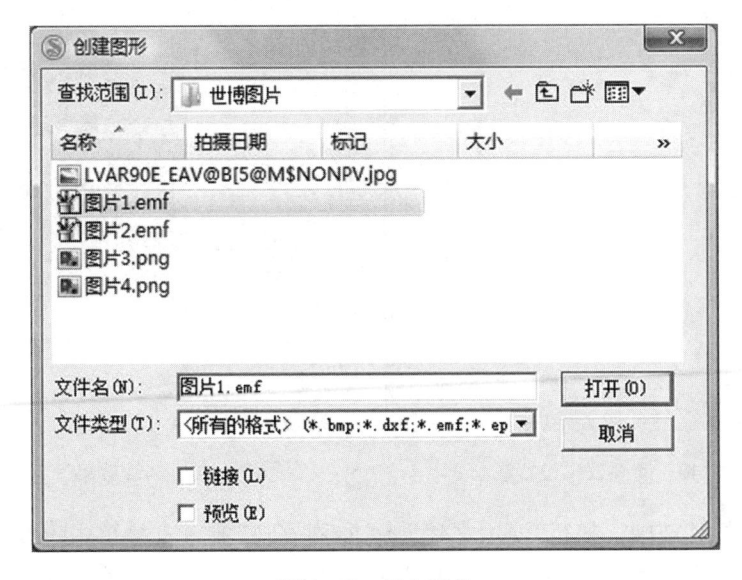

图 4-37　插入图片

图 4-38 整体效果图

④ 添加动画效果。如图 4-39 选中图片标题，然后执行"演示文稿"→"动画效果"，在弹出的如图 4-40 所示的对话框中单击"新建"按钮，会弹出新的窗口（图 4-41），设置图片标题以"盒状"方式进入。

图 4-39 动画效果设置(1)

图 4-40 动画效果设置(2)

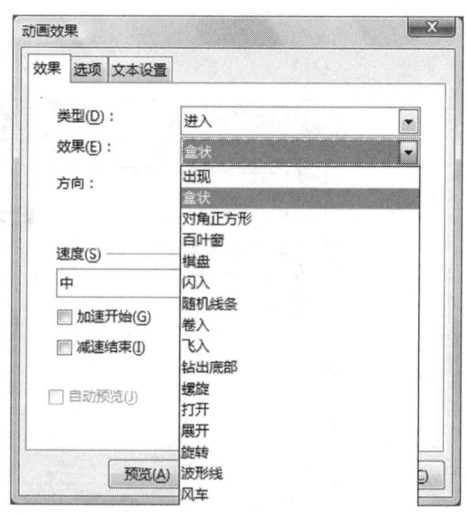

图 4-41 动画效果设置(3)

⑤ 幻灯片放映。执行"演示文稿"→"屏幕放映"或者直接单击 按钮可从第一页幻灯片开始播放；执行"演示文稿"→"从当前页播放"，可以直接从当前页播放幻灯片。

第三篇
协同办公环境定制开发与设计

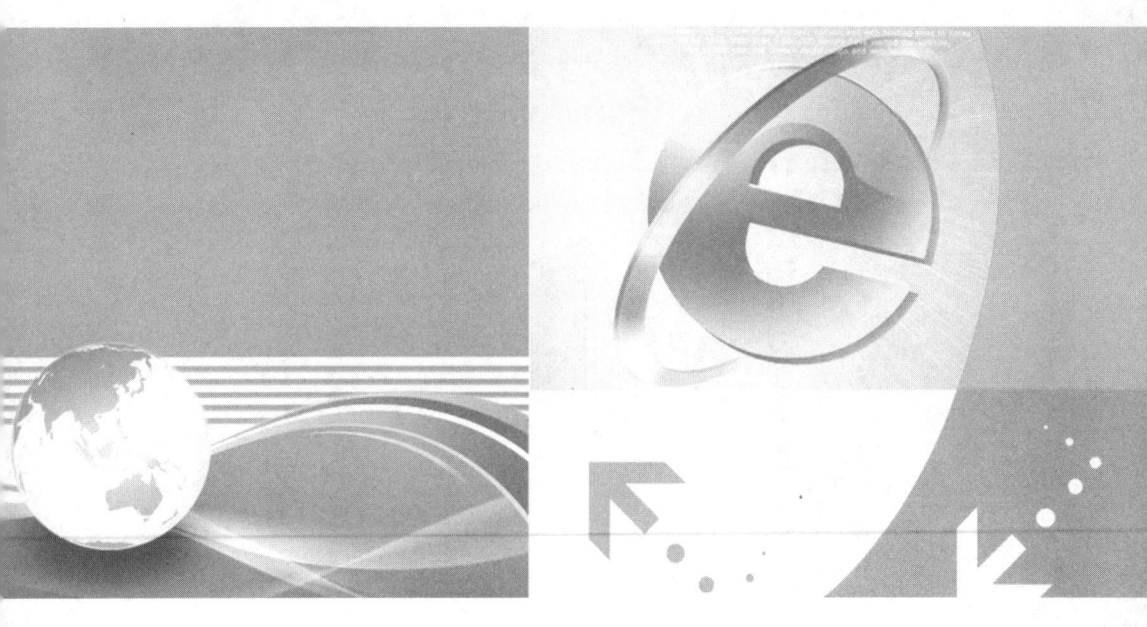

第 5 章　Lotus Domino Designer 办公环境定制

Lotus Domino 数据库已经提供了丰富的功能，但有时用户还需要定制一些个性功能，使自己的办公环境更加方便和实用。本篇主要从设计员的角度介绍简单的办公环境定制操作。

5.1　Designer 开发环境介绍

5.1.1　启动 Lotus Domino Designer

有三种启动 Lotus Domino Designer 的方式。

1. 从 Lotus Notes 的书签栏启动

在 Notes 窗口左边的书签栏点击 ，如图 5-1。

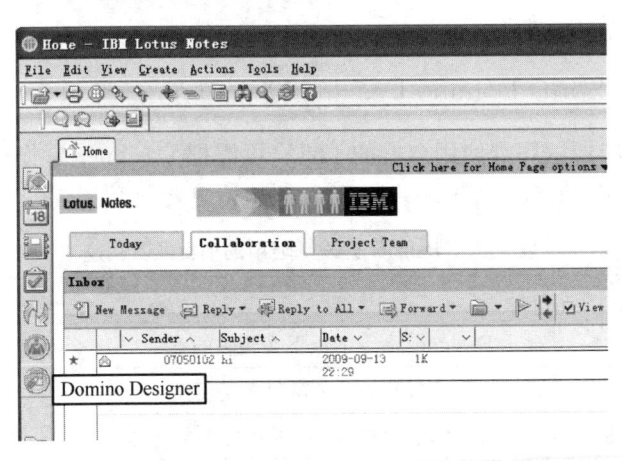

图 5-1　从 Lotus Notes 的书签栏启动

如果界面没有此图标，说明未安装 Lotus Designer，请重新启动安装程序。

2. 从数据库启动

如果用户已经建立了一个数据库，那么便可以直接从数据库启动 Lotus Designer，开始设计工作，但是当前用户必须具有该数据库"设计者"或者"管理者"的

存取级别(存取级别在后面章节讲解)。步骤如下：
① 选择一个数据库,点右键,弹出快捷菜单。
② 选择"Open In Designer"。如图 5-2 所示。

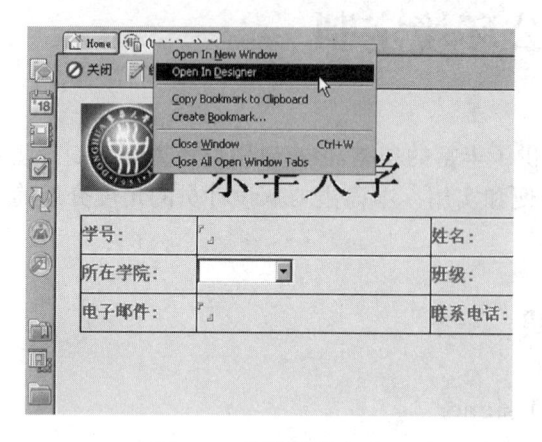

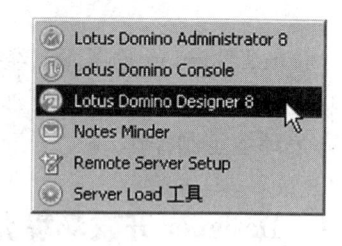

图 5-2　从数据库启动　　　　　　图 5-3　从开始菜单启动

3. 从开始菜单启动

Lotus Notes 的所有客户端程序安装好后,在"开始"菜单中有一个条目,可以直接启动 Designer。如图 5-3 所示。

5.1.2　浏览 Lotus Domino Designer 开发环境

构建大型应用程序需使用合适的工具。可以把 Designer 看作工作室,里面包含了构建大型应用程序所需的一切工具。开始构建之前,先考察工作室的情况。

表 5-1　Designer 开发环境中的项目及其用途

项　　目	用　　途
菜　　单	显示 Designer 命令的上下文相关的菜单
窗口标签	在工作台上打开的多个窗口之间切换
设计操作按钮	执行诸如创建元素、保存、关闭之类的操作
显示属性框	打开活动设计元素的属性框
设计窗格	包含设计书签图标和设计列表
设计书签	打开设为书签的应用程序列表
设计列表	带您进入设计元素或资源的工作窗格
工作窗格	列出数据库中与顶级视图中当前选中的设计元素相关的所有内容。元素一旦打开,此窗格即成为该元素的工作区

第 5 章　Lotus Domino Designer 办公环境定制

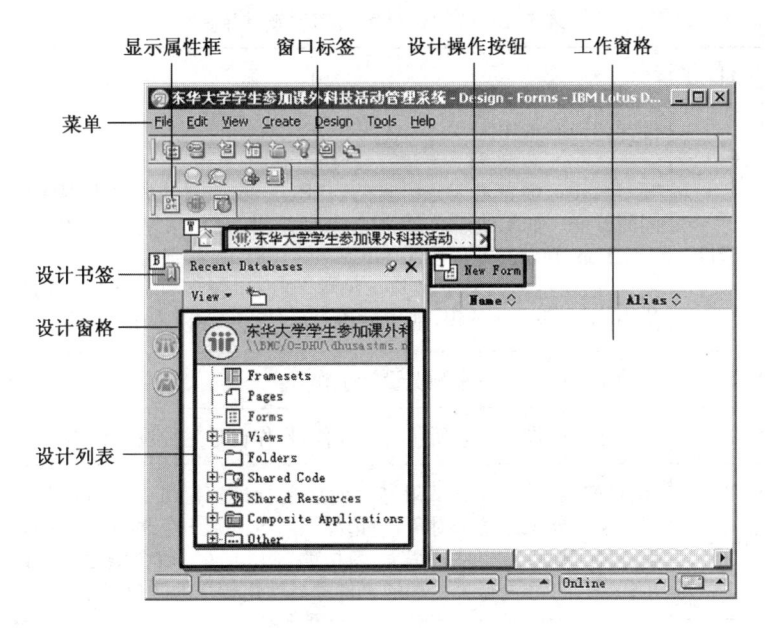

图 5-4　Designer 开发环境

新建任意设计元素，例如，点击"New Form"可以新建表单，如图 5-5 所示，图中项目及其用途见表 5-2。

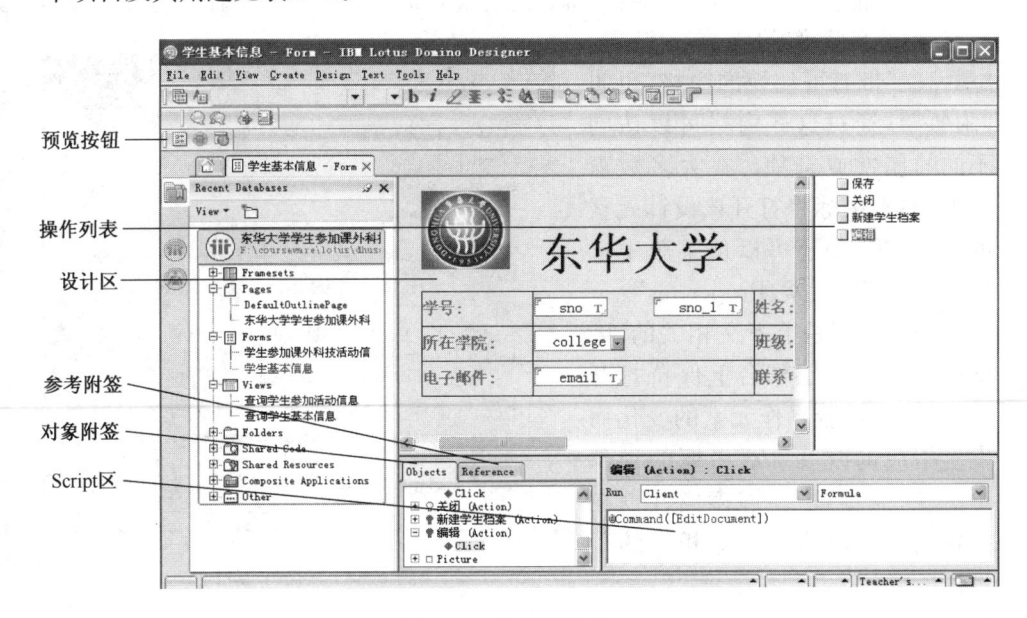

图 5-5　表单设计窗口

表 5-2 表单设计窗口项目及其用途

项目	用途
设计区	设计元素的工作区
"Reference"附签	"Reference"附签是区分语言的。"Reference"附签的内容随所选的语言不同而改变。如果使用公式语言进行编辑,则窗口包含"@Command"、"@Function"和域。如果使用JavaScript进行编程,则窗口包含有关"文档对象模式"的信息。如果使用Java编程,则窗口包含与Java相关的信息。如果使用LotusScript编程,则显示和LotusScript相关的信息
预览按钮	启动所选的浏览器来预览设计工作
操作列表	工作区内的设计元素所包含的操作,操作也是一种设计元素
"Objects"附签	"信息列表"的"Objects"附签可使您在"编程"窗格中的对象和事件之间相互转换。要操作某个对象,请选择该对象并展开它的属性和事件列表。如果选择了属性或事件,"编程"窗格的 Script 区域就会随之变化以显示其描述代码。已经进行了编程的事件和属性用较深的颜色显示
Script 区域	在 Script 区域内输入程序。可以以用"公式语言"、"LotusScript"、"JavaScript"、Java 或"简单操作"来编写

"属性框"是对应用程序的各个部分进行操作的工具。使用"属性框"可以选择或修改正在操作的元素的设置。"属性框"带有可切换的窗格(也叫"附签"),通过这些窗格可以访问不同的属性或选项。在大多数窗口中,右击鼠标将打开该设计元素的"属性框"。还可以从菜单中选择"Design""〈元素〉Properties"。

"属性框"是上下文相关的,因此可以一直在工作台上保持打开状态,它将随着操作元素的变化而发生相应的改变。双击框的顶部可折叠"属性框"。许多属性框在折叠之后将成为上下文相关的工具栏。

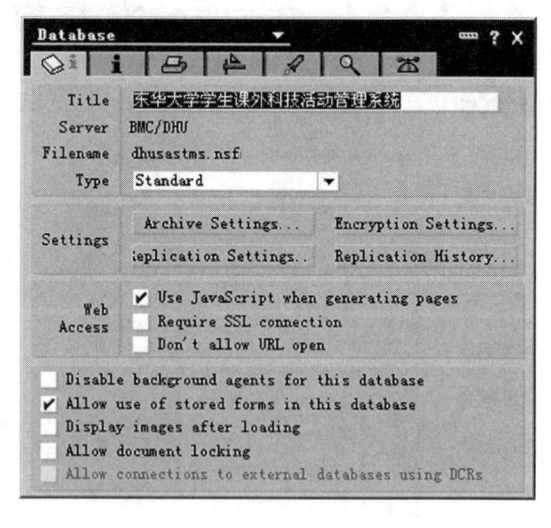

图 5-6 数据库属性框

5.2 Designer 客户端设计元素基础知识

5.2.1 设计元素概述

Domino 8.0 把数据库中的设计元素划分为下面的类型：帧结构集(Frameset)、页面(Page)、表单(Form)、视图(View)、文件夹(Folder)、共享代码(Shared code)和共享资源(Shared Resources)。其中共享代码又分为：代理(Agent)、大纲(Outline)、子表单(Subform)、共享域(Shared Field)、共享操作(Shared Action)和脚本库(Script Library)。共享资源又分为：图像(Image)、文件(File)、小程序(Applet)、样式表(Style Sheet)和数据库连接(Data Connection)。各种设计元素有不同的用途，下面按元素的用途分别介绍以上各设计元素。

1. 显示收集与存储信息

对于任何应用程序来说，如何显示、收集与存储信息都是非常重要的一部分。用来实现这些任务的设计元素是页面、表单、文档(Document)和域(Field)。

页面是用来显示信息的数据库设计元素。页面是一个常用的 Web 概念。几乎所有的 Web 站点都有自己的主页，该页面包含公司信息、增强页面效果的图形以及指向站点内部或 Web 上其他位置的链接。在任何时候可以使用页面向用户显示信息。页面可以包含：文本、表格、图形、小程序、层、嵌入对象(如大纲)、链接等。页面通常与帧结构集一起使用以显示图形、站点导航器或小程序。

图 5-7 页面

表单可以像页面一样显示信息。页面可以完成的所有工作都可以通过表单来完成。表单与页面的区别在于表单可用来收集信息。表单提供了用于创建和显示文档的结构框架。文档是数据库中用来存储数据的元素。在 Designer 中创建表

单时，可以选择让用户在 Notes 客户机中从"Create"菜单打开表单。在 Web 上，可以为用户提供打开表单的按钮或操作。当用户填好信息并将其保存时，信息将作为文档保存。当用户打开文档时，文档将表单作为模板使用，从而提供了显示数据的结构框架。

域是收集数据的元素，域只能在表单上创建。表单上的每个域都存储单一类型的某种信息。域的数据类型决定了域能够接受的信息种类。可以创建以下几种数据类型的域：文本、日期/时间、数字、对话框列表、复选框、单选按钮、RTF 文本、作者、姓名、读者、口令和公式等。还要决定域是否为可编辑的，即是通过用户输入来填充还是基于公式来计算。还可以对域进行编程以便从其他 Domino 应用程序或从外部资源提取数据。还可以创建能在同一数据库内的多个表单中使用的共享域。域收集到的信息保存在文档中。见图 5-8。

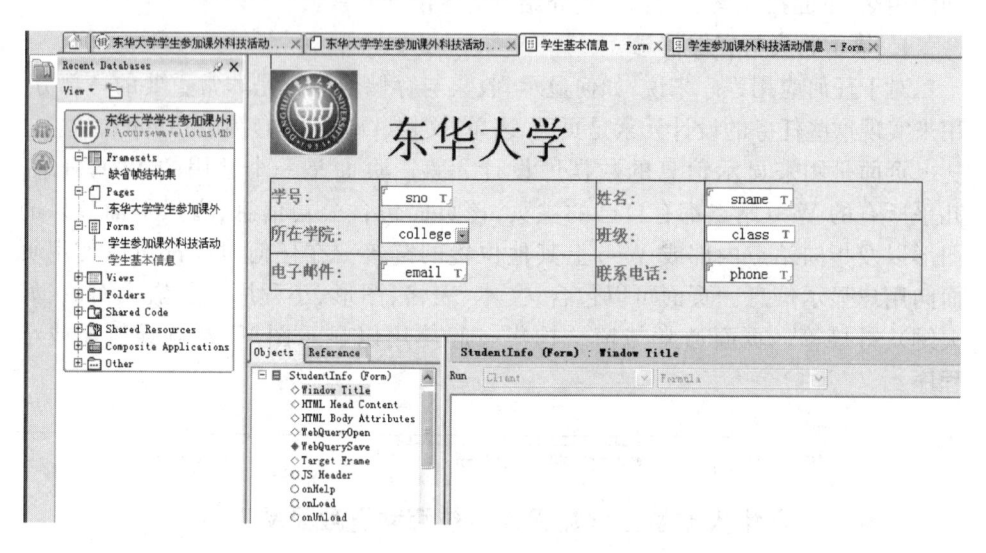

图 5-8 表单和域

2. 组织数据

视图和文件夹用来在数据库中组织文档。

视图是经过排序或分类的文档列表。它是访问存储在数据库中数据的入口。每个数据库必须至少包含一个视图，大多数数据库都有多个视图。视图根据程序选择显示的文档。可以根据公式创建视图来显示数据库中的所有文档，或者只显示部分文档。视图可以按表单上的域（如日期、分类或作者）对显示的文档进行排序。创建的视图可以对用户隐藏，但仍能组织数据以便其他应用程序能够从文档中提取信息。视图可以使用多列来显示包含在文档中的各种信息。见图 5-9。

第 5 章　Lotus Domino Designer 办公环境定制

图 5-9　视图

文件夹是用来存储文档的容器。文件夹与视图具有相同的设计元素，而且设计文件夹的方法也与视图大致相同。文件夹与视图的区别在于视图具有可自动收集并显示文档的文档选择公式，但是，如果用户或程序不向文件夹中添加文档，文件夹为空。

3．创建导航结构

每个应用程序都需要有一种方法进行导航。如果从头开始创建数据库，Designer 会提供一个名为"文件夹窗格"或"导航窗格"的缺省导航结构。文件夹窗格显示数据库中所有的共享视图和文件夹。该窗格在 Notes 客户机上显示在左边，在浏览器窗口中显示在左上方。可以选择使用此导航结构或另外设计一个不同的导航结构。

可以创建大纲来定制应用程序的"文件夹"窗格。大纲是应用程序的结构框架：每个大纲项代表应用程序的一个主要部分。大纲可以包含背景图形、定制图标、链接或操作。当把大纲嵌入到页面或表单上以后，用户单击大纲项就会按照设计者安排的路线来导航。创建带有大纲的导航结构涉及到以下三步：

① 创建新的或缺省的大纲并为希望包含在导航结构或站点映射中的应用程序的每个部分创建大纲项。

② 在表单或页面上嵌入大纲。

③ 对嵌入式大纲的显示进行格式化。

还可以选择将嵌入了大纲的页面或表单包含在帧结构集中，或在创建设计元素之前使用大纲来规划应用程序。见图 5-10。

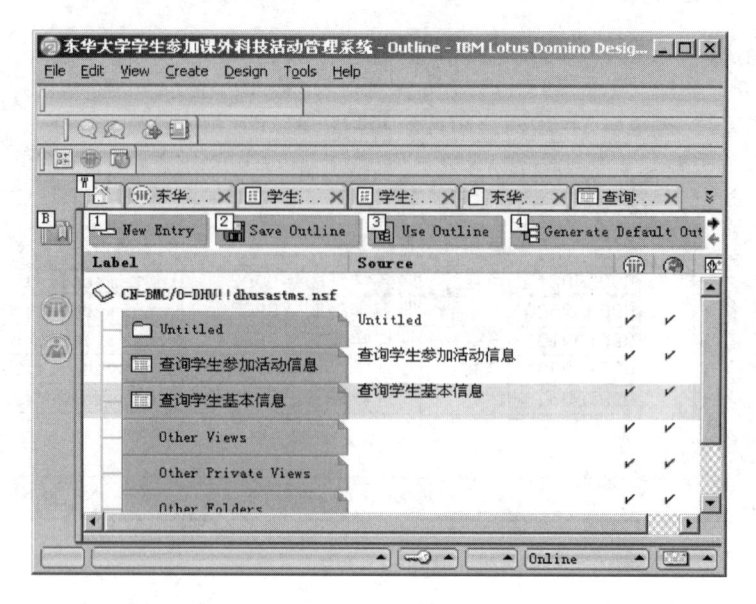

图 5-10 大纲设计

4. 结构化显示

要设计直观有效的应用程序界面,必须充分利用用户屏幕。设计者要做到这一点,有一种方法是使用帧结构集。帧结构集就是帧结构的集合。帧结构是较大帧结构集的一个区段或窗格,并且可以独立滚动。通过使用帧结构集,设计者可以在帧结构之间创建链接或使彼此相互关联。帧结构集可以在用户转向或链接到其他页面或数据库时仍然保持某个页面的显示状态。设计帧结构集无需 HTML。

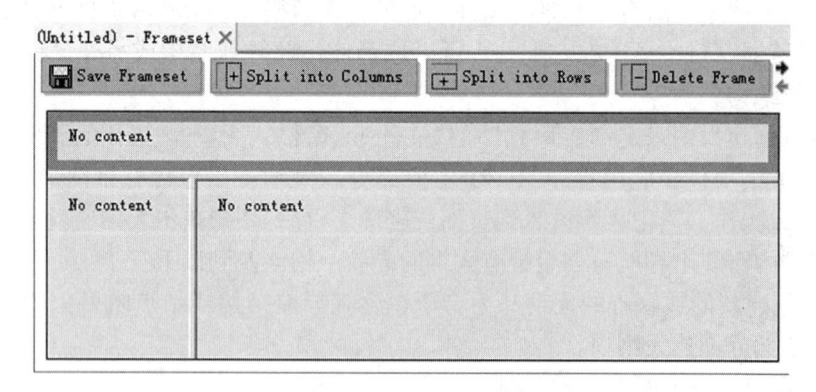

图 5-11 缺省的帧结构集

使用 Designer 可以:
① 为自己的应用程序创建高效的多窗格用户界面。

② 控制帧结构属性(例如,大小、滚动、边框颜色和宽度以及帧结构间距)。
③ 决定运行时帧结构的源内容。
④ 创建可编程且自动维护的链接。
⑤ 设置帧结构集在打开数据库、表单或页面时自动启动。

5. 自动功能

向应用程序添加自动功能可以加速执行重复任务、路由文档、更新信息、执行计算、运行程序以及检查错误。

可以向 Domino 应用程序中的设计元素(例如,数据库、视图、表单或文档)添加自动化组件。

(1) 操作(Action)

操作可使某些任务得以自动完成,例如,模拟由公式或 Lotus Script 程序定义的 Notes 菜单或任务。用户单击按钮、热点或从"操作"菜单中进行选择都可执行操作。特别对于 Web 浏览器用户,需要使用操作来模拟 Notes 菜单项。操作可以附加在表单或者视图上。

(2) 热点(Hotspot)

热点是用户单击后可执行操作、运行公式或 Script 以及转向链接的文本或图片。热点可以是到另一个 Web 站点、数据库或数据库中的元素的链接,还可以是按钮、弹出式文本或公式以及操作。热点可以附加在表单或者页面的内部。

(3) 代理(Agent)

代理是根据预先设定的安排或用户的请求执行一系列自动化任务的程序。代理包含三个组成要素:何时运行(触发器)、操作哪些文档(搜索)以及执行什么(操作)。Domino 应用程序的任何部分都可以使用代理来启动用户激活的任务或后台任务。既有简单代理(例如,将文档移入文件夹),也有使用 Java 程序在预定时间运行多个自动化任务的复杂代理。代理和数据库一起保存,但也可以用来运行视图、文档、域和数据库的自动化任务。代理是独立运行的程序。

6. 获取设计摘要

设计摘要可以使用户生成某个特定数据库的详细报告。设计摘要不仅包含数据库的概要信息(例如,大小和存取控制列表),而且包含数据库所包含的设计元素的具体信息。

① 在设计窗格的的设计列表中选择"Other",点击"Synopsis..."。见图 5-12。

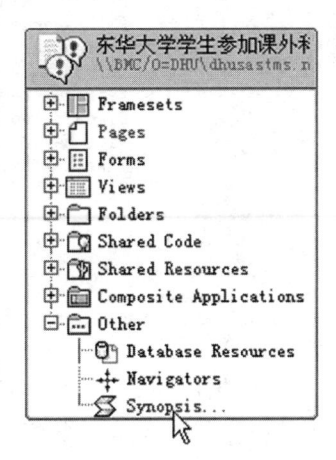

图 5-12 设计摘要

② 选择要输出的设计元素，点击"OK"。见图 5-13。

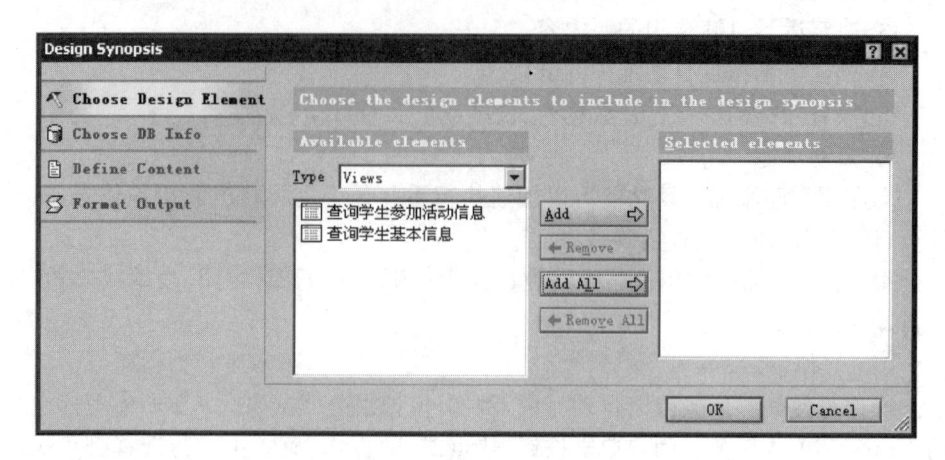

图 5-13 选择设计元素

③ 查看输出结果。如图 5-14。

图 5-14 设计摘要的结果

5.2.2 数据库

所有 Domino 应用程序都是以 Domino 数据库为基础创建的。Domino 数据库是包含应用程序的数据、逻辑关系和设计元素的容器。Domino 应用程序可以由一个或多个 Domino 数据库组成。

创建新数据库有以下三种方法：使用模板、拷贝现有的数据库和从头开始创建。

1. 使用模板创建数据库

Designer 带有一个模板集合，可以用来快速创建应用程序。模板是一个包含数据库结构（即页面、表单和视图），但不包含文档的文件。例如，要设计一个讨论数据库，可以使用"Discussion"模板（discsw7.ntf），该模板包含了跟踪层次结构讨论线索的表单以及按日期、作者或分类显示条目的视图。Designer 模板以".ntf"作为文件扩展名。

模板可以直接套用或根据组织需要进行定制。Designer 所带的模板可以用作主模板。主模板的特殊之处在于对主模板所做的更改将传递给所有从该模板创建的数据库。从主模板继承设计更改可由终端用户触发，也可由每次运行 Design 任务的 Domino 服务器触发。

从模板创建数据库后，可能还需要对数据库进行一些更改。请记住如果选择了"Inherit future design changes"，则对数据库所做的更改可能会由于运行 Domino 服务器设计任务或刷新数据库的设计而被覆盖。如果准备对数据库进行设计更改并且希望避免设计更改被覆盖的可能性，请取消选定数据库属性"Inherit future design changes"或对个别设计元素进行保护。

创建数据库的步骤：

① 选择"File"→"Application"→"New..."。在"Server"域中执行下列操作之一：

A. 保留选择"Local"，将把新数据库存储在硬盘上。

B. 选择或输入一个服务器名，将把新数据库存储在服务器上。这样多个用户都可以参与数据库设计。

② 在"Title"域中，为新数据库输入一个标题。标题最多可包含 96 个字符。见图 5-15。

在键入标题的过程中，Designer 会向"File"域中添加一个名称。可以接受此数据库文件名，也可以对其进行更改。数据库文件名可以为任意多个字符长（由所用的操作系统限制）且必须以文件扩展名".nsf"为结尾。如果

图 5-15 选择模板

希望将所创建的数据库作为模板使用,请使用".ntf(而不是.nsf)"作为文件扩展名。

③ 从列表中选择一个模板。要显示更多的模板,可执行下列某项操作:

  A. 单击"Show advanced templates",然后从列表中选择模板。

  B. 在定义模板栏中选择 Server,以使用服务器上的模板。

④(可选)单击"encryption...",选择"Locally encrypt this database",然后选择一种加密类型并单击"OK"。关于加密数据库的信息,请参阅其他章节。

⑤(可选)单击"Advanced..."按钮 Advanced...,然后选择希望应用于数据库的选项。单击"OK"。

⑥ 单击"OK"。

⑦(可选)选择"File"→"Properties",单击"Design"附签 ,然后取消选定"Inherit design from master template"。这样可以防止新数据库从作为设计基础的主模板继承设计更改。见图 5-16。

图 5-16 数据库属性

2. 拷贝现有的 Domino 数据库

如果发现某个应用程序包含工作需要的所有或大多数功能,则可以拷贝此数据库的设计并将其作为新建应用程序的基础。如果拷贝现有数据库的设计,请记住全文索引的设置将作为设计的一部分进行拷贝。当完成新应用程序时,一定要让数据库管理员创建新的全文索引。

新数据库可以直接使用,也可修改后再使用。一旦修改了拷贝的数据库,请对定制的视图、表单、子表单、导航器、共享域或代理进行保护。

拷贝数据库的步骤如下:

① 打开要拷贝的数据库,或者在工作台上选择要拷贝的数据库。

② 选择"File"→"Application"→"New Copy..."。

③ 在"Server"域中执行以下操作之一:

  A. 保留"Local",将新数据库存储在工作站硬盘上。

B. 选择或输入一个服务器的名称,将新数据库存储在服务器上。这样就可以使多个用户参与数据库的设计。

④ (可选)在"Title"域中输入新数据库的标题。标题最多可包含96个字符。

拷贝数据库时,Designer自动用原数据库的标题和文件名命名新数据库。可以接受数据库的标题和文件名,也可以对其进行更改。数据库文件名可以为任意多个字符长(由所用的操作系统限制)且必须以文件扩展名".nsf"为结尾。如果要将正在创建的数据库作为模板使用,请用".ntf(而不是.nsf)"作为文件扩展名。

⑤ (可选)单击"encryption...",选择"Locally encrypt this database",并且选择一种加密类型,然后单击"OK"。

⑥ 选择"Application design",这样将只拷贝设计元素,数据库的文档不会拷贝到新数据库中。

⑦ 取消选定存取控制列表,这样就不会将原数据库的存取控制列表拷贝到新数据库中。

⑧ 单击"OK"。

⑨ (可选)选择"File"→"Application"→"Properties",单击"设计"附签 ,取消选定"Inherit design from master template"。这样就可以防止新数据库从决定数据库设计的模板中继承设计变化。

除了拷贝数据库的全部设计,还可以拷贝个别的设计元素。如果希望在数据库中包含某个表单、视图或其他设计元素,则可将此元素从原数据库或模板拷贝并粘贴到数据库中:

① 打开包含要拷贝设计元素的数据库或模板。

② 在"工作"窗格选择要拷贝的元素,如表单或视图,然后选择"Edit"→"Copy"。要选择多个元素,可在选择待拷贝元素的同时按下"Ctrl"键。

③ 打开要粘贴元素的数据库。

④ 在设计窗格中,单击要粘贴的元素类型,如表单或视图,然后选择"Edit"→"Paste"。如果数据库从模板继承设计,则要对拷贝到数据库中的视图、表单、子表单、导航器、共享域或代理进行保护。

3. 从头开始创建数据库

如果需要一个功能独特的应用程序,则应从头开始创建。首先需要创建一个空白数据库。空白数据库不包含表单或页面之类的设计元素。空白数据库带有一个缺省视图。必须自己创建应用程序所需的一切元素。

从头创建数据库与"使用模板创建数据库"的唯一的差别是应从创建一个基于"-Blank-"模板的数据库开始。见图5-17。

图 5-17 使用空白模板

下面我们就以空白模板创建"东华大学学生参加课外科技活动管理系统"为例,具体介绍各设计元素的使用。

5.2.3 页面

1. 页面概述

页面和表单在某些功能方面非常相似。页面是显示信息的数据库设计元素。在应用程序中为用户显示文本、图形或嵌入式控件(如大纲)的任何地方,都可以使用页面。页面或表单可包含如下内容:

表 5-3 页面包含的内容

页面元素	用 途
文 本	页面或表单上的任何地方都可使用文本和应用文本属性,如文本的颜色、大小和字体样式等。关于创建和格式化文本的完整信息,请参阅"Notes8.0 客户机帮助"
水平基准线	添加水平基准线可以分隔页面或表单的不同部分,也可使页面或表单在视觉上更为生动
表 格	在页面或表单中,使用表格可概要信息、对齐行和列中的文本和图形或决定元素的位置

(续表)

页面元素	用　途
区　段	区段是包括对象、文本和图形的可折叠和可展开的区域。存取控制区段仅允许特定的用户读取该区段
层	用于在表单或页面上创建可层叠的内容块,可以控制层的大小,位置,HTML属性,可以在一个层上面,再创建重叠的层。页面上能够添加的元素都可以添加在层上
链　接	添加链接使用户单击文本或图形时,可以转至其他页面、视图、数据库或 URL
图　形	在页面或表单上的任何地方都可放置图形。使用图形可为页面或表单添加颜色或创建图像映射
图像映射	图像映射是指可以用来增强可编程热点功能的图形。用户单击以弹出式文本、操作、链接和公式形式出现的热点时,它将执行某项操作。在应用程序中使用图像映射作为导航结构
附　件	在页面或表单上附加文件可使用户在本地拆离或启动文件
操　作	操作可以使用户的任务自动化。可以将操作添加到 Notes 客户机菜单中,也可以通过页面或表单上的按钮或热点添加操作
小程序	在页面或表单上使用 Java 小程序来包括小的应用程序(如页面中的动画徽标或自含的应用程序)
嵌入元素	在页面或表单中可嵌入以下元素:视图、文件夹窗格、导航器、大纲或日期采集器。单独使用或联合使用这些元素可控制用户如何在应用程序中导航
HTML	如果有现有的 HTML 或喜欢使用 HTML 来使用 Designer 提供的格式化工具,则可以在页面或表单中引入、粘贴或编写自己的 HTML
OLE 对象和定制控件	Designer 不仅支持定制控件(有时被称为 OCX 控件),也支持对象链接和嵌入(OLE)。在页面或表单上包括链接或嵌入的对象可将页面或表单用作到达另一个应用程序的通路。例如,"雇员信息"页面或表单可以包括链接至 Word 文件的 OLE 对象,此文件中保存了雇员的年度表现评定,Notes/FXTM 2.0 域通过允许在 Notes 和一个支持应用程序中共享或更新域数据,在它们之间创建双向交流。Lotus 组件是可以在表单中包括其他 Lotus 产品(如电子表格或图表)的控件样例

2. 创建页面

使用"东华大学学生参加课外科技活动管理系统",创建页面步骤如下:

① 在"设计"窗格中单击"Pages"。

② 单击"New Page"按钮。见图 5-18。

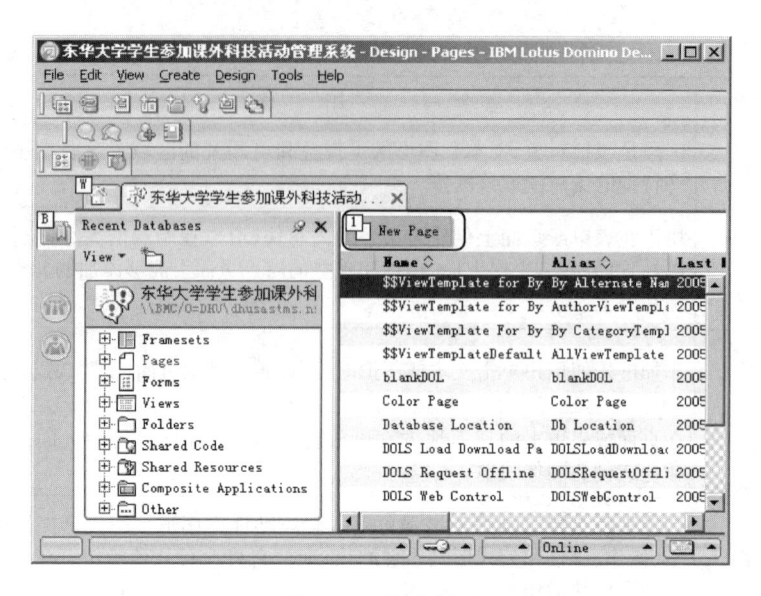

图 5-18 新建页面

③ 可以在页面上创建表 5-3 中的设计元素。在菜单上，单击"Create"，如图 5-19，选择需要添加的设计元素。例如，输入文本、插入图片等创建页面内容。如图 5-20。

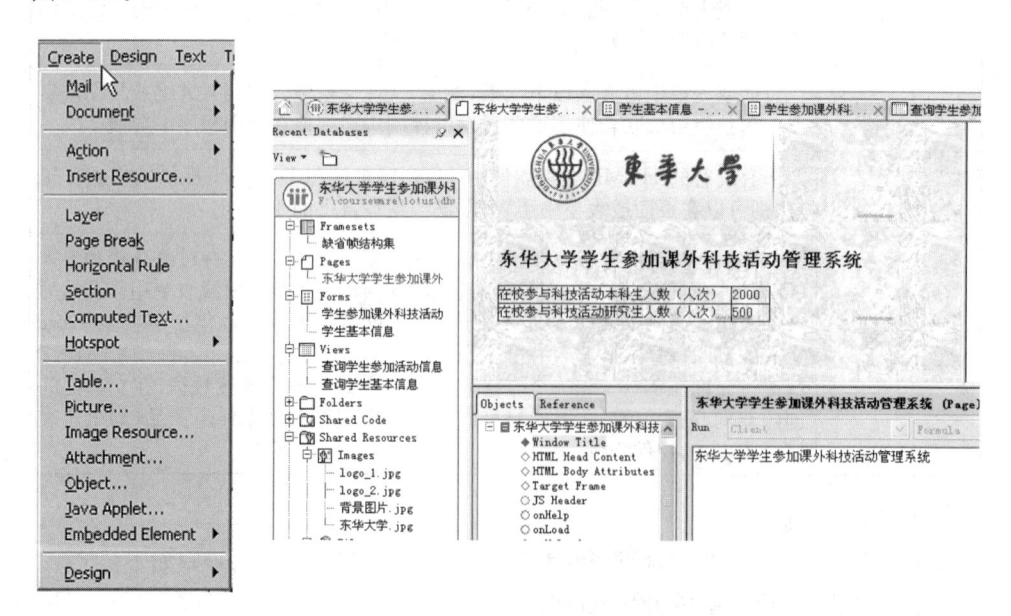

图 5-19　设计页面时的创建菜单

图 5-20　设计页面

第 5 章　Lotus Domino Designer 办公环境定制

④ 选择"Design"→"Page Properties",指定以下页面属性:

A. "页面信息"附签：

　　a. 给页面指定一个名称,数据库中的每个表单必须具有唯一的名称,称"标准名",名称区分大小写,不能超过 256 个字节,除标准名外,还可以有多个"别名",别名之间用"|"分割。别名一般用于 Domino 内部,编程时比较方便。

　　b. (可选)在"Comment"域输入备注。

　　c. (可选)对于 Web 访问,选择"Content type"为"Notes"。

　　d. (可选)在页面上为链接设置缺省的颜色。

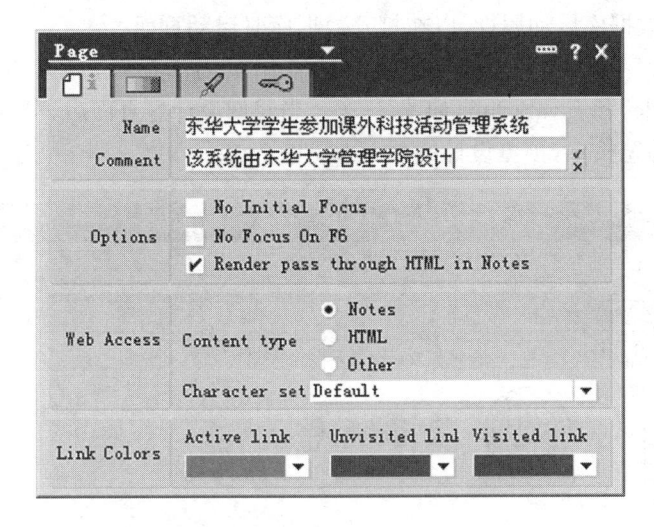

图 5-21　页面属性设置

B. 在"背景"附签　，为页面选择背景颜色或背景图形。

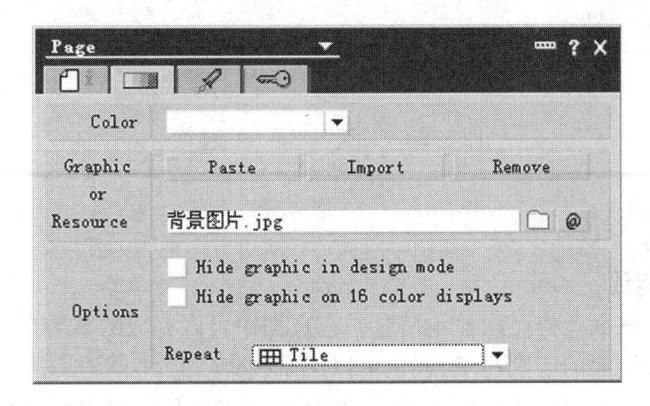

图 5-22　页面背景

· 121 ·

C. 在"启动"附签 ![key] ，为页面选择启动选项。

D. 在"安全性"附签 ![key] ，为页面设置安全性选项。

3. 显示页面

如在视图中页面不显示，可通过以下方式为用户显示页面：

① 指定页面作为帧结构集的一部分。

② 创建从其他设计元素（例如，表单、大纲、另一页面）到页面的链接。

③ 创建打开页面的操作。

④ 创建打开页面的大纲项目。

⑤ 设置数据库启动属性，以在打开数据库时启动页面。

有时在程序开发过程中，为了更好地控制页面的显示，可以在页面中加入"Window Title"和JavaScript，如图5-20。当我们设计好页面后，可直接单击预览工具条中的预览按钮，预览设计的页面。见图5-23。

图 5-23 页面在 Notes 中预览

5.2.4 表单和域

1. 表单概述

表单如同页面一样可以显示信息。在页面中可以完成的事情在表单中也可以完成。表单与页面的区别在于：表单可以用来收集信息。

表单提供了用于创建和显示文档的结构，而文档是数据库中保存数据的设计

元素。当用户向表单中填入信息并进行保存时,此信息就作为文档保存。当用户打开该文档时,文档将把该表单作为模板来提供显示数据的结构。

表单可以包含很多表单元素,除了页面中可以包含的元素外,还有如表 5-4 的表单元素。表单元素是用于创建表单外观和功能的组件。

表 5-4 表单中的元素

表单元素	用　　途
域(Field)	域是用于收集数据的设计元素。只有在表单上才能创建域。表单上的每个域保存一种类型的信息。域的"域类型"定义了该域可以接受的信息种类。域可以放在表单的任意位置
子表单(Subform)	子表单是表单元素的集合,并作为一个单独的对象来保存。子表单可以作为表单的永久部件,或者可以根据公式的结果有条件地显示。子表单可以节省重新设计的时间。如果更改了子表单的某个域,则用到该子表单的每个表单都会做更改。子表单的一般用法包括:向商务文档中添加公司标志,或向邮件和便笺表单中添加邮寄标签信息
布局区域(Layout)	表单或子表单中的布局区域是固定长度设计区域。在该区域中,可以方便地拖动和移动相关元素,并且可以采用在常规表单和子表单中无法实现的方法来显示相关元素。在布局区域中可以包含静态文本、图形、按钮和除 RTF 文本域之外的所有域。在一定条件下,可以隐藏或折叠布局区域及其所有组件。Web 应用程序不支持布局区域

2. 表单和文档

在设计表单时,应该考虑要在何处显示以及如何显示结果文档。

表单保存在创建它的数据库中,并且用来显示所有关联的文档。然而,用户经常会把文档邮递到一个数据库,而此数据库不包含创建该文档所用表单。在这种情况下,可以指定将表单保存在由此表单创建的每个文档中,如图 5-24,在表单的属性窗口,选中"Store form in document"。将表单存储在文档中将占用更多内存。

当用户打开文档时,Domino 运用以下规则来确定使用哪个表单来显示该文档:

图 5-24 表单保存在文档中的设置

表 5-5 文档如何查找表单显示自己

条　　件	用于显示文档的表单
如果用于创建文档的表单可用并且在文档中没有存储表单，也不存在表单公式	用于创建该文档的表单。原始表单名存储在文档的一个名为 Form 的隐藏域中。要找到该域的值，可以选中文档，点击右键，打开文档属性框（Document Properties），检查"域"附签的"Form"域值，如图 5-25(1)
如果表单保存在文档中	保存在文档中的表单（如果表单存储在文档中，则表单名将存储在名为"$Title"的内部域中），如图 5-25(2)
如果视图包含表单公式	表单由视图的表单公式决定
如果用于创建文档的表单在数据库中不可用	数据库的缺省表单，如图 5-24 的表单属性中，选中"Default database form"。每个数据库只能有一个缺省表单，在表单列表中使用箭头标记出该表单

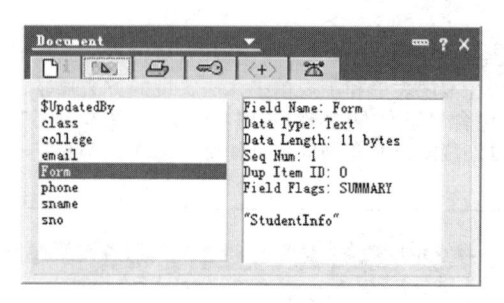

图 5-25　(1) Form 域的值　　　　图 5-25　(2) 表单保存在文档中 Title 域的值

寻找显示文档表单的顺序可以概括为以下四步，如果在某一步能找到表单，则停止继续寻找：

① 保存在文档中的表单。
② 视图的表单公式决定的表单。
③ 创建文档的表单。
④ 数据库的缺省表单。

3. 创建表单

要创建表单，就必须在数据库的存取控制列表中至少具有"设计者"存取级别。

如果所需的表单与同一个数据库、另一个数据库或 Designer 模板中已有的表单相类似，则可以复制并粘贴该表单，然后对它进行更改。如果现有的表单都不能满足工作需要，则要新建表单。

(1) 新建表单
① 打开数据库,在"Design"窗格中单击"Form"→"New Form"按钮。

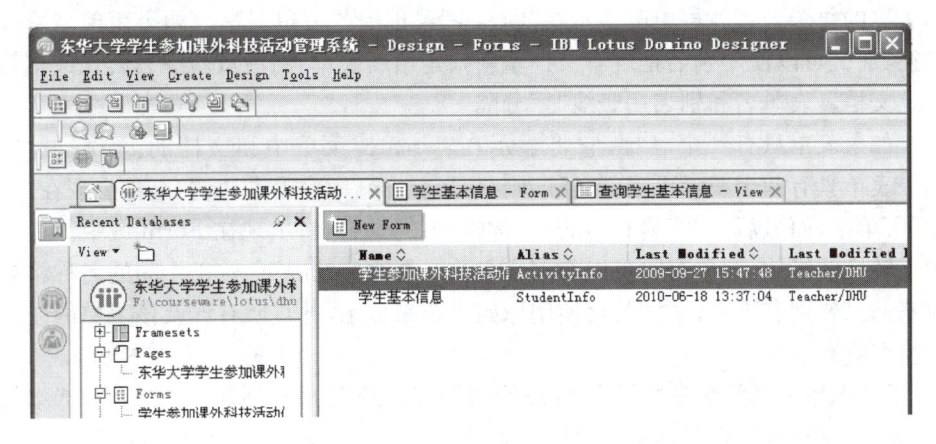

图 5-26 新建表单

② 设计表单。在表单中创建域、文本和其他元素。
③ 选择"Design"→"Form Properties"来指定名称和其他表单属性。
(2) 拷贝现有的表单
① 在"设计"窗格中,单击"Forms"。
② 在"工作"窗格的表单列表中,选择要拷贝的表单。
③ 选择"Edit"→"Copy",把表单拷贝到剪贴板。
④ 打开要拷贝此表单的数据库,然后在"设计"窗格单击"Forms"。
⑤ 选择"Edit"→"Paste",把该拷贝粘贴到目标数据库的表单列表中。
如果从不同的数据库拷贝表单,则诸如共享域定义和共享图像之类的资源不随拷贝的表单一同发送。必须分别把资源拷贝到新数据库中以避免错误消息。

4. 命名表单

数据库中的每个表单必须具有唯一的名称。如果从数据库中拷贝表单并粘贴到同一数据库中,那么 Designer 将自动在该表单的名称前追加"拷贝"以保证名称的唯一性。

(1) 命名要求
名称区分大小写,可以是字符(包括字母、数字、空格和标点)的任意组合。完整的表单名(包括所有的同义名和层次名称)不能超过 256 字节。如果正在使用多字节、字符,256 字节与 256 个字符是不同的。只有表单名称的前 64 个字符显示在"Create"菜单中。

(2) 创建别名

表单可以具有其他的名称(别名,Alias)。使用别名,则不必重新编写引用表单名称的每个公式就可更改显示在"Create"菜单中的表单名称。如果表单名称被转换,那么可以使用别名把现有文档重新指定给新表单,然后重新编写公式或重新指定文档。表单名和别名用竖线"|"分隔。

如果表单只有一个名称,它将显示在"Create"菜单中和文档的 Form 域中。如果表单具有两个或者更多的名称,则总是它的第一个(最左边的)名称出现在"创建"菜单中,而最后一个(最右边的)名称(典型的别名)将出现在 Form 域中。通常由于转换的缘故,表单有时可以有多个名称。在这些情况下,位于中间的名称将被忽略。只要别名不变,文档就会使用原始表单来显示,并且所有涉及该表单的公式也将继续有效。

以"东华大学学生参加课外科技活动管理系统"为例,创建一个"学生基本信息"表单,显示其属性对话框。见图 5-27。

图 5-27 表单命名

在 Form Properties 的"Name"域中有"学生基本信息 | StudentInfo",在这里指定了表单的名字,包括原名和别名,他们之间用"|"分割,左边的是原名,右边的是别名。

可以在名称框的所有其他名称的右侧添加"|",再追加名称。在"Comment"域中,为表单添加注释。见图 5-28。

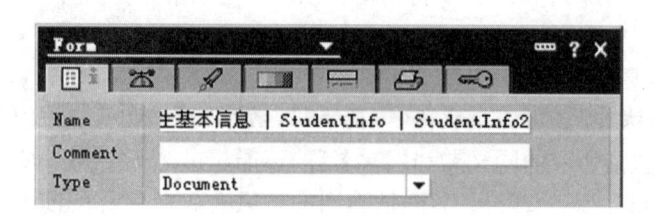

图 5-28 表单别名

(3) 隐藏表单

从"Create"菜单中删除表单的方法是隐藏表单。可以指定隐藏或显示表单的条件。例如，可以对 Notes 客户机隐藏表单，而为 Web 客户机显示该表单。

① 关闭要隐藏的表单。
② 在"设计"窗格，单击"设计"窗格中的"Forms"。
③ 在表单列表中选择要隐藏的表单。
④ 选择"Design"→"Design Properties"。
⑤ 单击"Design Document"附签。
⑥ 选择隐藏选项。见图 5-29。

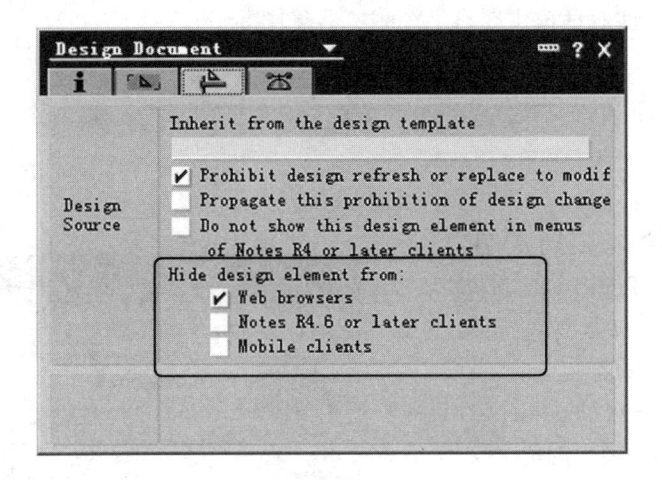

图 5-29　隐藏表单

5. 设计表单的提示

① 使用标尺来设置制表符和放置元素。选择"View"→"Ruler"来查看当前段落设置。

② 使用表格对齐表单上的元素。嵌套的表格能够很精确地控制如何显示内容。此外，还可以使用表格创建一些文本效果，例如，图片周围文本的自动换行。

③ 组合相关的信息。使用区段来满足审批和其他特殊的存取需要。创建子表单，它可以将多个表单需用到的设计元素分组。

④ 当为一个应用程序设计多个表单时，在一致的位置，使用一致的次序定位特定的域，特别是诸如名称、部门、当前日期和截止日期之类的数据。

⑤ 将隐藏域集中在一起放置在表单的顶部或底部。为隐藏域设置其他的文本颜色。

⑥ 计算域是按从上至下、从左至右的顺序计算的。将由其他域值决定其值的

域放置到决定其值的域的后面是保证运算正确的关键。

⑦ 仅在表单顶部使用居中的文本。如果在表单的下面使用有可能丢失。

⑧ 在元素间使用一致的间隔，避免信息拥挤在一起。

⑨ 隐藏用户在编辑、阅读或打印时不需要看到的元素，特别是在打印时要隐藏不重要的图形。

⑩ 提供操作和热点来使用户更快捷地执行操作。

⑪ 使用可折叠的区段来组织表单，使用户更易查看所需信息。设置区段属性，使之在一个环境下展开，在另一个环境下折叠。

6. 表单的属性

表单的属性对话框主要有七个附签。见图 5-30。

图 5-30 表单属性说明

(1) "表单信息"附签

① 类型（Type）

指定表单的类型有三种：主文档，答复，答复的答复。

A. 主文档（Document）：表单层次的最高级，用户创建主文档。

B. 答复（Response）：创建主文档的答复文档。当用户写完答复之后，在视图中，答复文档将显示在突出显示的主文档的下面。设计者通常创建从主文档继承数据的答复文档。例如，主文档的标题。答复文档不能独立存在，需依赖于主文档。

C. 答复的答复（Response to Response）：创建主文档或答复文档的答复文档，也不能独立存在。

使用表单创建的文档通常是主（父）文档，除非将其指定为创建

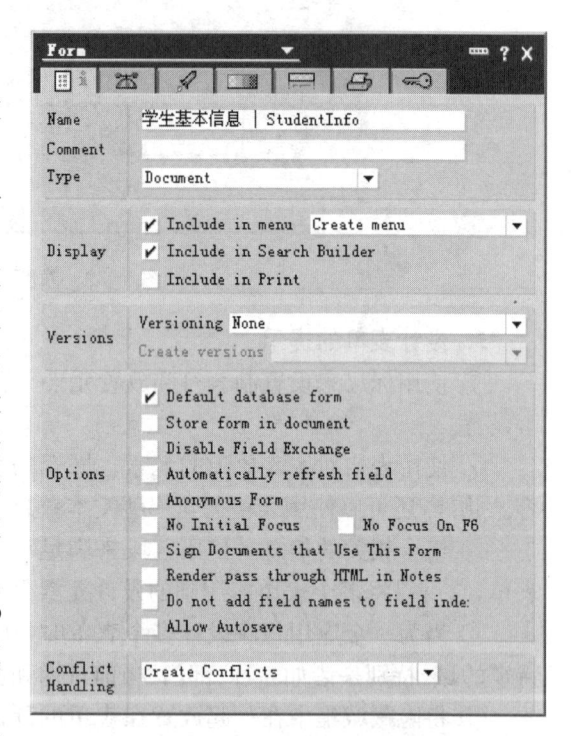

图 5-31 表单的基本属性

答复文档的表单。

② 显示（Display）

A．"Include in menu"：可以在创建菜单中使用表单创建文档。

图 5-32　使用创建菜单创建文档

B．"Include in Search Builder"：允许表单中的静态文本被全文检索。

C．"Include in Print"：允许使用该表单打印文档。

③ 版本（Versions）

A．"New versions become responses"。当原始文档最为重要时，使用这个选项。原始文档在视图中列第一位，所有后续的版本跟随其后。如果原始文档是视图的焦点，而答复文档只是用于参照时选择这种方法。当新的版本成为答复文档时，可以防止视图中的复制或保存冲突。如果位于不同服务器上的用户修改并保存主文档，在数据库复制时他们的版本将被视为两个独立的答复文档。这两个答复文档将按时间顺序显示在视图中。

B．"Prior versions become responses"。当文档的新版本最为重要时使用这个选项。最新版本在视图中列第一位，所有先前的版本和原始文档跟随其后。如果更新内容是最重要或者最频繁读取的文档，并且希望保留旧版本作为备份或者

历史记录参考时,请选择这种方法。当先前的版本成为答复文档时,无法防止视图中的复制或保存冲突。如果位于不同服务器上的用户修改并保存主文档,在数据库复制时这两个新版本将显示为冲突的主文档。

C. "New versions become siblings"。当所有的版本具有同样重要性时使用这个选项。原始文档在视图中列第一位,所有后续的版本跟随其后作为附加的主文档。这种方法不会引发复制或保存冲突。当修订不是基于历史记录或附属模式时,这种方法非常有效。例如,在工作组成员用来创建自己的原始文档的修订中,或者在原始文档被用作每个新文档的模板的表单中。当不想使每一个主文档被修订,这种方法最为有效,因为在视图中(许多新文档在更新过程中在该视图中创建)很难查找到更新信息。向显示在视图的域中添加标识信息,例如,"New Proposal"或"Revised",以便区别文档的原始版本和修订版本。

④ 选项

A. "Default database form":如果没有其他表单显示文档,就用缺省表单。

B. "Store form in document":把表单存储在文档中,文档中增加了一个"＄Title"域,文档就用此表单显示,会增加文档的大小。

C. "Automatically refresh field":有时用户在进行文档工作时必须要看到所有域计算的结果。要提供连续的更新信息,需设计一个在每次更改域值时都能够自动重新计算域值的表单。但是要知道,此设置将增加文档显示和数据输入的时间。

D. "Anonymous Form":如果希望文档的作者或编辑者保持匿名的身份,那么可以定义一个不记录创建者或编辑者姓名的表单。要完全匿名,就要确保作者的姓名不在文档的其他位置出现,例如,在可见的计算域中。

E. "No Initial Focus":在表单上取消初始焦点。

F. "Sign Documents that use this form":使用当前用户的标识符对文档进行数字签名。

G. "Rencler pass through HTML in Notes":表单中可以内嵌 HTML 代码,如果仅在浏览器中显示,而不在 Notes 中显示可以用此选项。

H. "Do not add field names to field inclex":在内存中有一个表格,存储域的索引,如果选择此项,可以节省空间。

⑤ 冲突处理

当不同场所的用户编辑同一文档时,则会发生复制或保存冲突。其中一个版本将成为主文档,而其他版本则将成为冲突文档并在视图中被标上菱形标记。可以设计一个表单使其将复制冲突合并到单一文档中合适的位置。有四种处理冲突的方法。

A. "Create Conflicts"：一个文档编程另外一个的答复文档。

B. "Merge Conflicts"：当两个用户在同一个文档中编辑不同的域时，Domino就可以将对每个域所做的编辑保存到一个文档中。然而，如果两个用户在同一个文档中编辑同一个域，那么 Notes 将把其中一个文档保存为主文档，而另一个文档则被标记为复制冲突并保存为答复文档。

C. "Do Not Create Conflicts"：冲突发生时，不合并，Domino 选择其中一个文档，另外一个丢失。

D. "Merge/No conflicts"：可合并就合并，不能合并，就不产生冲突，默认的以修改次数最多的文档为准。

(2) "缺省"附签

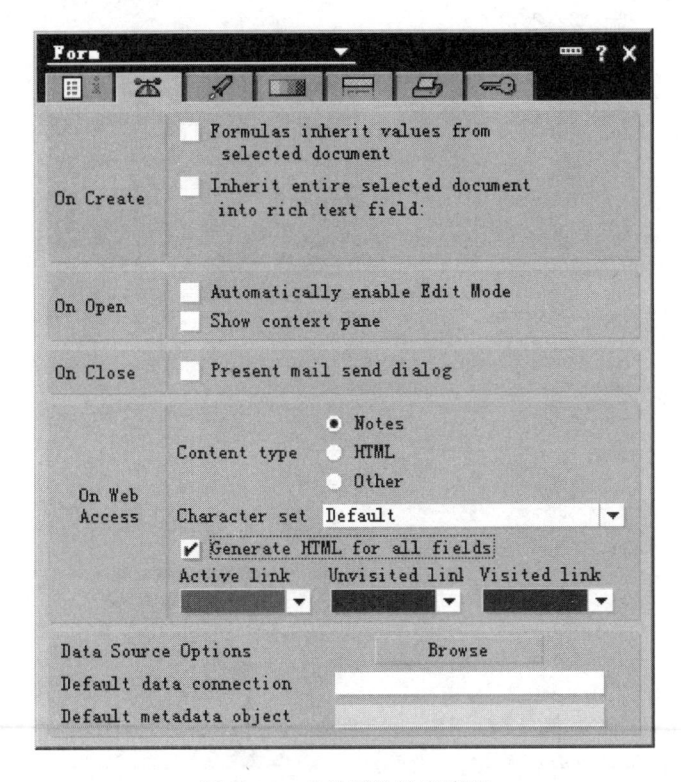

图 5-33　表单属性缺省附签

① 创建时（On Create）：公式继承选定文档中的域值：当创建文档时，文档中域的值可以从选定的文档继承，除此之外还应指定域的公式；继承整个选定文档到 RTF 域：当创建文档时，把整个选定文档的内容继承到 RTF 域。

② 打开时（On Open）：自动启用编辑模式：打开文档时，进入编辑状态，可以

修改文档内容；显示相关窗格：会在 Notes 中显示父文档的预览窗格。

③ 关闭时(On Close)：在 Notes 中使用时，会显示发送邮件对话框，显示发送邮件选项。

④ Web 访问(On Web Acess)：针对内容类型，如果选择"HTML"，那么 Domino 会直接把内容当作 HTML 发送给浏览器。

⑤ 字符集(Character Set)：缺省为操作系统的字符集，修改表单内容的字符编码。

⑥ 产生所有域的 HTML(Generate HTML for all fields)：在浏览器中使用应用程序时，生成所有域的代码，使用<input>标签。

⑦ 数据源(Data Source)：连接外部数据源，比如关系数据库系统。

(3)"启动"附签

图 5-34　表单的启动属性

使用表单打开文档时，自动启动的对象，文档自动显示在某一个帧结构中。

(4)"表单背景"附签

设置表单的背景颜色，可以引入图片作为表单的背景。如图 5-35 所示。

(5)"页眉"附签

在表单的上部添加一个页眉，那么在 Notes 中，当表单的其他部分滚动时，页眉保持不动。除了表格不能放在页眉外，其他设计元素都可以。如图 5-36 所示。

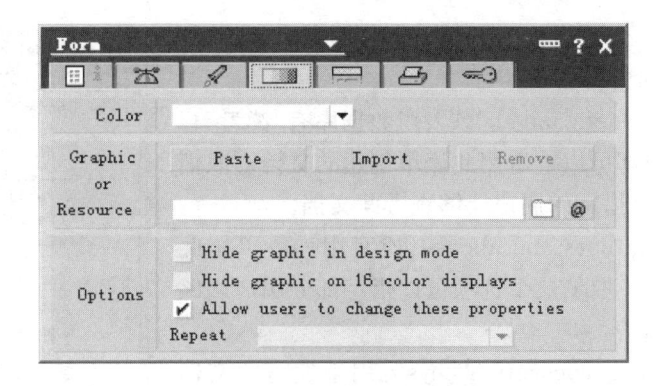

第 5 章　Lotus Domino Designer 办公环境定制

图 5-35　表单背景属性

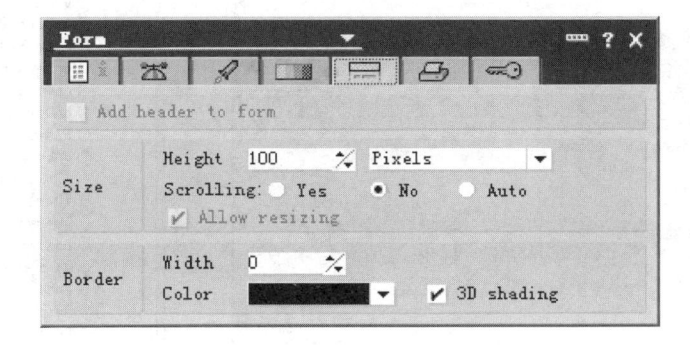

图 5-36　表单页眉属性

(6)"打印"附签

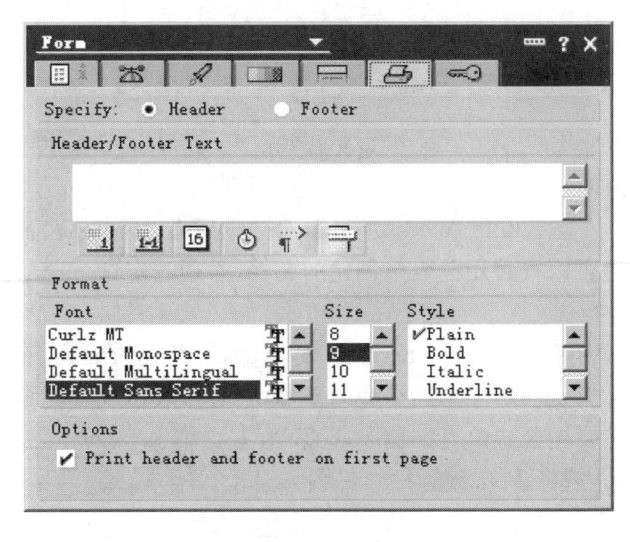

图 5-37　表单打印属性

当使用该表单打印文档时,设置打印页眉和页脚。

(7)"安全性"附签

① "All readers and above":对数据库有"读者"存取级别的用户都可以查看用此表单创建的文档。取消此选项,则只有指定的用户能够查看此文档。

② "All authors and above":所有用户可以用此表单创建文档。取消这个选项可以指定部分用户用此表单创建文档。

③ "Defoucl encryption keys":用于加密此文档的密钥,这个由"设计者"在设计时指定。

图 5-38　表单安全属性

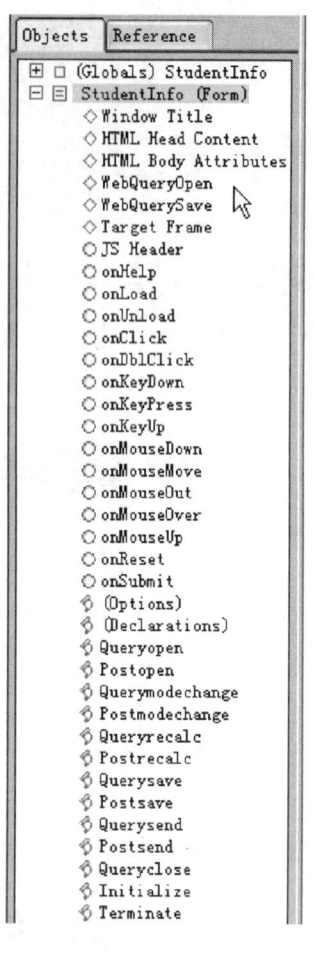

图 5-39　表单事件

④ "Disable printiny/forwarding/copying to clipboard":使用表单显示文档时,禁止这些操作。

⑤ "Avaiable to public Acess users":对数据库有"不能存取者"或"存放者"存取级别的用户也可以查看用此表单创建的文档,必须选定这个选项。

7. 表单事件

事件是可以用公式、LotusScript、JavaScript 实现的函数,有一定的触发条件。不同的图标形状表示了不同类型的事件,空心◇表示没有代码,实心◆表示有代码。◇表示主要用公式语言编程序,○表示主要用 JavaScript 编程序,表示主要用 LotusScript 或者 Java 编程序。见图 5-39。

表 5-6 表单事件说明

事件	语言	描述及触发条件	Notes	Web
Window Title	公式	窗口标题栏显示的内容	是	是
HTML Head Content	公式	添加到 HTML＜head＞标签中的内容	否	是
HTML Body Attributes	公式	设置 HTML＜body＞标签的属性	否	是
WebQueryOpen	公式	在 web 中打开文档时执行的公式。一般是运行一个代理 @Command（[ToolsRunMacro]；"＜agentname＞"）	否	是
WebQuerySave	公式	在 web 中保存文档时执行的公式。一般是运行一个代理 @Command（[ToolsRunMacro]；"＜agentname＞"）	否	是
Target Frame	公式	表单中的链接的目标帧结构	是	是
JS Header	JavaScript	添加 JavaScript 脚本，Domino 生成 Web 页面时添加＜script＞标签。可以把添加在 Notes 和 Web 中的脚本区分开	否	是
onClick	JavaScript	当页面被单击时	是	是
OnDblClick	JavaScript	当页面被双击时	是	是
onHelp－Client	JavaScript 公式 LotusScript	当按下 F1 时显示的上下文帮助信息	是	是
onKeyDown	JavaScript	当键被按下并释放	是	是
onKeyPress	JavaScript	当键按下	是	是
onKeyUp	JavaScript	当键释放	是	是
onLoad	JavaScript 公式 LotusScript	当文档完成装载后	是	是
onMouseDown	JavaScript	当鼠标键按下	是	是
onMouseMove	JavaScript	当鼠标移动	是	是
onMouseOut	JavaScript	当鼠标离开	是	是
onMouseOver	JavaScript	当鼠标经过	是	是

(续表)

事件	语言	描述及触发条件	Notes	Web
onMouseUp	JavaScript	当鼠标键释放	是	是
onReset	JavaScript	当文档内容被重置	是	是
onSubmit	JavaScript 公式 LotusScript	当文档被提交时	是	是
onUnload	JavaScript 公式 LotusScript	当文档被卸载	是	是
(Options)	LotusScript	声明用于所有对象的脚本代码	是	否
(Declarations)	LotusScript	声明用于所有对象的全局变量	是	否
Queryopen	JavaScript 公式 LotusScript	当文档被打开	是	否
Postopen	公式 LotusScript	当文档打开后	是	否
Querymodechange	JavaScript 公式 LotusScript	当文档被切换到阅读模式或编辑模式之前	是	否
Postmodechange	JavaScript 公式 LotusScript	当文档被切换到阅读模式或编辑模式之后	是	否
Postrecalc	JavaScript 公式 LotusScript	当文档被刷新后	是	否
QuerySave	公式 LotusScript	文档保存之前,建议使用 OnSubmit( )	是	否
PostSave	JavaScript 公式 LotusScript	文档被保存后	是	否
Queryclose	公式 LotusScript	建议用 onUnload( ) 替代	是	否
Initialize	LotusScript	文档正在装载时	是	否
Terminate	LotusScript	文档被卸载后	是	否

8. 创建域

域是应用程序的一部分,用于收集数据。用户可以在表单、子表单或者布局区域中创建域。每个域存储一种类型的信息。域的类型定义此域能接受的信息类型,例如,文本、数字、日期或姓名。当用户(在 Notes 客户机中或者 Web 浏览器

中)创建了表单,然后在域中填入信息并保存表单后,域中的数据将存储在单个文档中。域的内容可以在文档或视图中显示,或者被提取出来用于公式。域可以用于一个表单,或可以创建共享域以用于数据库中的多个表单。

当在表单中创建域时,用户应定义下列内容:域名称、域类型、显示选项和域属性、计算或可编辑属性、与域相关的公式和 Script。

我们可以先用"东华大学学生参加课外科技活动管理系统"的"学生基本信息"表单创建一个文档。见图 5-40。

图 5-40　使用学生基本信息表单创建文档

文档保存后,在视图中可以看到新创建的文档。见图 5-41。

图 5-41　在视图中查看文档

(1) 创建域

当在表单中创建域时,该域会显示为矩形框包围的域名称和表明域类型的字母与符号。可使用制表符、回车键、表格和其他格式化工具来精确定义域在表单中的

位置。以"学生基本信息表单"为例：

① 打开表单。

② 将光标移动到希望显示域的位置。

③ 选择"Create"→"Field..."，打开域属性对话框。

④ 在"Field"框中的"域信息"附签 ：指定域的名称(Name)，指定域的类型(Type)，选择显示样式(Style)，选择"可编辑(Editable)"或一种"计算(Computed 等)"选项。见图 5-43。

图 5-42　创建域

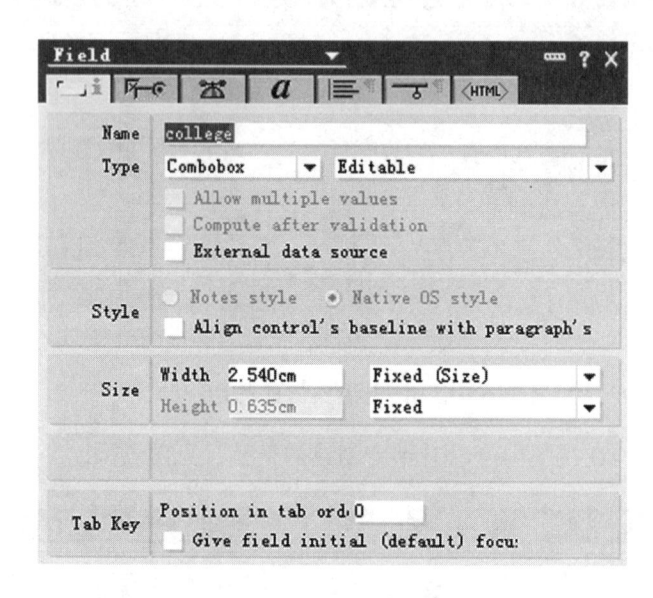

图 5-43　域的编辑属性

⑤ 在"控制"附签上 ，选择域的显示选项。

⑥ 在"字体"附签上 ，格式化域的字体类型。

注意：关系数据库中的表的字段，根据关系范式，只能存储一个值。Domino 是文档的数据库，其单个域允许存储多个值。如果希望存储多个值，请选择"允许多值"选项。

(2) 拷贝域

如果将域从表单的某一位置拷贝到另一位置，域的每一个复本都有一个序列号添加在域名称的后面，这样可以使名称保持唯一性。拷贝之后用户可以重新命名域。如果拷贝共享域，则新的域就会变成专用域。可以拷贝一下"学生信息表"表单中的"Sno"域，如图 5-44。

学号：	sno T	sno_1 T	姓名：	sname T
所在学院：	college		班级：	class T
电子邮件：	email T		联系电话：	phone T

图 5-44　拷贝域

(3) 删除域

要删除一个域，用户要在表单中选择域并按下"Delete"键或选择"Edit"→"Delete"。

从表单中删除域意味着此域中数据将不会在表单中显示，但数据依然存在，并且可以通过向表单中添加相同名称的域来重新显示。要删除域的数据，使用"@DeleteField"函数从包含此域的所有文档中删除此域及其数据。例如，要从所有的"学生基本信息"文档中清除 email 域及其数据，可以创建使用此表单名称和"@DeleteField"的代理或操作：

SELECT Form="StudentInfo";

Field email:= @DeleteField;

(4) 创建共享域

可定义一个能由多个表单使用的域。例如，许多表单含创建日期域，可以一次性定义该域并对其重复使用。当定义一个域为共享域时，Designer 用黑边框显示，并将域名添加到共享域列表中以供数据库中使用。若要在数据库的另一个表单中插入共享域，则在共享域的列表中选择该域名即可。

可以特定设计一个共享域，也可以将一个专用域（不位于布局区域上）转换为共享域。

① 创建共享域

A. 在"设计"窗格中展开"Shared Code"并单击"Fields"。见图 5-45。

B. 单击"New Shared Filed"按钮。见图 5-46。

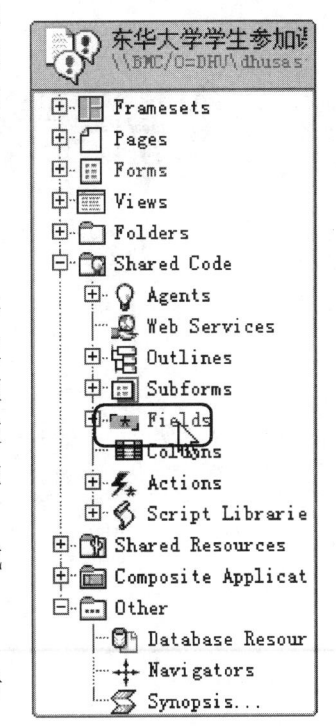

图 5-45　创建共享域

C. 输入共享域的名称。

D. 指定域类型并选择"Editable"或者"Computed"选项。见图 5-47。

E. 关闭"Shared Field"框。

图 5-46　浏览共享域

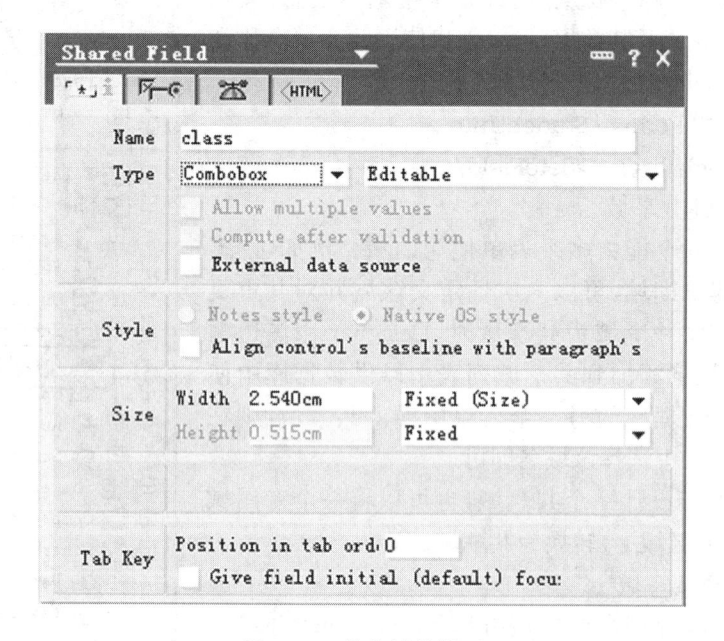

图 5-47　共享域的类型

② 插入共享域

A. 将光标移动到表单中需要显示域的位置。

B. 选择"Create"→"Resources"→"Inset shared Field…"。见图 5-48。

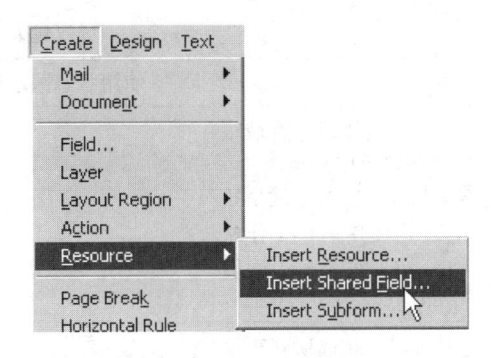

第 5 章　Lotus Domino Designer 办公环境定制

图 5-48　插入共享域　　　　　　图 5-49　域的可选类型

C. 选择所需共享域并单击"OK"。

D. （可选）在域旁边或域上面键入文本标签。

E. （可选）选中标签，选择"Text"→"Text Properties"修改文本样式。见图 5-49。

③ 将专用域转换为共享域

A. 打开表单。

B. 单击需要共享的域。

C. 选择"Design"→"Share This Field"。

9. 域的类型

域的类型确定了域可以包含的信息类型。用户可以在"Field"框中定义域类型。

表 5-7　域的可选类型说明

类　型	说　　　明	使用状态图示
文本 （Text）	文本域可以满足应用程序中的数据输入或文本输出，保存在文档中的数据类型是文本，即字符串	在 Web 中显示为<Input>标签
日期/时间 （Date/Time）	"日期/时间"域以多种格式显示日期和时间信息。既可以定义用户可编辑的日期或时间域，也可为域选择计算选项，使用户不能更改域值。日期范围可以是从"1/1/0001"到"12/31/9999"。输入两位数年份 00 到 49，将被认为本世纪从 2000 年开始。输入 50 和 99 之间的两位数年份将被认为本世纪从 1900 年开始。如果用户希望在域中输入四位数年份，在"Field"框的"控制"附签　中，选择"Always show 4 digit year"。时间范围在 24 小时格式中是从"00:00:00:00"到"23:59:59:59"，而在 12 小时格式中是从"12:00:00 AM"到"11:59:59 PM"	如果启用"日历/时间控件"样式，则如下图，Web 中不支持；如选用"Notes 样式"，则和文本域相同

·141·

（续表）

类　型	说　明	使用状态图示
数值 （Number）	用于数字和货币数据。"数值"域类型使用户将域限定为数字值，并且定义数字如何在表单中显示。 在"Field"框的"控制"附签 ▯ 上，可以指定域格式是按照指定的定制设置显示，还是使用用户工作站的缺省设置来显示。对于货币，如果希望在不同的域中显示不同的货币格式，则可以在域级使用设置	
对话框列表 （Dialog List）	用户可以创建向用户提供选项的域。此选项列表可以通过公式生成，手动输入或者由输入值的用户创建或添加。用户可以在"Field"框的"控制"附签 ▯ 中输入选择域列表和公式。如果界面样式可用，用户可以在"Field"框的"控制"附签 ▯ 中选择"允许值不在列表内"，这样就允许用户在不修改原始列表的情况下添加其他内容。同时，在"域信息"附签中一些界面样式有"允许多值"选项，此选项使用户可以在域中选择多个选择。选项列表域是可编辑或可计算的，但大多数的选项列表域可编辑	『个人项目』▼，单击向下的箭头，显示 在 Web 中显示为列表框
复选框 （CheckBox）	用户可以创建向用户提供选项的域。每个选项显示时都带有一个选择框，用户可以单击此框进行选择。复选框有边框和列数选项	☐ Kyla Allen ☐ Jack Town ☐ Sara Ryan
单选按钮 （Radio Button）	用户可以创建向用户提供选项的域。显示的每个选项都带有按钮，用户仅能单击一个。单选按钮有边框和列属性	○ Kyla Allen ○ Jack Town ○ Sara Ryan
列表框 （Listbox）	每个选项显示时都带有一个展开的列表框。用户单击输入项进行选择。列表框有边框、大小和位置选项。要调整列表框的大小而不拖动，则可以更改"宽度"和"高度"两项。要在布局区域内移动列表框而不拖动，可以更改"左"和"上"两项	☐ stu01/students/cqu ☐ stu20014448/students/cqu Web 中显示为： stu01/students/cqu stu20014448/students/cqu
组合框 （Combobox）	每个选项显示时都带有下拉列表框。用户单击下拉箭头可以看到输入项，并且单击选择需要的一项。组合框有边框、宽度和位置选项	个人项目　▼ 个人项目 团体项目
RTF 文本 （Rich Text）	格式化文本、大量文本或嵌入及附加对象，使用 RTF 文本域。不能在视图中显示。在 Web 中显示时，如果不用小程序，显示为<textarea>标签	Notes 中 正文 『多看书，多做练习 多看书，多做练习 developer R6'S handbook.pdf

(续表)

类 型	说 明	使用状态图示
作者,读者 (Author,Reader)	"读者"和"作者"域允许用户控制哪些人可以读取和修改由表单创建的文档	和文本域相同
名称 (Names)	显示用户姓名。为了输入正确的用户姓名,需要查询选项,查询选项在"Field"框的"控制"附签中提供	
口令 (Password)	"口令"域是维护用户私有信息的文本域,它将用户输入的字符在屏幕上显示为星号。"口令"域的内容并非安全,它在 Notes 客户机的"文档属性"框中是可见的。有几种方法可以用来保护"口令"域的内容。如果使用"口令"域作为保护应用程序的一种方法,保护"口令"域内容的最好的方式是在输入项被校验之后不保存口令内容。可以使用公式在口令被校验后立即清除	
公式 (Formula)	"公式"域用于定位预约列表,它与"Headlines.nsf"数据库配合使用	
时区 (Time zone)	显示一个可用时区的下拉列表	
RTF 文本 Lite (Rich Text Lite)	和 RTF 类似,可以弹出一个下拉列表,快速向域中增加对象,可以限制向此域中插入的数据的类型	
颜色 (Colour)	在表单中,显示一个颜色选择器。在 Web 中不支持	

10. 域的属性

图 5-50 域的基本属性

（1）名称和标签

域名是定义域的必需元素。创建域时需在"Field"框中指定域名。域标签是用户建立的描述性文本，它显示在表单中域的旁边或上面，帮助读者理解此域。标签文本可以命名一个域，例如，"姓名"、"学号"、"学院"或"班级"，也可以描述用户的操作，例如，"输入获奖信息"。

域名必须以字母开头，可包含字母、数字和符号(_ 和 $)。域名最多可以包含 32 字节（使用多字节字符时，32 字节与 32 字符不同）。应使用简短的描述性域名称，这样在编写引用此域的公式时易于记忆。

域名中不能包含空格。多个词应连在一起（例如，可以是 ModifiedDate）；或者用下划线将它分开为 Modified_Date。Designer 模板按照命名惯例，将首字母大写后跟小写字母（例如，SendCopyTo）。

如果数据库的多个表单中的域都包含相似信息（例如，创建日期和作者姓名），则表单中的这些域都可以使用相同的域名。这样在继续开发应用程序时，便于在表单之间共享信息。建立并维护命名标准可以简化整个组织中的应用程序设计。

同一个表单中的域不能重名。与表单和视图都有别名不同，域只能有一个名称。重新命名域和从表单中删除域的影响是一样的。

（2）域如何接受数据

创建域时，在"域属性"框中，可选择域是可编辑域或计算域。如果域是可编辑的，用户可以输入或更改域值。如果域是计算域，则用公式计算域值。用户不能更

改计算域的域值。数字、日期/时间、作者、读者和名称域一般是可计算的。文本、RTF 文本和选项列表域通常是可编辑的。

三种类型的计算域：

表 5-8　计算域的类型

计算域类型	公　式　计　算
计算（Computed）	用户创建、保存或刷新文档一次，"计算"域公式计算一次
创建时计算（Computed when composed）	"创建时计算"域公式仅在用户第一次创建文档时计算一次。在域中使用此种类型公式可保存关于文档最初的信息，例如，创建日期或原作者；或创建其初值不会更改的域，例如，文档序列编号
显示时计算（Computed for display）	用户每次打开或保存文档，"显示时计算"域公式将重新计算一次。在域中使用这种类型的公式可显示仅与即时会话有关的信息，例如，不需保存的当前时间或计算结果。其域值仅存在于当前会话中且不被保存。不能在视图中显示"显示时计算"域的内容

（3）域"控件"附签 [图5-6]

① 显示：控制域的显示方式，是否显示括号"『｜』"。

② 选择：域的类型如果是复选框、组合框、列表框等，输入选项或通过公式计算。

③ 选项：

　　A."Allow values not inlist"：给用户一个可以输入不在选项内的值得机会。

　　B."Look up names as each character is entered"：如果是"名称"类型的域，可以在用户输入一部分字符时，向 Domino 目录查询用户。

　　C."Look up addresses on document refresh"：如果是"名称"、"读者"或"作者"类型的域，在文档刷新时，查询 Domino 目录里的地址。

　　D."Display entry helper button"：如果是"对话框列表"类型的域，在域的右下角显示一个向下的箭头，告诉用户有多个选项可以选择。

　　E."Refresh fields on keyword change"：当这个域的值发生改变时，强制文档刷新所有域的值。此选项应该少用，如果一个表单中包含的域比较多时，会影响效率。

　　F."Refresh choices on clocument refresh"：当文档中的计算域比较多时，此选项非常有用，如果启用这个选项，在刷新文档时，就可以刷新此域。

　　G."Allow keyword synonyms"：允许关键字有同义词，一个关键字的同义词和它自己之间用"｜"分割。例如，"是|1"，这里"1"就是"是"的同义词。用户在输入

时看到的"是",文档里存储的是"1"。尤其是对于"列表框"、"复选框"、"单选按钮"等类型的域特别有用。

注意：以上选项只能在 Notes 中使用，不能在 Web 浏览器中使用。

（4）域"高级"附签

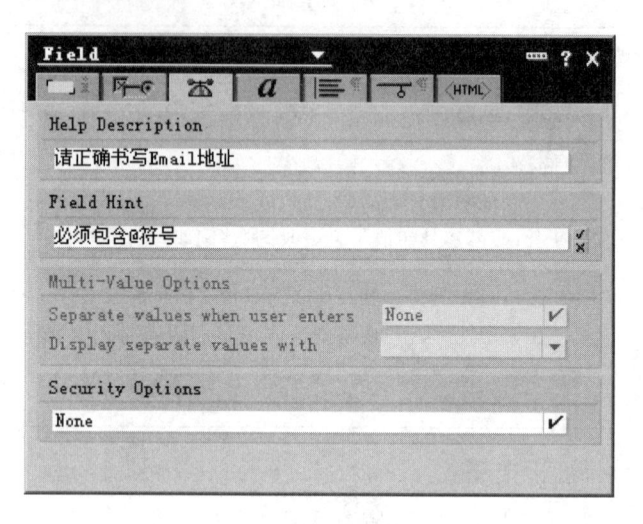

图 5-51 域帮助信息

① 帮助说明（Help Discription）：在 Notes 客户端的下面显示的域的相关信息。当光标在域的中间时显示。对使用者有提示作用。

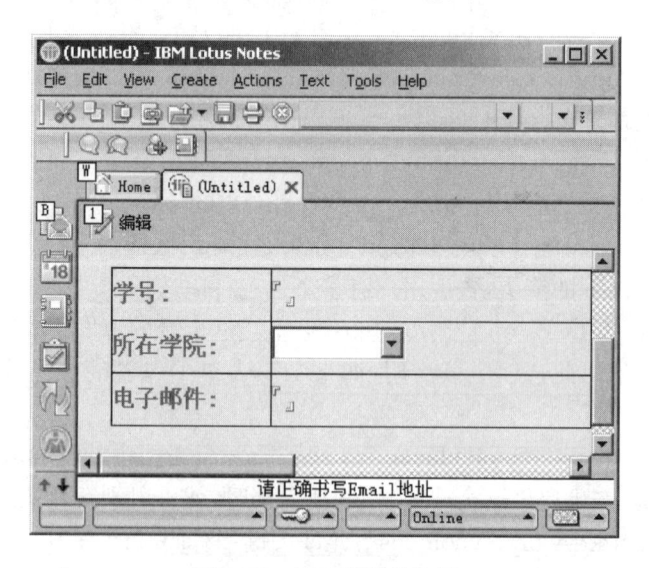

图 5-52 域的帮助的使用

② 域提示(Field Hide)：辅助用户向域中输入数据的提示信息。这个提示信息和域的"帮助说明"不同的是这个信息显示在域的中间，当光标移到域中时，就消失了。见图 5-53。

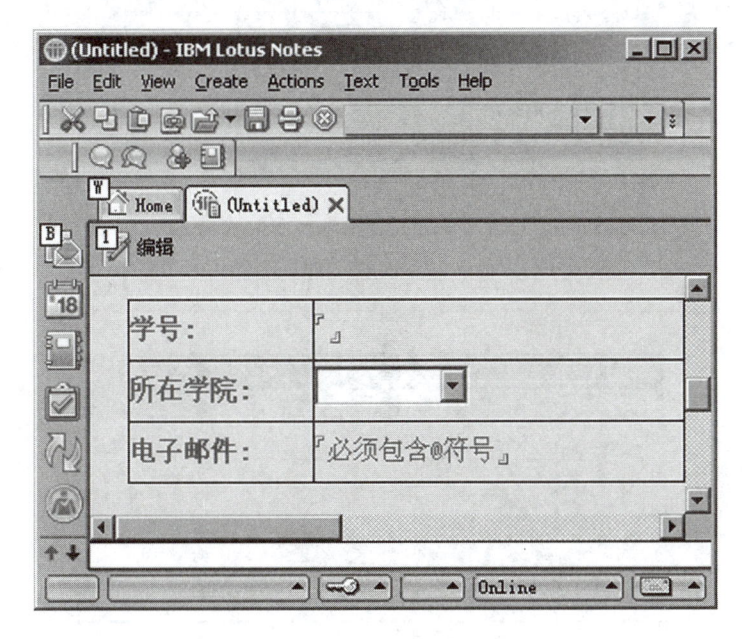

图 5-53 域的提示

③ 多值选项：如果一个域允许存储多个值，请定义多个值之间的分割符，包括输入和显示时。这两种分割符可以相同，也可以不同。通常情况可以用逗号。

④ 安全性选项：允许对域进行加密和签名，或者限制对域的访问。见图 5-54。

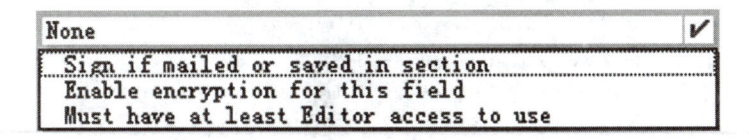

图 5-54 域的安全

(5) 域"字体"附签 *a*

控制域显示的字体、大小、颜色等。见图 5-55。

(6) 域"段落对齐"附签

使用过文字处理的用户应该都比较清楚。见图 5-56。

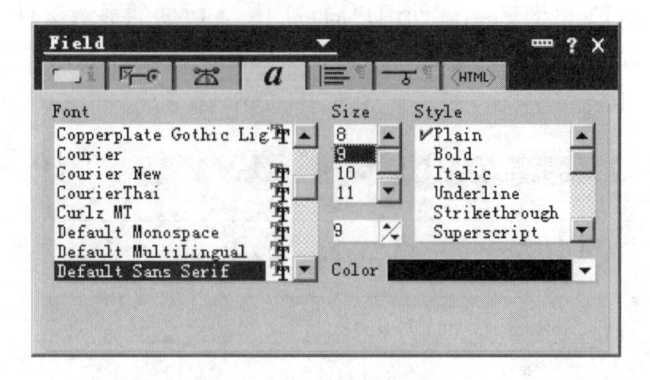

图 5-55 域的文本字体

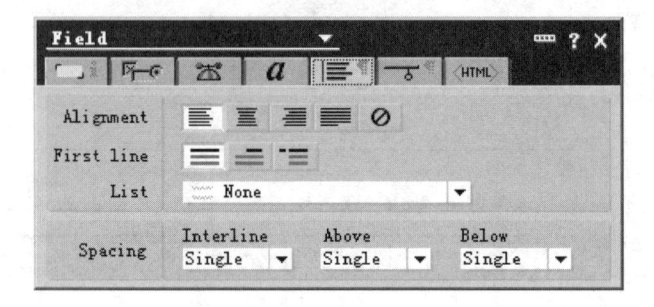

图 5-56 段落格式

（7）域"隐藏"附签

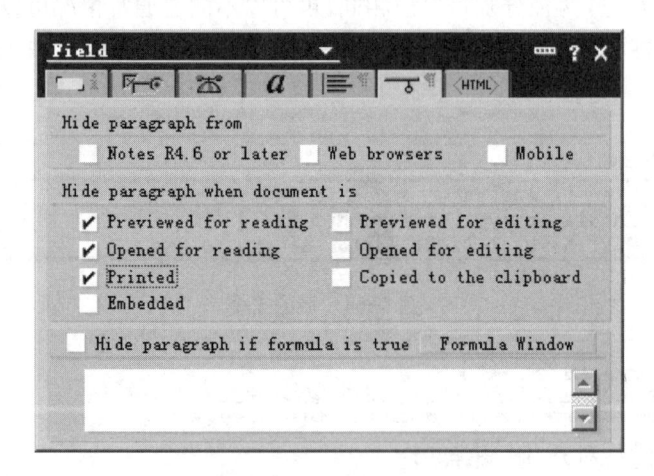

图 5-57 域的隐藏条件

控制域或者域的值在什么时候显示,这个属性会影响同一行的其他域。如果希望其他域不受影响,可以用表格进行分割多个域。

隐藏域有两种方法:一种是通过选项进行隐藏,比较固定,不够灵活;另外一种,通过公式进行隐藏,比较灵活。通常两种配合使用。例如,域"dspSubject",希望在编辑模式下和文档保存之前隐藏,可作如下设置:

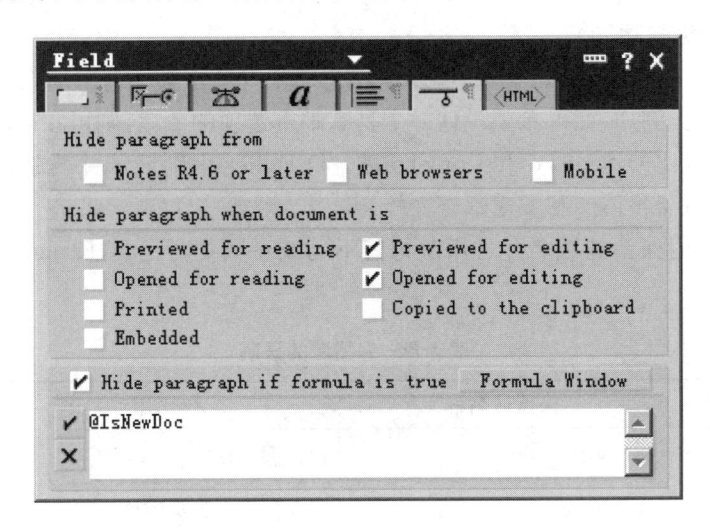

图 5-58 域的隐藏公式

"@isnewdoc"是公式语言中的一个函数,如果文档创建,第一次保存之前(为新文档),返回"true",保存之后返回"false"。

(8) 域"HTML"附签

图 5-59 设置域的 HTML 标签属性

控制域在 Web 浏览器中的显示，不影响域在 Notes 中的显示。

"标识符"、"类"、"样式"、"标题"等域的值会转化成 HTML 标签<input>的属性的一部分，显示在 id＝，class＝，style＝ and title＝的后面。这里输入的值不要包含引号""，Domino 会自动插入。"其他"域允许向 HTML 标签中加入更多属性，例如"size＝50"。

11．预定义功能域

Designer 提供了预定义域，可以使用它们来自动添加一些只有自己编程才能实现的功能。例如，如果希望设计一个具有邮寄选项的表单，则可在表单中添加预定义邮件域，比如 SendTo 和 CopyTo 域。Designer 识别该域并与邮件路由器相互作用，路由器将传递和发送邮寄文档。

如果使用保留的域名并且用法与其不同或对域重新定义，Designer 将显示错误消息。

表 5-9　保留域的说明

保留域类型	保留域名称	用　　途
嵌入元素的保留域	＄＄ViewBody	包含嵌入视图
	＄＄ViewList	包含嵌入文件夹窗格
	＄＄NavigatorBody	包含嵌入导航器
	＄GroupScheduleRefreshMode	包含刷新嵌入的群组日程安排控件的值
	＄GroupScheduleShowLegend	有效值为 0 和 1。0 表示不应显示彩色图例，1 表示应显示。缺省值为 1
通用保留域	Categories	分类文档
	＄VersionOpt	控制文档的版本跟踪
	＄＄Return	Web 用户提交文档后，Domino 使用缺省确认信息"表单已处理"答复。要重新设置缺省答复，可向表单中添加一个计算文本域，命名为＄＄Return，并使用 HTML 作为计算值来创建定制的确认
表单中的内部域	＄Title	如果表单存储在文档中，则表单名称被存储在内部域中。要使用不同的表单来显示文档，可创建代理来删除被存储的表单信息，并指定另一表单来显示文档
	Form	创建文档后，存储表单的名称

表 5-10 控制邮寄选项的保留域的说明

保留的域名称	值	备注
BlindCopyTo	邮件接收者,密送	个人、群组或函件收集数据库的名称
CopyTo	邮件接收者,抄送	个人、群组或函件收集数据库的名称
DeliveryPriority	L、N、H	这些值对应于:低、一般或高优先级
DeliveryReport	1、0	使用1使邮件邮寄给收件人时返回一个报告
Encrypt	1、0	使用1加密邮寄的文档
MailFormat	B、E、M、T	允许 Cc:Mail 用户以不同的预定义格式查看 Notes 文档: B=文本和封装部分两者; E=附加到 cc:Mail 便笺中的 Notes 数据库的封装部分; M=邮件。文档的"Body"域是文本并粘贴到 Cc:Mail 便笺中; T=文本。文档目录以文本显示并粘贴到 Cc:Mail 便笺的正文中
MailOptions	1、0	使用1自动邮寄
ReturnReceipt	1、0	使用1当收件人打开文档时发送回执
SaveOptions	1、0	使用1保存邮寄的文档;0不保存,即使执行保存操作
SendTo	个人、群组或函件收集数据库的名称	对邮寄文档的所有表单都是必需的。邮件接收人
Sign	1、0	使用1向域中添加电子签名(仅应用于表单也包含可签名域的时候。)

12. 域事件

域事件是可以用公式、LotusScript、JavaScript 实现的函数,有一定的触发条件。比如文档创建时、保存时、鼠标移动时等。见图 5-60。

图 5-60 域事件

表 5-11 域事件说明

事件	语言	描述及触发条件	Notes	Web
Default Value	公式	创建文档时,域的初始值	是	否
Input Translation	公式	把用户输入的值进行规范化,变成需要的值,比如把小写转化成大写,保存时触发	是	是
Input Validation	公式	输入校验公式,判断用户输入的值是否合法,如果不合法可以返回一个提示信息。输入转换公式执行之后执行	是	是
HTML 属性	公式	增加属性到 Domino 生成的 HTML 标签	否	是
onBlur	JavaScript LotusScript	当光标离开域的时候执行	是	是
onChange	JavaScript LotusScript	当域的值发生变化时	否	是
onClick	JavaScript	当域被单击时	否	是
onDblClick	JavaScript	当域被双击时	否	是
onFocus	JavaScript LotusScript	当域获得输入焦点时执行	是	是
onKeyDown	JavaScript	当键被按下	否	是
onKeyPress	JavaScript	当键被按下并释放	否	是
onKeyUp	JavaScript	当键被释放	否	是
onMouseDown	JavaScript	当鼠标被按下	否	是
onMouseMove	JavaScript	当鼠标移动	否	是
onMouseOut	JavaScript	当鼠标移开	否	是
onMouseOver	JavaScript	当鼠标经过	否	是
onMouseUp	JavaScript	当鼠标键被释放	否	是
onSelect	JavaScript	当域中的文本被选中	否	是
Options	LotusScript	可以在这里声明一些其他地方使用的变量或者函数	是	否

13. 子表单

使用子表单可以维护一组设计元素,在多个表单中重复使用,而无需复制这些元素。

子表单是表单元素集合,它作为一个单独的对象来保存。子表单可以包含与常规表单相同的元素。使用子表单可以节省重新设计的时间。如果更改子表单的某个域,则需用到该子表单的每个表单都会更新。子表单的一般用法包括:向商务文档中添加公司标志或向邮件和便笺表单中添加邮寄标签信息。子表单可以作为表单的永久部件,或者可以根据公式的结果有条件地显示(计算子表单)。例如,可以给用户提供一种选择,允许用户使用不同的图像和样式来为各种类型的邮件消息定制邮件表单,例如,便笺、警告或信函。在子表单中用到的域名不能在表单的其他地方使用。对子表单所做的更改将影响到所有使用该子表单的表单和文档。

(1) 创建子表单

可以拷贝和修改与所需子表单相似的子表单或者新建并由自己设计的子表单。见图 5-61。

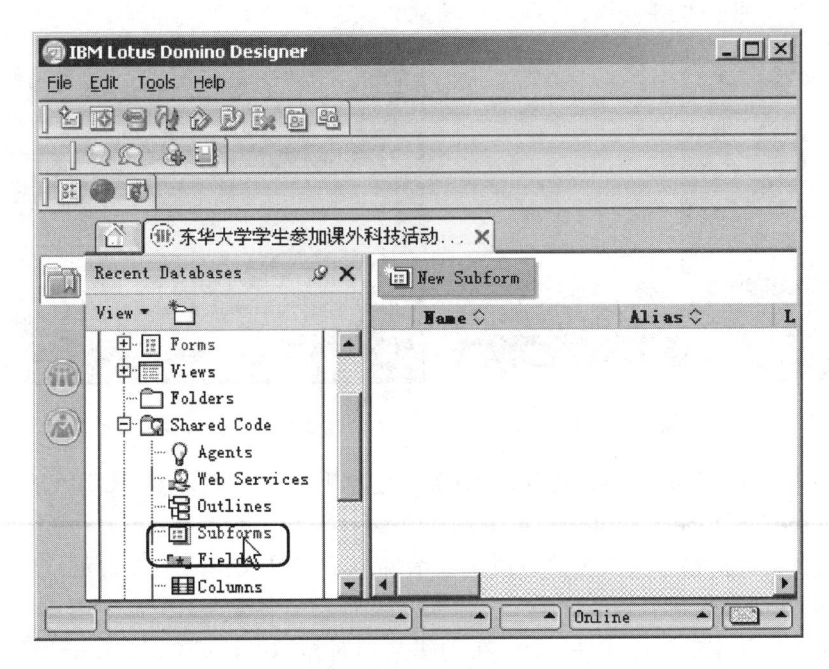

图 5-61 新建子表单

① 选择要加入新子表单的数据库并单击"Shared Code"→"Subforms"。

② 单击"New Subform"按钮。
③ 使用创建表单的相同元素创建子表单。
④ 选择"Design"→"Subform Properties"。
⑤ 输入新子表单名称。
⑥ 选择子表单的显示选项。
⑦ 关闭并保存子表单。

注意：子表单的显示选项，以下选项不适用于计算的子表单。

如果选择"Include in Insert Subform..."选项，则设计者在执行插入子表单的操作时可以看到它。不选择此选项并不是一种安全的措施。具有"设计者"或更高存取级别的用户可以打开 Designer 中的任何子表单，还可以拷贝单独的组件。如果要使该子表单选择"Create"→"Design"→"Form..."时立刻出现，请选择"包含在'New Form'对话框中"。

(2) 在表单中显示子表单

① 插入子表单：打开表单；单击要粘贴子表单的位置；选择"Create"→"Resource"→"Insert Subform..."（如图 5-62 所示）；选择所需的子表单，然后单击"OK"（如图 5-63 所示）。

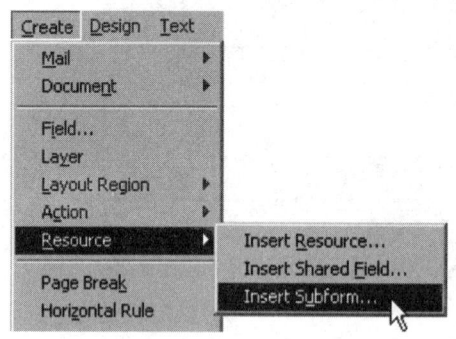

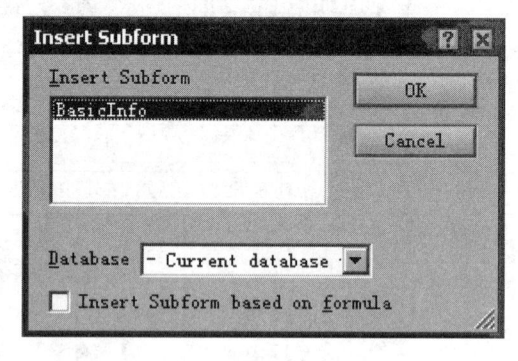

图 5-62 插入子表单　　图 5-63 选择插入的子表单

② 显示计算的子表单：打开表单；单击要粘贴子表单的位置；选择"Create"→"Resource"→"Insert Subform..."；选择"Insert Subform based on formula"；单击"OK"；在设计窗格中输入公式以决定显示哪个子表单（如图 5-64 所示）；然后，关闭、命名并保存表单。

在学生基本信息表单中，希望在创建文档时显示"NewDocSubform"子表单，而在打开已保存文档时显示"SavedDocSubform"子表单。每个子表单包含不同的域和图形。这种情况下"插入子表单"的公式为：

@If(@IsNewDoc;"NewDocSubform";"SavedDocSubform");

图 5-64　使用公式插入子表单

在文档打开时不能刷新子表单公式。

(3) 删除子表单

当用户打开涉及已删除的子表单的文档时,在状态条上将显示"子表单:没有装载〈子表单名称〉"的消息。当设计者单击表单中已删除的子表单区域时,将显示"无效或文档不存在"的消息,而且设计者将无法打开该子表单。要避免这些消息,请在数据库中再添加一个子表单并使用已删除的子表单名称为其命名。

① 从表单中删除子表单

可以从一个单独的表单中删除子表单,而不会影响其他使用该子表单的表单。

　A. 单击表单中的子表单区域。

　B. 选择菜单"Edit"→"Delete"。

　C. 如果需要的话,可以调整格式。

② 从数据库中删除子表单

可以从数据库中删除子表单的所有实例。但是这可能会导致所有涉及该子表单的表单出错。

A. 在数据库的设计列表中，单击"Shared Code"→"Subforms"。
　　B. 选择"Edit"→"Delete"。

5.2.5　视图和文件夹

1. 视图概述

视图是文档的排序或分类列表，是对存储在数据库中的数据进行访问的入口。每个数据库必须包含至少一个视图，且大多数数据库都包含多个视图。

以下是设计视图时的一般步骤：

① 创建视图前需考虑的方面

　　A. 视图样式是标准视图还是日历视图。

　　B. 视图类型（共享、私有及其他）。

　　C. 是否将在 Web 页面上显示视图。如果是，可能应考虑在表单、子表单、页面或文档中创建嵌入视图或者考虑创建视图小程序或嵌入视图小程序。

　　D. 视图中的分类。

② 通过在 Designer 中单击"New View"按钮创建视图。

③ 命名视图。

④ 给视图添加列。

⑤ 通过编写视图文档选择公式设置哪些文档将在视图中显示。

⑥ 通过安排列的值设置每个列中显示的内容。

⑦ 设置列的排序顺序。

⑧ 设置视图、行和列的样式。

⑨ 关闭并保存视图。

除了可以创建视图以外，还可以创建文件夹。文件夹可存放相关的文档或文档群组。文件夹的设计元素同视图一样，其设计方法也与视图相同，用与嵌入视图相同的方式嵌入文件夹窗格。关于设计文件夹的详细信息，请参阅 Notes 8.0 客户机帮助。

2. 标准视图

标准大纲视图是数据库的内容表格，也是最普通的视图类型。它按行和列来组织文档。每一列都显示关于文档的一类信息，例如，文档的作者或创建日期。每一行都显示从一个文档中选定的信息片断。视图中的一列通常是组织元素，例如，标题为"日期"的列可能按年代顺序组织文档。在讨论数据库中，可能使用列标题"主题"来显示视图中每个文档的"主题"域内容。在跟踪数据库中，则可能是消费者或产品的名称。

下面是通过 IE 和通过 Notes 显示的视图效果。

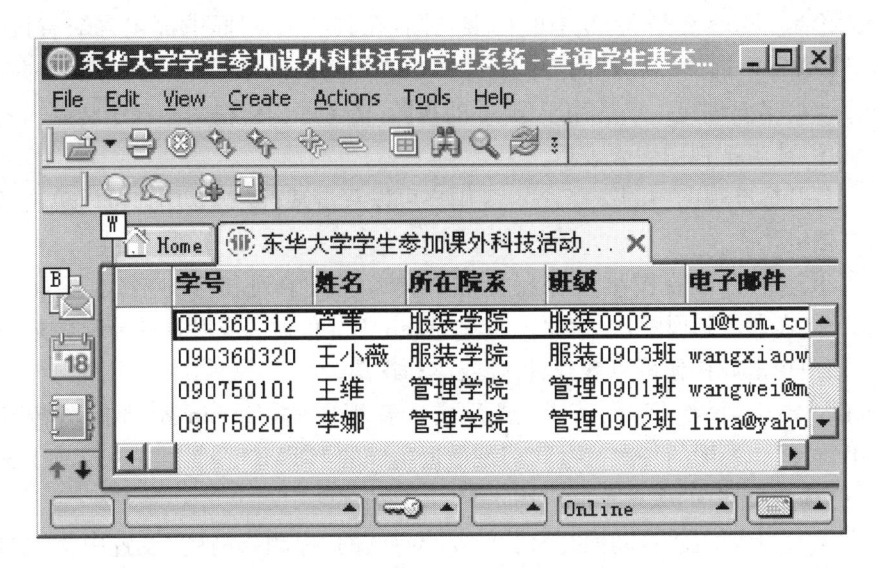

第 5 章　Lotus Domino Designer 办公环境定制

图 5-65　查看学生基本信息的视图

图 5-66　浏览器中的学生基本信息视图

无论是 Notes 还是 Web 中的标准视图,在其"View"框中都包含缺省设置。例如,在"View"框的"高级"附签 ☎ 中,在"Web 访问"区段中的复选框都没有被选中。如果要创建一个适用于 Web 的视图,请考虑创建视图小程序和嵌入式视图小程序,或者把视图嵌入表单。

要打开标准视图中的文档,Notes 用户可以双击某行;Web 用户可以单击某列中的文档链接。

Web 中的标准视图继续保持标准 Notes 视图中列和行的格式(除非使用 HTML 格式来定制视图)。除此之外,在 Web 中屏幕顶端或底端的导航栏还包含按钮,用户单击此按钮可以展开、折叠或滚动视图。

在 Web 上,每次打开、滚动、展开或折叠视图时,Domin 都将视图转换为 HTML 页面。视图的每次"快照"都是最近生成的 HTML 页面。在 Notes 上的视图中的"选定文档"的概念不能应用于 Web 上的视图中。

在 Web 上要阻止自动换行,请在"View"框的"标题条高度"设置中指定"1"。Domino 将这种设置转换为 NOWRAP HTML 属性。指定大于 1 的数将导致 Web 中的自动换行。对于"文档行高度"设置也是如此。

3. 共享和私有视图

在创建视图时指定视图类型,而后便不能更改该视图类型。此外,可以创建由"共享"变成"首次使用时私有"的视图。

(1) 共享视图

共享视图可供任何至少具有数据库"读者"存取级别的用户使用。为数据库设计的大部分视图都是共享视图。有"设计者"和"管理者"存取级别的用户可以创建共享视图。如果管理员在存取控制列表中为某个"编辑者"选择了"创建个人文件夹/视图",那么这个编辑者也可以创建共享视图。

① 共享,包含不在任何文件夹中的文档

如果通常将文档归档在文件夹中,则"共享,包含不在任何文件夹中的文档"视图将十分有用。在该视图中,可以很容易地查找那些不在文件夹中的文档。

② 共享,包含已删除文档

"共享,包含删除文档"视图允许查看数据库中已删除的文档列表。若想恢复已删除的文档,可将它们从废纸篓拖到希望放置它们的文件夹中。此视图假定数据库管理者已经在"Database"属性框的"高级"附签 ☎ 上选定了"Allow soft deletions"。"Allow soft deletions"属性使删除的文档在设定的时间内保留在数据库中而不被永久删除。设置的小时数由数据库管理者在"Database"框的"高级"附签中设定。超过设定时间,将从数据库中永久删除文档。

③ 第一次使用时共享或单独使用视图

"共享,首次使用时私有"的视图起初是共享视图,一旦有用户访问并保存了这个视图,它就成为一个私有视图。这类视图提供了一种简便的方法,将定制的个人视图发布给多个用户。通常情况下,使用"@UserName"创建这种类型的视图来为每个用户定制显示的内容。

在用户保存了"共享到私有"视图之后,用户的视图拷贝就不再继承设计的更改。例如,若在视图中添加了列,拥有该视图私有版本的用户却不能看到新建的列。要获得设计更改,用户必须删除视图的私有版本,然后再次打开"共享到私有"视图。由于不能保护数据,"共享到私有"视图并不是一种安全措施。若创建删除了特定文档的"共享到私有"视图,那么别的用户还可以创建私有视图以包含那些文档。

只要被共享,"共享到私有"视图就会被保存在数据库中。在第一次使用之后,Domino 根据"创建个人文件夹/视图"选项决定在何处保存视图。

④ "共享,第一次使用时桌面私有"视图

如果不希望将"共享到私有"视图保存在数据库中,而是保存在用户的"desktop.dsk"文件中,那么在创建视图时,选择"共享,第一次使用时桌面私有"作为视图类型。

(2) 私有视图

通过选择"Create"→"View..."创建私有视图,用户可以按照自己的意愿组织文档。如果用户在存取控制列表中被指定了"创建个人文件夹/视图"的权限,那么私有视图将存储在数据库中;否则,私有视图将存储在用户的个人工作台文件(desktop.dsk)中。

Web 不支持私有视图。

4. 创建标准视图

要设计视图,必须在数据库存取控制列表中有"设计者"存取级别。

① 打开一个数据库。

② 在"设计"窗格中单击"Views"。

③ 单击"工作"窗格上的"New View"按钮,则出现"Create View"对话框。

④ 在"View name"域中为视图输入名称。

⑤ 在"View type"域中选择"视图类型"。

⑥ 在"Select a location for the new"域中选择一个位置。

⑦ 如果希望视图出现在顶层,请不要在该域中做任何选择。否则,单击希望在其下显示新视图的视图名称。

⑧ 单击"Copy Form..."按钮。

⑨ 如果不希望拷贝另一视图的样式,可单击"－Blank－"。否则,单击要拷贝其样式的视图。如果使用公式选择样式,则视图的选择公式出现在"Selection Conditions"域中。

⑩ (可选)可以使用"Add Connection..."按钮以及"公式"窗口按钮进一步精制视图的选择标准。

⑪ 单击"OK"以创建新视图。

⑫ 双击"视图"列表中的新视图名称打开此新视图。

⑬ "Column"对话框也同时自动打开,并选中所选视图的第一列。

⑭ 在"列信息"附签 ![] 中,通过在"Title"域输入名称来给出列标题。也可以在此附签中指定列的其他属性。

⑮ 单击"列标题"附签 ![] 以确定列标题的字体、大小、颜色和对齐方式。单击"字体"附签 ![] 对显示在列中的各种值执行相同的操作。

⑯ 选择添加其他列

A. 选择"Create"→"Insert New Column...",在突出显示的列的左侧插入新列。

B. 选择"Create"→"Append New Column...",在所有现有列的后面追加新列。

⑰ 单击"工作"窗格中的每一列。在"编程"窗格中,添加编程以确定列值。例如,某一列可以列出每个文档的创建日期或大小。

⑱ 选择"Design"→"View"并单击"样式"附签 ![] 设计视图的样式。

⑲ 单击每一列,并选择"Design"→"Column"设计列样式。单击"标题"附签 ![] 以确定文档标题的字体、颜色和对齐方式。单击"字体"附签 ![] 对显示在列中的各种值执行相同的操作。

⑳ 关闭并保存此视图。

在这里我们创建一个共享视图名称为"学生列表",包含七列:学号、姓名、班级、姓名拼音、电子邮件、状态以及是否注册 NotesID 等。

5. 命名视图和文件夹

在"View"菜单中和文件夹窗格(除非视图被隐藏)中,Notes 用户可以看到为视图或文件夹选择的名称。Web 用户可以在"视图"列表中看到视图名称。视图名区分大小写,可以是包括字母、数字、空格和标点在内的字符的任意组合。包括所有别名的完整视图名最多可以有 64 个字符。

第 5 章 Lotus Domino Designer 办公环境定制

图 5-67 创建视图

（1）命名提示

在 Notes 的"View"菜单和 Web 的视图列表中，视图按字母顺序显示。要强制视图名以不同的顺序显示，则可用数字或字母编号视图来实现。例如：

① Zebra。

② Antelope。

如果名称以连字符（—）开头，那么名称出现在数字和字母前。如果可能，可为视图指定一个能说明文档如何排序的名称，例如，"按公司名称"或"按分类"，或者指定包含哪些文档，例如，"新客户"。在数据库中使用一致的名称，方便用户辨认视图。

（2）别名

别名是特定视图或文件夹的另一个名称或同义名。可使用别名更改或转换视图名称，而不会导致引用该视图的查找公式停止工作。别名遵循与视图名相同的命名规则。

在"视图或文件夹属性"框中"信息"附签 的"别名"域中输入别名，使用"|"（竖线）符号分隔。用户可以输入多个别名，但必须确保将原始的别名放在最右边。

（3）Main View | Top View | View1

竖线右边的名称就是视图的别名。

我们前面创建的视图名称是"考生列表",别名是"SudentList"。

(4) 更改视图或文件夹名称

可以在"视图或文件夹属性"对话框中编辑"视图"或"文件夹"的名称或别名。如果更改了视图或文件夹的名称,请拷贝原来的名称,然后粘贴到"别名"框的其他别名前面,它们之间以"|"作为分隔符。

例如,"学生列表"视图是按照学号排序的,那么可以给视图增加一个名称"StudentListByNo",那么在"别名"框中输入"StudentListByNo| SudentList"。

(5) 隐藏视图

如果用括号将视图名称括起来,例如(All),那么 Notes 用户在 Notes"查看",菜单和文件夹窗格中将看不到这个视图,Web 用户或 Notes 用户在文件夹和视图列表中也看不到这个视图。

(6) 层叠视图

创建层叠视图可以将视图列表排列到层次结构中。通过这种方法,相关菜单项就会被组织在一个条目中,用户单击上一级名称来显示层叠的列表。若视图列表相当冗长或者有应合成一组的相关视图时,很可能要选用层叠视图。

如果希望创建层叠视图,则请输入将显示在"查看"菜单中的名称,后面紧接着加反斜杠(\),然后在反斜杠后面输入视图名称。例如,"个人通讯录"模板有两个与服务器相关的视图:

Server\Certificates

Server\Connections

6. 视图属性

在 Designer 中打开一个视图后,在工具栏上单击图标⚙或者◇就会显示视图属性对话框。

(1) 视图信息附签

指定视图的名称,别名和注释,确定视图的样式是标准大纲视图还是日历视图。见图 5-68。

图 5-68 视图名称

(2) 选项附签

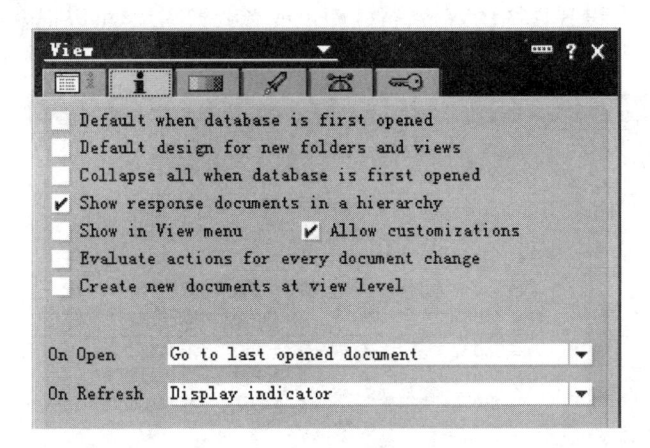

图 5-69 视图选项

① "Default when database is first opened"：缺省视图是第一次打开数据库时显示的视图，每个数据库都有一个缺省视图，在视图列表中有一个图标➡。此选项可以把当前视图作为数据库的缺省视图。

② "Default design for new folders and views"：以后创建的视图可以此视图为模板创建。

③ "Collapse all when database is first opened"：如果此视图是一个分类视图，启用后打开视图只能看到分类名称。

④ "Show response documents in a hierarchy"：存在答复文档才有效，答复文档在视图中以缩进的方式显示。

⑤ "Evaluate actions for every document change"：视图上的操作会随文档变化而变化。

⑥ "Create new documents at view level"：在视图的行上直接创建文档，无须打开表单。

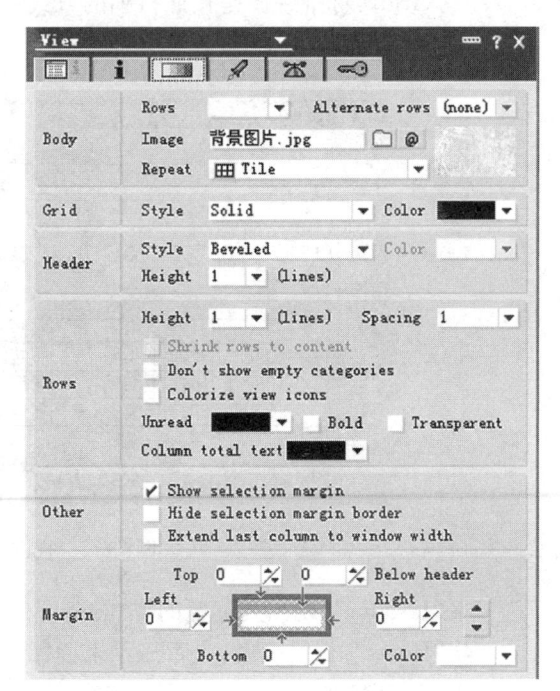

图 5-70 视图样式

(3) 样式附签

① "Body"：设置视图的背景，行的颜色或者背景图片，可以把公司的图标作为背景。

图 5-71 视图背景

② "Grid"：标准视图是按照行列的方式显示的，列之间一般没有分割线，使用网格后显示成表格的形式。

图 5-72 视图网格

③ "Header"：视图列标题的样式。

④ "Rows"：行的高度，是否显示未读标记等。

(4) 启动附签

视图自动显示在帧结构中。

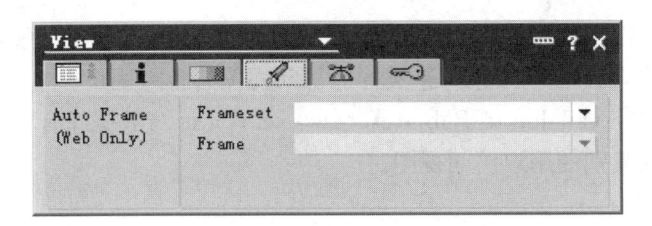

第5章　Lotus Domino Designer 办公环境定制

图 5-73　视图启动属性

（5）高级附签

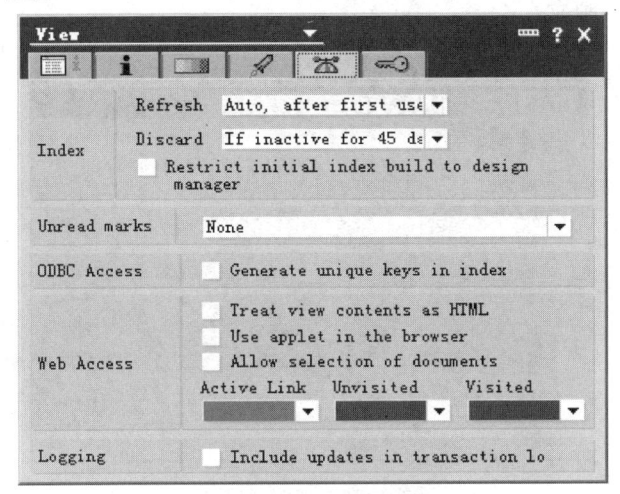

图 5-74　视图的高级属性

可以对视图的索引，未读标记等做出设置。还可以设置视图的 Web 访问属性，控制视图在 Web 中的表现方式。

（6）安全附签

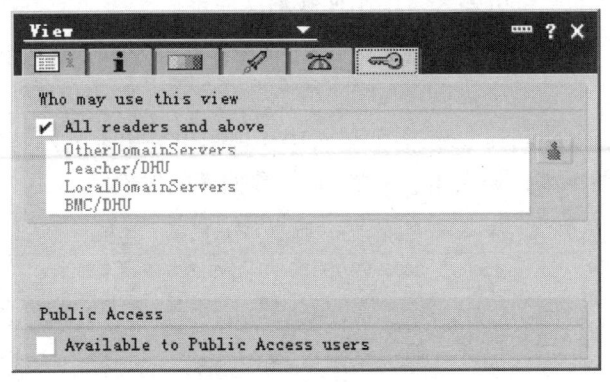

图 5-75　视图安全性

设置使用视图的用户级别,缺省情况是对数据库具有"读者"存取级别以上的用户都可以访问。也可以通过 ![] 选择能访问视图的特定用户。

通过启用"Available to Public Access users"允许对数据库有"不能存取"或者"存放者"存取级别的用户访问视图。

7. 列属性

在 Designer 中打开一个视图,选择其中一列,在工具栏上单击图标![]或者![]就会显示列属性对话框。

(1) 列信息附签

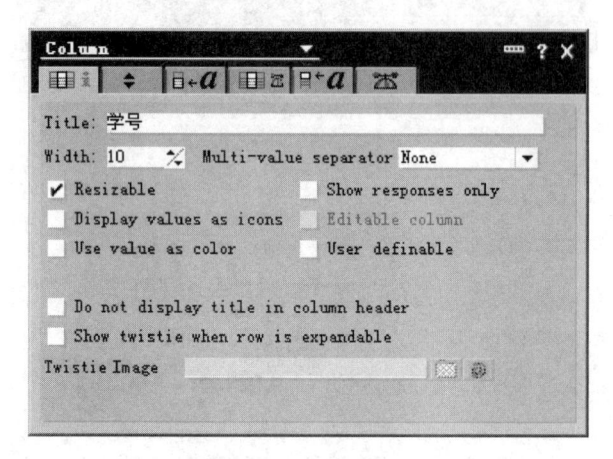

图 5-76 视图列信息

① "Title":设置列的标题的内容。

② "Width":列的宽度,如果有的列内容比较多,可以设宽一点。

③ "Multi_value spearator":如果列显示的内容包含多个值,显示多值分隔符。

④ "Resizable":可以在 Notes 中调整列的宽度。

⑤ "Show responses only":如果视图中有答复文档,设置这个列专门显示答复文档的内容。

⑥ "Display value as icons":如果希望在视图中突出地显示特定类型的文档,可在列中显示图标来代替文本。例如,邮件数据库的发件箱。

图 5-77 列显示为图标

图标列有两个必要条件：

A. 选择了"Display values as icons"这个列属性。

B. 在列中使用公式,生成与希望显示的图标相关的数字。

下列公式判断文档是否含有附件,如有,则显示附件图标(数字5)：

@If(@Attachments; 5; 0)

若要将列保留为空,那么可使用数字0表示"false"的情况。这样当文档中不包含附件的时候,上面的公式返回0,列中不做任何显示。

显示图标的列不能再显示其他内容,例如,表示可展开分类列的加号(＋)。

下图显示了数字和图表的对应关系。

图 5-78 列图表的编号

除了这些预定义图标外还可以使用自定义图标。在数据库中创建图像资源,在列的值公式返回对象资源的名称。支持三种类型的图像:bmp，jpg，gif。

A. "Editable colamn":可以在视图中直接修改列的值。

B. "Use valueas color":启用此选项,把列的值作为颜色的值。此列后面的列都用此颜色显示。

C. "Do not display title in column header":隐藏列标题。

D. "Show twistie When now is expandale":如果这一列是分类列,显示展看标记,可以自定义展开标记。

（2）排序附签

① "Sort":对列进行排序,可以指定升序还是降序,排序依据当前的字符集。

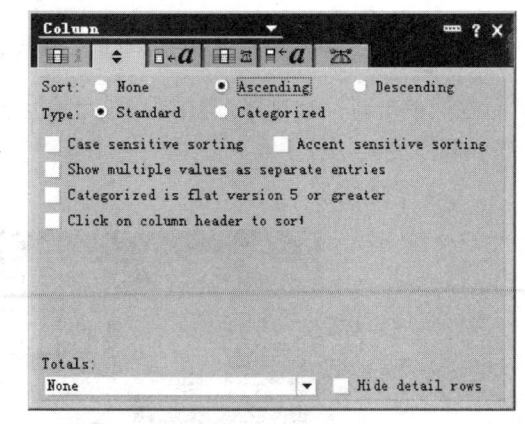

图 5-79 排序列

② "Type":如果选择"Categorized"创建分类视图,相同的值只显示一行。以

"学生基本信息查询"为例,按分类视图第一列(学院)的属性设置如下:

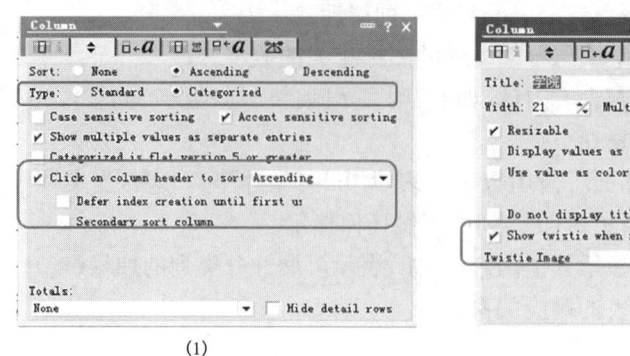

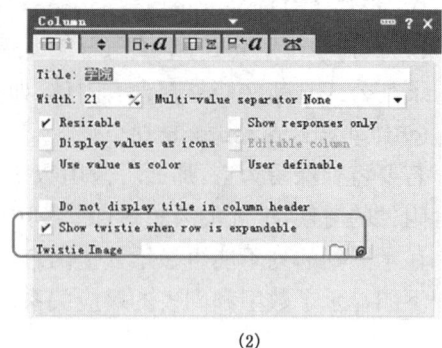

(1) (2)

图 5-80 列分类

分类视图,需要完成以下步骤:

A. 选择了分类的列,将其 Type 选择为"Categorized"。
B. 选中"click on column header to sort"。
C. 选中"show twistie when row is expandable"。

在 Notes 中的显示效果如下:有两个分类,前面有展开标记。

图 5-81 查看分类视图

③ 单击列标题排序:启用后,列标题上会有上下箭头 学号 ◇ ,单击可以在升序和降序之间切换。

(3) 字体附签

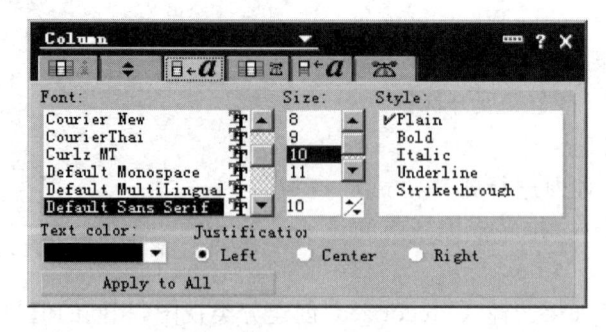

图 5-82 列格式

设置列的内容的字体、大小、对齐方式等。最下面的按钮"Apply to All"可以把所有的列都设置成相同的格式。

（4）高级样式附签

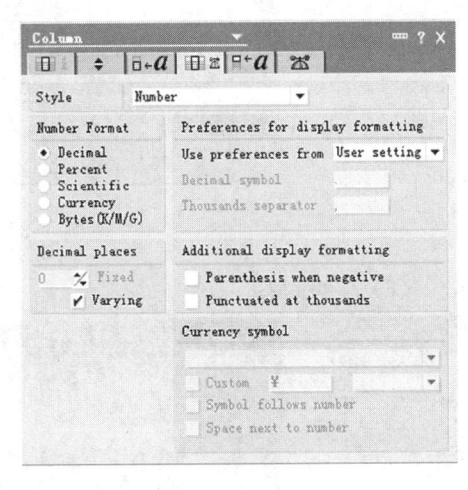

图 5-83　列的样式

图 5-84　列中显示数字

列的值在显示的时候，可以针对数字、日期、名称等设置显示格式。

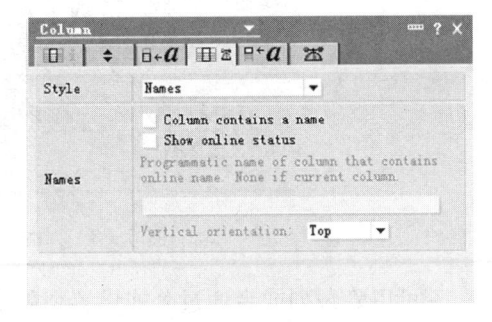

图 5-85　列中显示日期

图 5-86　列中显示名称

（5）标题附签

设置列标题的字体、大小、对齐方式等。最下面的按钮"Apply to All"可以把所有的列都设置成相同的格式。见图 5-87。

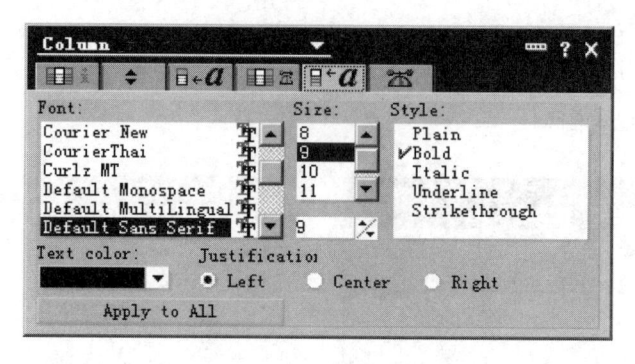

图 5-87 列的标题

（6）高级附签

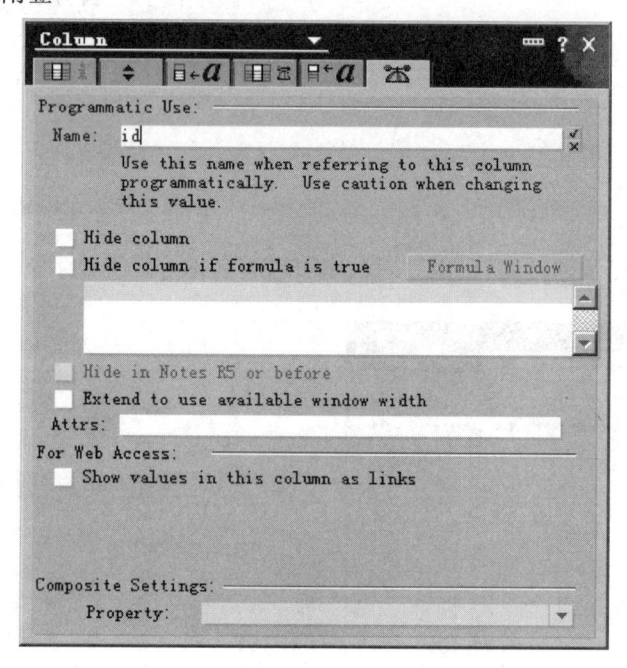

图 5-88 列的高级属性——隐藏

可以隐藏列或者通过公式设置列隐藏，这样用户进入后看不到该列。在 Web 中显示视图时，把列显示为链接，连接到文档。

5.2.6 导航与帧结构集

1. 创建大纲

大纲如图像映射或导航器一样，为用户提供了一种导航应用程序的方法，就像

一本书的目录。与图像映射或导航器不同的是，使用大纲可以只在一个位置维护导航结构。当位置或应用程序改变时，只在源大纲中进行一次更改即可。各个使用此大纲源的导航结构将自动更新。

可以创建一个大纲，该大纲允许用户导航到数据库中的视图和文件夹、执行操作或链接到应用程序之外的其他元素或URL。可以创建一个大纲，使其导航全部的应用程序或站点，或导航其中一部分。

如果创建了源大纲，则可以将其嵌入页面或表单来创建大纲控制。这样大纲就会作为站点映射或导航结构显示给用户。用户可以通过单击大纲项达到目的地。

要创建使用大纲的导航结构，请执行如下步骤：
① 新建空白或缺省大纲。
② 为希望显示给用户的跳转或操作创建大纲项目。
③ 将大纲嵌入表单、页面或文档的RTF文本域中。
④ 格式化嵌入式大纲的显示。
⑤（可选）将嵌入式大纲包括在帧结构集中。

大纲的一些重要特性包括：

大纲可以提供很强的设计灵活性。用户可以定制项目的显示方式和创建分层结构的不同级别，并且还可以使用帧结构集来包含多个大纲，这些大纲用于启动目标帧结构中的链接。

大纲可以定制。可以添加逻辑语言来控制大纲项在Notes客户机或Web浏览器中的显示方式。

可以从头开始创建大纲，也可以生成缺省大纲。如果要使用大纲帮助设计应用程序，则可以在设计实际的设计元素前创建大纲项。首先，新建一个大纲，然后为计划包括在导航器或站点图中的每个元素添加项目。对于作为应用程序或站点一部分的任何元素，例如，到页面、文档、视图、文件夹、Web页面或其他Domino数据库的跳转，都可以为其包括大纲项。大纲项显示应用程序或导航结构的每一页或计划显示的页面。大纲项还可以是可单击的操作，或者是组织其他项目的顶层分类。可以为项目选择显示的图标。可以将应用程序组织为多个单元，然后创建多个大纲分别显示应用程序的不同部分。

2. 创建大纲

如果已经创建了所有的设计元素，或正在使用由模板创建的数据库，可以首先创建一个缺省的大纲，然后进行定制。

（1）从头新建大纲

① 单击"Design"窗格中的"Shared Code"→"Outline"。

② 单击"New Outline"按钮。
③ 为希望包括在大纲中的每个设计元素、操作或链接添加大纲项。
④ 保存并命名大纲。

(2) 创建缺省大纲

缺省大纲为数据库中的所有视图和文件夹创建大纲项。此外，缺省大纲还包括以下占位符："其他视图"、"其他文件夹"、"其他私有视图"和"其他个人文件夹"。

① 新建大纲。
② 单击"Generate Default Outline"按钮。

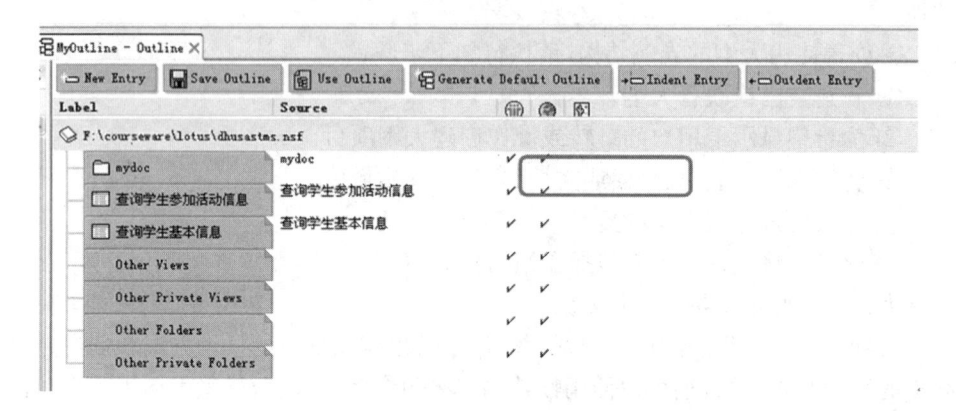

图 5-89　创建大纲

(3) 将新大纲项添加到大纲中

① 打开或创建大纲。
② 单击"New Entry"按钮。
③ 在"Outline Entry"属性框中，输入希望在大纲中显示的标签。例如，"主页"或"主视图"。
④ 在"Content"域中，输入元素类型。

A. 无：使用此类型可以创建嵌套项目的最高级别的分类。

B. 操作：如果要使大纲项执行诸如打开或创建文档之类的操作时选择此选项。要输入操作，请单击@按钮，然后使用公式语言输入公式。

C. 链接：例如，定位、文档、视图或数据库链接。

D. 命名元素：例如，页面、表单或视图。

E. 如果为已命名但尚不存在的元素创建链接，Designer 将提示您稍后需要创建元素。

F. URL：输入包括协议的完整的 URL。例如，http://www.lotus.com。

第 5 章　Lotus Domino Designer 办公环境定制

⑤（可选）为大纲项输入别名。如果在公式中引用大纲项，则别名将十分有用。

⑥（可选）为跳转或操作输入目标帧结构。

⑦（可选）在"隐藏项"附签中可以设置大纲项目的隐藏条件。

如果还没有创建帧结构集，则可以输入计划在帧结构集中使用的名称，或创建帧结构集后再添加此项目。

在为要包括在应用程序中的元素创建了大纲项后，就可以重新安排元素或创建元素之间的层次结构。大纲项在大纲中的顺序将在嵌入大纲控件中反映出来。

(4) 将大纲插入空白页面中

大纲要作为导航，嵌入帧结构集中使用，需要将该大纲插入到页面中，例如，创建空白页面，在该页面插入已创建的大纲"My Outline"。保存该页面命名为"Default Outline Page"，以备帧结构使用。见图 5-90。

图 5-90　插入大纲

3. 帧结构集

帧结构集是帧结构的集合而且可以向 Web 站点或 Notes 数据库添加结构。帧结构是较大的帧结构集窗口的一个区段或窗格，并且可以独立滚动。

帧结构可以包含表单、文件夹、页面、文档、视图、导航器或帧结构集。帧结

构也可以包含 Web 页面并与指定的 URL 关联。帧结构集允许创建链接和并关联帧结构。例如,在用户滚动或链接至其他页面或数据库时可以依旧显示某一个页面。

创建帧结构集的步骤:

① 打开 Designer,并选择"Create"→"Design"→"Frameset...",出现"Create New Frameset"对话框。见图 5-91。

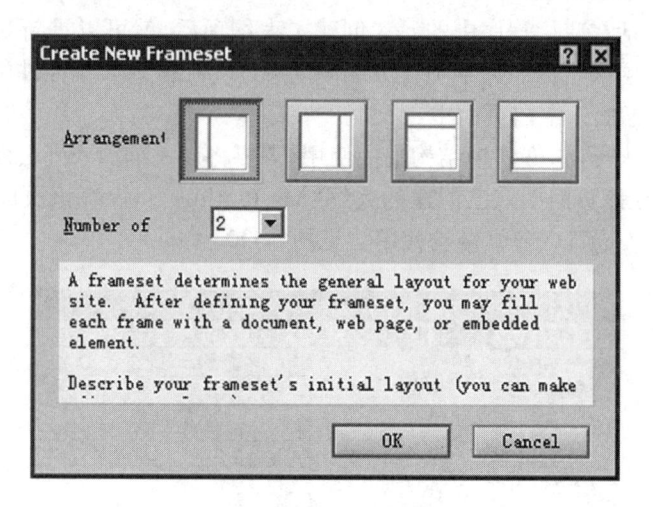

图 5-91 创建帧结构

② 在"Number of"下拉框中,选择 2～4 个帧结构。可以以后调整。

③ 单击"Arrangement"旁的帧结构的一种排列。

④ 单击"OK"。则会显示选择的布局的帧结构集。

⑤ (可选)使用"帧结构"操作按钮,"帧结构"菜单选项或键盘进一步细化帧结构集。可以:

A. 通过选择"Split into Columns"(SHIFT-INSERT 键),垂直分割选定的帧结构。

B. 通过选择"Split into Rows"(INSERT 键),水平分割选定的帧结构。

C. 通过选择"Delete Frame"(CTRL-DELETE 键),删除选定的帧结构。

D. 通过选择"刷新帧结构内容",刷新选定的帧结构的内容。

E. 通过选择"Remove Frame Contents"(DELETE 键),删除选定的帧结构的内容。

F. 通过使用"TAB"键可以在帧结构间循环(SHIFT-TAB 为反向循环)。

⑥ 打开"Frameset Properties"框。在"基本"附签中:

第 5 章　Lotus Domino Designer 办公环境定制

图 5-92　命名帧结构集

A. 命名帧结构集。

B. 为帧结构集提供别名。别名是帧结构集的内部名称。使用别名可以更改或转换帧结构集名称，而不会导致引用问题。在"工作"窗格中最初的帧结构集列表中将显示别名。

C. 添加注释。在"工作"窗格中最初的帧结构集列表中将显示注释。

D. 如果希望允许公共访问帧结构集，请选中"Available to public access users"。

E. 可在"Name"域中输入一个标题，或通过单击"Formula Window"并输入公式来使用公式计算帧结构集标题。帧结构集标题是启动帧结构集时，在 Windows 窗口标题栏显示名称。

⑦ 通过使用"Frameset"框向每个帧结构添加内容。

⑧ 如果希望在帧结构集中移动边框，则可以：

A. 使用鼠标拖动边框。

B. 使用"箭头"键按箭头的方向拖动边框，用 SHIFT-箭头键则按相反的方向拖动边框。

⑨ 如果希望预览帧结构集：

A. 在 Web 上预览帧结构集，请选择"帧结构"→"在 Web 浏览器中预览"，并选择浏览器。

B. 如果希望查看 HTML 源，请在"Design"窗格中单击"Other"→"Synopsis…"。在"Design Synopsis"对话框的"Choose Design Element"附签中，选择帧结构集并添加希望查看 HTML 源的帧结构集。确保在"Define Content"附签中选

· 175 ·

中"Include JavaScript and HTML"。

C. 也可以通过在 Web 上预览帧结构集查看 HTML 源,然后使用选择的 Web 浏览器查看源。

D. 如果希望在 Notes 中预览帧结构集,可以在启动数据库时进入帧结构集,或从 Designer 工具栏或"Frame"菜单选择"Preview in Notes"图标。

设计者可以设置帧结构集在数据库、表单或页面打开时自动启动。图 5-93 是设置数据库属性,在数据库打开时自动显示指定的帧结构集。

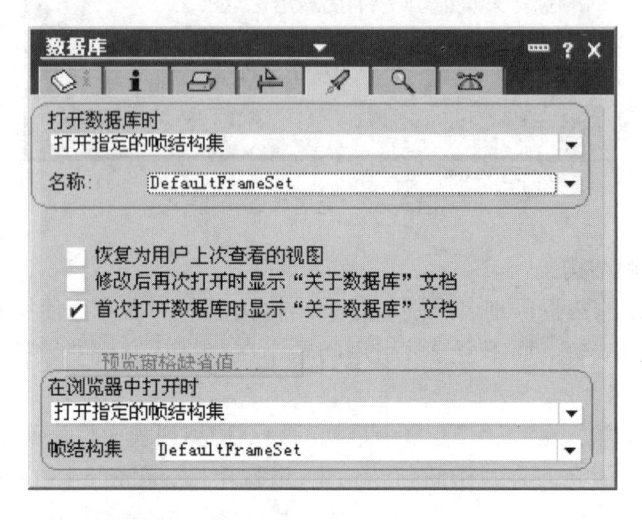

图 5-93 设置数据库启动使用帧结构集

4. 为帧结构提供内容

首次创建帧结构集时,在每个帧结构中显示文本"No content"。为了向帧结构集中的帧结构提供内容,可以执行下列操作:

① 在帧结构集中选择帧结构。

② 选择"Frame"→"Frame Properties"。

③ 在"基本"附签 [i] 为帧结构提供名称。

确保每个帧结构有唯一的名称。建议不要在不同的帧结构集中使用相同的帧结构名称。例如,如果在多个帧结构集中有名称为 Content 的帧结构,则将其设置为目标帧结构时可能得到想象不到的结果。

注意:不应该使用 HTML 预先定义的目标名称来命名帧结构(_self、_top、_parent 和 _blank)。

④ 在"Type"域中,选择下列方式中的一种为帧结构提供内容:

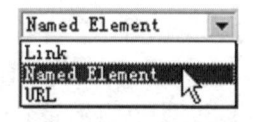

图 5-94 帧结构内容类型

A. "Link"：链接要求将已经拷贝至"剪切板"的链接粘贴进来。单击"粘贴"图标将链接粘贴进来。从剪贴板中可以粘贴三种链接："视图"、"文档"或"定位"（帧结构集中不支持数据库链接）。关于链接的详细信息，请参阅 Designer 帮助添加链接。

B. "Named Element"：命名元素是指已经创建并命名的设计元素。已命名的元素可以为页面、表单、帧结构集、视图、文件夹或导航器。

输入一个值（例如，如果已经创建了名称为"PAGE1"的页面，则请在"Value"域中输入此名）。也可以选择单击下列图标之一：公式图标(@)使用公式以求得帧结构名称；"粘贴"图标将以前拷贝到"剪贴板"上的名称粘贴进来；"文件夹"图标打开"Locate Object"对话框并从元素列表中选择设计元素。

如果选择"Named Element"→"View"→"Folder"，则会出现"Basic simple appearance"。如果选中此选项，则当视图或文件夹被载入帧结构时，"View"操作条被隐藏。

如果需要 Web 上的视图或文件夹，则首先考虑在页面或表单上嵌入视图或文件夹。如果选择使嵌入的视图成为嵌入的视图小程序，则保留了大多数的 HTML 视图功能性并提供了诸如可调整大小列、多文档选择和滚动等新功能。

C. "URL"：如果希望把 Web 页面放入帧结构，可选择"URL"并输入完整的"URL"（例如，http://www.lotus.com）。也可以粘贴"URL"或使用公式来求得"URL"。如果指定的"URL"不能访问，则会收到一个错误信息。（注意：所有在 Designer 的帧结构集中显示的内容使用自身的 Notes Web 浏览器，即使当前的浏览器是其他浏览器。）

单击 Web 页面中的链接时（在 Notes 客户机或 Web 浏览器中），链接可以在同一个 Web 页面或新窗口中打开，这取决于 Web 页面的设置。

⑤（可选）为当前帧结构中激活的链接输入目标帧结构。本帧结构中的链接将在哪一个帧结构中打开。

例如，要设计带导航的帧结构，如图 5-95 所示。分为两栏的帧结构集中，给右边的帧命名为"Content"，在左边的帧中插入页面"DefaultOutlinePage"，并且设置左边帧的属性，默认目标帧为"Content"。在 Notes 中预览的效果如图 5-96。

图 5-95　帧结构集的内容及目标帧设置

图 5-96　带导航的帧结构集预览

5.2.7　其他设计元素

1. 代理

代理是在一个或多个数据库中执行特定任务的独立程序。代理是自动控制中最灵活的类型。

① 代理可以在前台由用户运行,或者在后台作为定时代理自动运行。

② 代理不能与特定的设计元素相关联。

③ 代理可运行于特定的服务器、多个服务器、工作站或 Web。

④ 代理可以调用其他代理。

⑤ 代理可以由单个操作、公式、LotusScript 或 Java 程序组成。

⑥ 由于代理可以复制,所以很易于分发。

⑦ 代理可以供个人使用或共享。

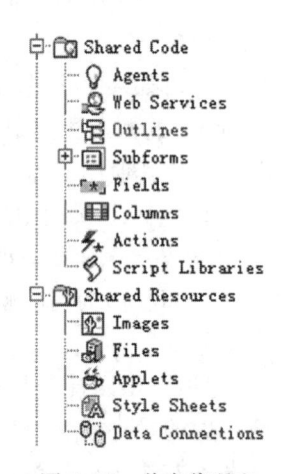

图 5-97　共享代码和共享资源

A. 个人代理由同一用户创建和运行,其他人不能运行个人代理。
B. 共享代理由一个用户创建,其他用户可以运行代理。

因为代理相当灵活和强大,应首先考虑其功能以决定需要构建代理的类型,然后再构建代理。

服务器任务"Agent Manager"支持构建、运行代理以及解答代理问题的所有方面。"Agent Manager"检查安全性、管理代理安排、监视事件并在相关事件发生时启动适当代理、在日志(代理日志)中记录信息并执行数据库操作以运行代理相关的自动任务。虽然不直接使用"Agent Manager",但在构建代理和解答代理问题时要使用其组件。

可在数据库范围和网络域范围的自动任务以及复杂自动任务中使用代理。可以使用代理轻松地访问、处理和管理其他服务器或其他数据库中的数据。

2. 操作

在视图或表单中创建非共享操作,可以为视图或由表单创建的文档中的例程任务提供单击快捷键。操作是视图或表单设计的一部分,并且不存储在单个文档中。也可以在数据库中创建一个共享操作,以便在多个表单和视图中使用。共享操作将作为资源与数据库一起存储。

要构建操作,可以使用以下方法:从列表选择的简单操作、公式、LotusScript、JavaScript。

因为操作可在视图或文档中使用,所以可以在与一组文档相关的任何通用任务中使用它们。例如,可以在以下情况中使用操作:

① 当使用 Web 浏览器访问数据库时,需要替代 Notes 菜单选择的对象。
② 当快捷键表示可单击的按钮。
③ 当自动任务仅与文档的子集相关时。
④ 当用户需要在文档顶部查看所有可用选择。
⑤ 当自动任务不局限于表单的特定区段。
⑥ 如果公式很复杂,并且不希望在每个文档中保存公式。

3. Script 库

创建为整个数据库共享的 LotusScript 程序、JavaScript 程序、Java 程序。

4. 图像

创建在整个数据库中使用的图像资源库。尽管在数据库中使用图像还有其他方法,但是使用图像资源是最有效的,因为使用图像资源只需在一个地方维护图像。如果图像有任何更改,则源文件的更改和刷新将发布到所有引用该图像的地方。

创建图像资源的步骤:

① 展开"设计"窗格中的"Shared Resources"→"Images"。
② 单击"New Image Resource"按钮。
③ 在"文件类型:"列表中选择 gif、bmp 或 jpg。
④ 选择希望包含在图像资源中的一个或多个图形文件。
⑤ 单击"打开"。

图像资源的名称缺省是图像文件的名称,可以修改其名称或者指定别名。

图 5-98　创建图像资源

5. 文件

Domino 允许在数据库设计时,使用非".nsf"文件。统一管理数据库中用到的外部文件。比如用 Dreamweaver 设计的一个"Index.html",然后把共享资源插入到其他地方使用。

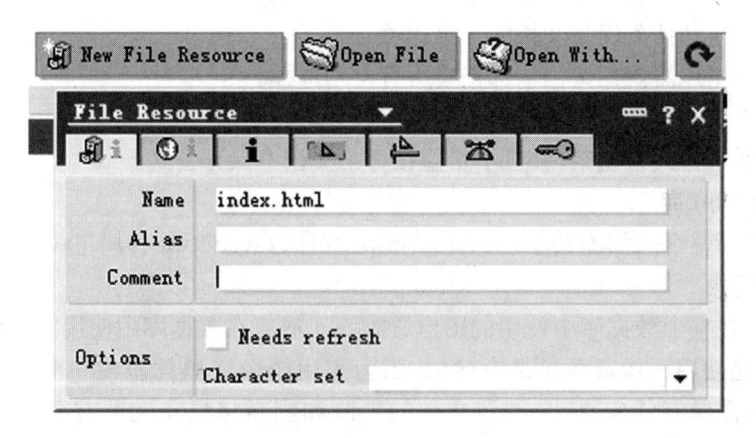

图 5-99　在数据库中创建文件资源

第 5 章　Lotus Domino Designer 办公环境定制

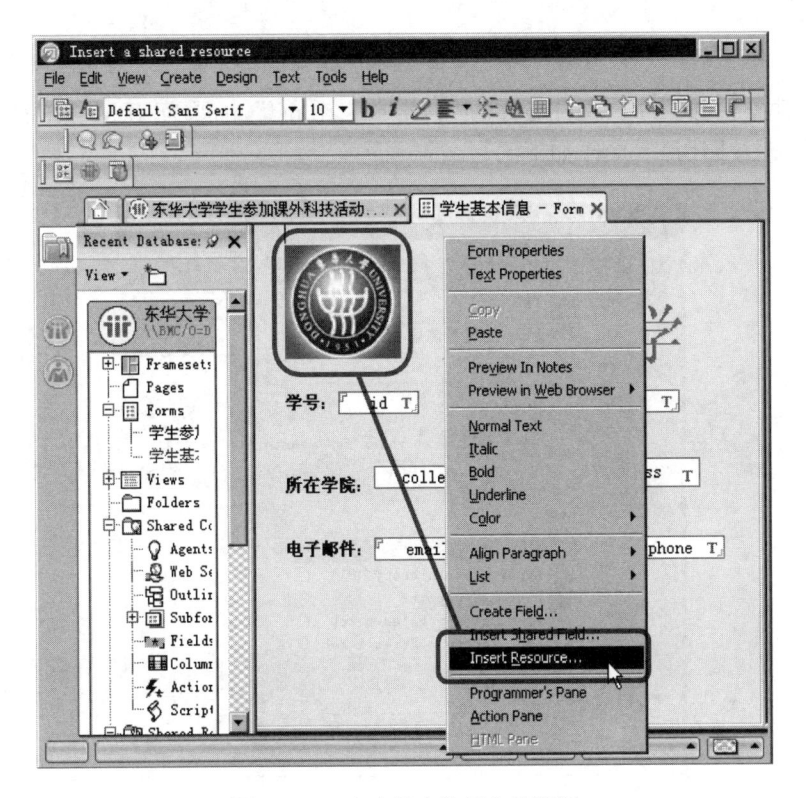

图 5-100　在表单中使用文件资源

6. 小程序

类似文件资源，统一管理数据库用到的小程序。

7. 样式表

类似文件资源，统一管理数据库用到的 CSS。

8. 数据库联接

创建和外部关系数据库的连接。详细请参考"IBM Lotus domino R8.0 handbook"。

5.3　Lotus Domino / Notes 设计元素综合实验

模拟开发一个实际的管理系统"IBM 全球认证管理信息系统"（以下简称"IBM 认证系统"），完成创建数据库、创建表单、创建视图等，最后提交该数据库电子版文档。

5.3.1 数据库设计

创建空白数据库。文件名称为"学号＋姓名.nsf",标题为"IBM全球认证管理信息系统(校园版)",操作如下图。

图 5-101　创建数据库

5.3.2 表单设计

在 Designer 中打开数据库进行设计。设计三个表单,分别收集以下信息:

① 学生基本信息:姓名,姓名拼音,学号,班级,电子邮件,电话,考生类型(两个选项:教师,学生),备注等。

② 考试课程信息:考试课程号,考试课程名称,考试时间,考试地点,负责老师,联系电话等。

③ 认证考试信息:学号,考试课程号,考试时间,考试成绩,考生状态(三个选项:正常,待查,冲突),是否缓考(两个选项:是,否)等。

创建表单的步骤:

首先,创建一个"学生基本信息|StudentInfo"表单,收集学生基本信息。表单的原名是"学生基本信息",别名是"StudentInfo"。在表单的窗口标题公式中写入"考生基本信息",并加英文引号。

1. 创建表格

为了收集考生信息,需要在表单上创建一些域,如果域比较多,格式布局难以控制,一般通过表格进行界面布局。

在表单上创建一个表格。先把光标移到插入表格的位置。然后单击"Create"→"Table"。选择第一种表格类型,行数"5",列数"4",如下图。

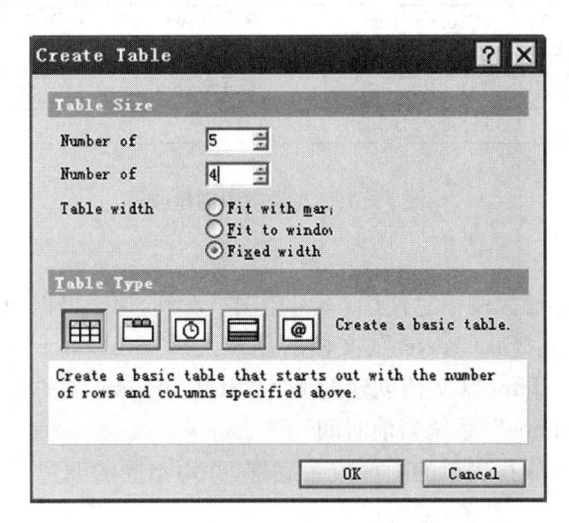

图 5-102　创建嵌套表格

创建后如下图:

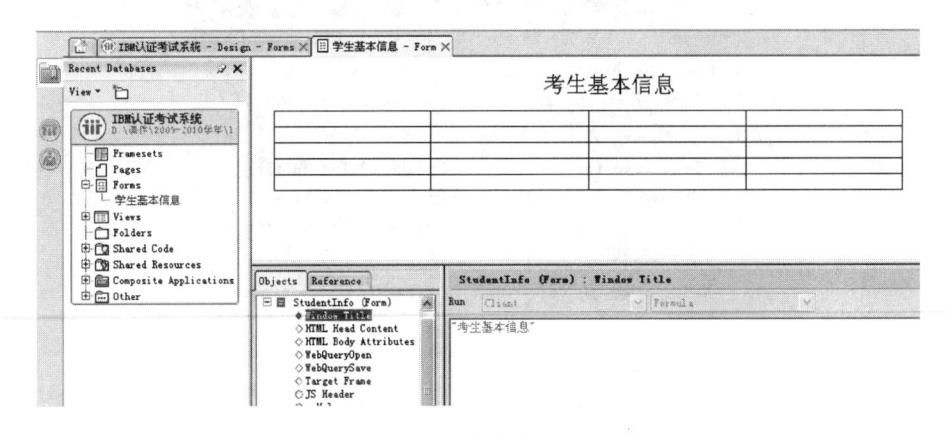

图 5-103　嵌套表格效果

2. 创建域

在表格中添加域,表格的奇数列作为域的标签,偶数列放置域。创建后如

下图。

图 5-104　在表格中创建域

3. 隐藏域

有的域作为存储控制信息使用,不希望用户看到,那么可以把它们隐藏。我们将创建五个隐藏域:"StuCreater"(文档的创建人),"StuEditor"(文档最后一次修改人),"StuCreateTime"(文档创建时间),"StuEditTime"(文档最后一次修改时间),"StuCurrentTime"(系统当前时间)。

一般把隐藏域放在表单的顶部或者底部,并用不同的颜色区分。把这个域设置为 Notes 和 Web 中隐藏,或者设置为文档不同状态下隐藏。例如,阅读状态下隐藏,设置如下图。

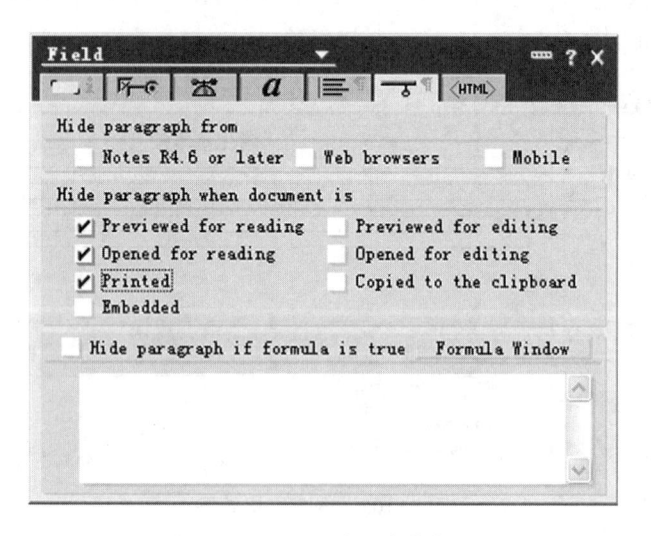

图 5-105　设置域的隐藏条件

设置后如下图:

第 5 章　Lotus Domino Designer 办公环境定制

图 5-106　设置隐藏域的效果图

4．在 Notes 中预览如下

图 5-107　在 Notes 中预览表单和域

5．设计共享域

学号，考试课程号等多个表单都用到的域可考虑"共享域"设计。

① 选择需要共享的域，点击菜单"Design"→"Share This Field"，如下图。

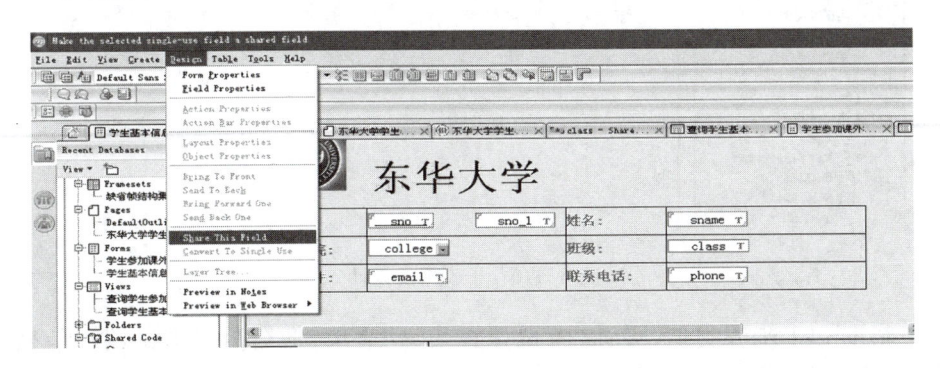

图 5-108　共享域的设计

· 185 ·

② 其他表单，如认证信息表中用到共享域时，可以直接插入该共享域，如下图。

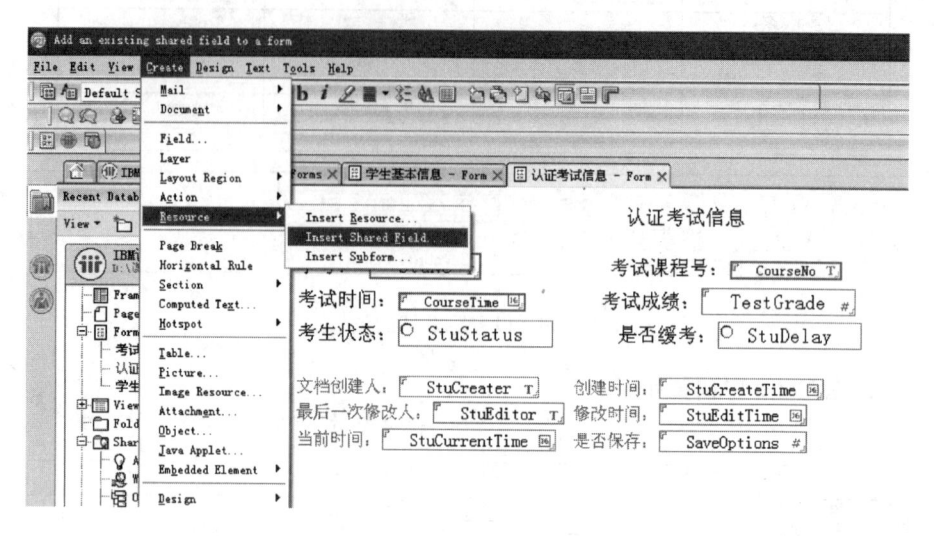

图 5-109　共享域的使用

6. 设计子表单和其他表单

① 隐藏域部分将在三个表单中使用，可考虑用"子表单"设计。新建"Form"，将以上五个隐藏域直接拷贝到 Form 中保存，命名为"DocInfo"。

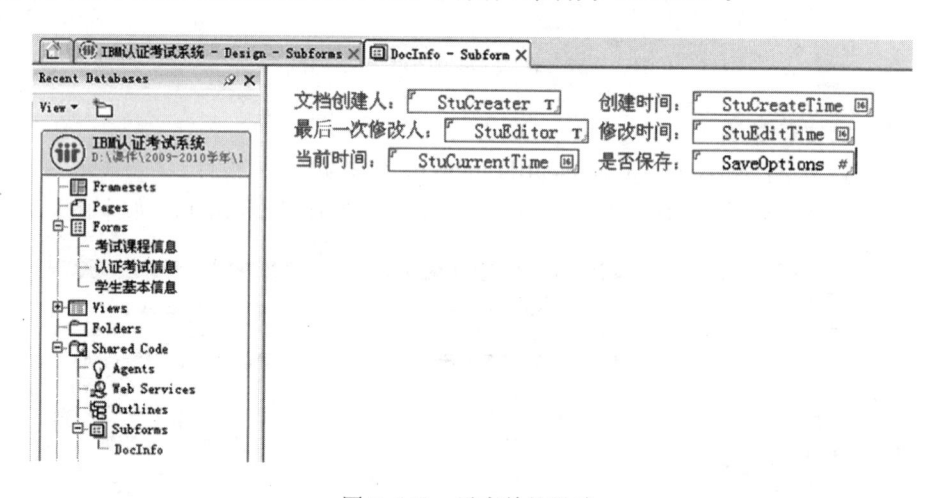

图 5-110　子表单的设计

② 同以上步骤类似，设计"考试课程信息"表单，命名为："考试课程信息|CourseInfo"。录入相关的域，并插入子表单"DocInfo"。设计效果如下图：

考试课程信息

课程号：	CourseNo	课程名称：	CourseName
考试时间：	CourseTime	考试地点：	CourseAdd
负责老师：	Teacher	联系电话：	CourseTel

表单名称： Form　　　　是否保存： SaveOptions
文档创建人： StuCreater　　创建时间： StuCreateTime
最后一次修改人： StuEditor　　修改时间： StuEditTime
当前时间： StuCurrentTime

图 5-111　考试课程信息表单设计界面效果图

③ 同以上步骤类似，设计"认证考试信息"表单，命名为："认证考试信息 | TestInfo"。录入相关的域，并插入子表单"DocInfo"。注意将"Form"属性中"Type"选项设置为"Response"，具体参见 PPT 中 Reponse 表单的设计，设计效果如下图：

认证考试信息

学号：	StuNo	考试课程号：	CourseNo
考试时间：	CourseTime	考试成绩：	TestGrade
考生状态：	StuType	是否缓考：	StuDelay

表单名称： Form　　　　是否保存： SaveOptions
文档创建人： StuCreater　　创建时间： StuCreateTime
最后一次修改人： StuEditor　　修改时间： StuEditTime
当前时间： StuCurrentTime

图 5-112　认证考试信息表单设计界面效果图

5.3.3　视图设计

设计完成后，需要录入相应文档信息（不少于 10 条），然后设计视图浏览文档信息。

1. 标准视图

① 学生信息查询，按所在学院、班级、学号排序，显示学生基本信息。

② 课程信息查询，按考试课程号排序或按考试时间排序，显示课程基本信息。

③ 学生考试信息查询，按"考试号＋学号排序"，显示考生状态、学号、考试课程号、考试时间、成绩、是否缓考等。

2. 分类视图

按班级分组，同一班级按学号排序，显示学生基本信息。

3. 层次视图

按考生类型分组，按考生学号、姓名、考试课程号、考试成绩、考生状态、是否缓考等学生考试信息。

5.3.4 创建大纲和帧结构集

1. 创建大纲

如果已经创建了所有的设计元素，或正在使用由模板创建的数据库，可以首先创建一个缺省的大纲，然后进行定制。

① 单击"Design"→"Shared Code"→"Outlines"。

② 单击"New Outline"按钮。

③ 单击"Generate Default Outline"按钮。

④ 点击"Save"，保存大纲，命名为"myoutline"。

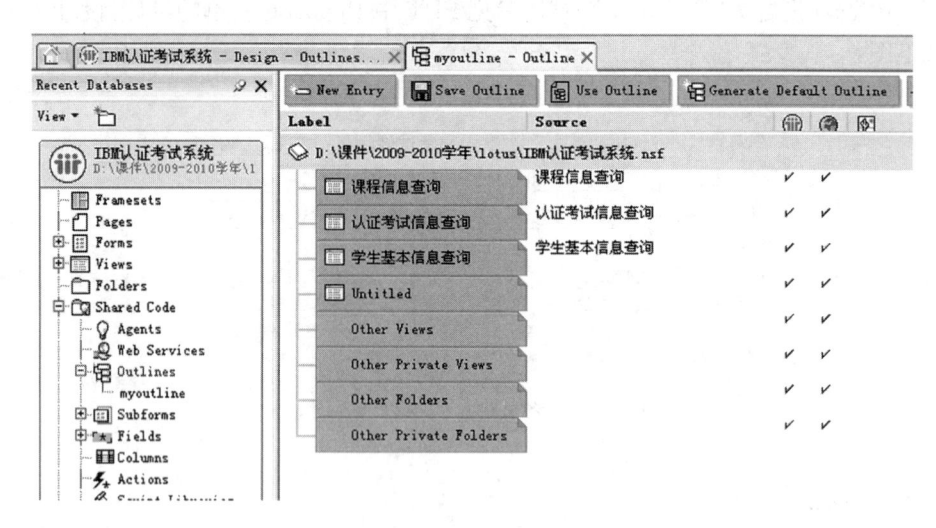

图 5-113 创建缺省大纲

2. 创建页面

大纲不能直接嵌入帧中，需要首先嵌入页面或表单中才可以在帧中调用。

① 新建页面（Page），命名为"OutlinePage"。

② 在页面中插入大纲：选择"Create"→"Embedded element"→"outline"，打开窗口，选择"myoutline"。如图 5-114 所示。

3. 创建帧结构集

① 打开 Designer，并选择"Create"→"Design"→"Frameset..."，出现"Create New Frameset"对话框。如图 5-115 所示。

图 5-114　大纲页面的建立

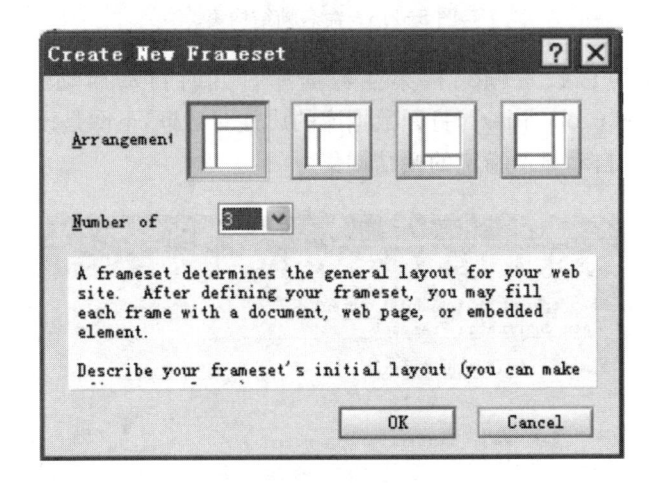

图 5-115　创建帧结构集

A. 在"Number of"下拉框中,选择 2~4 个帧结构。可以以后调整。
B. 单击"Arrangement"旁的帧结构的一种排列。
C. 单击"OK"。则会显示选择的布局的帧结构集。
② 打开"Frameset Properties"框。在基本附签 中:
A. 命名帧结构集。

B. 为帧结构集提供别名。别名是帧结构集的内部名称。使用别名可以更改或转换帧结构集名称,而不会导致引用问题。在工作窗格中最初的帧结构集列表中将显示别名。见图5-116。

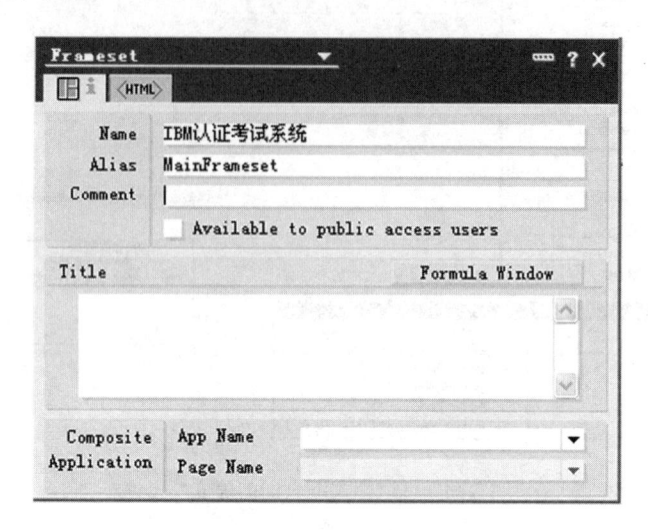

图5-116 命名帧结构集

③ 设计者可以设置帧结构集在数据库打开时自动启动。选择"File"→"Application"→"properties",打开数据库的属性对话框,下图是设置数据库属性,在数据库打开时自动显示指定的帧结构集。

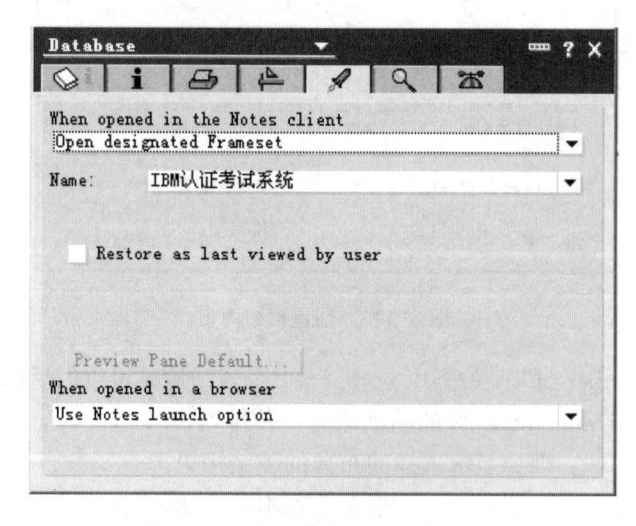

图5-117 帧结构集设置为自动启动

4. 为帧结构添加内容

首次创建帧结构集时，在每个帧结构中显示文本"No content"。为了向帧结构集中的帧结构提供内容，可以执行下列操作：

① 在帧结构集中选择帧结构。

② 选择"Frame"→"Frame Properties。显示"Frame Properties"框。

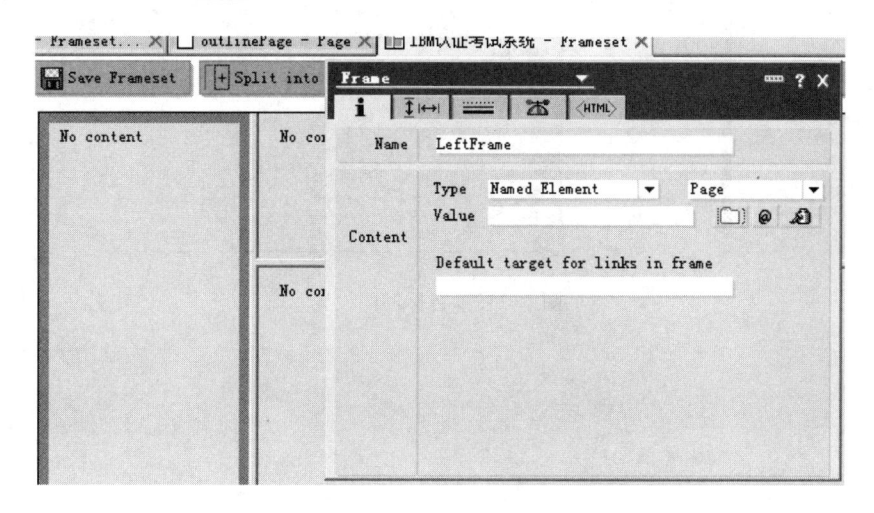

③ 在基本附签 [i] 为帧结构提供名称。

图 5-118 设置帧结构显示内容

确保每个帧结构有唯一的名称。建议不要在不同的帧结构集中使用相同的帧结构名称。例如，如果在多个帧结构集中有名称为"Content"的帧结构，则将其设置为目标帧结构时可能得到想象不到的结果。

④ 在"Type"域中，选择下列方式中的一种为帧结构提供内容

A. "Link"：链接要求将已经拷贝至"剪切板"的链接粘贴进来。单击"粘贴"图标将链接粘贴进来。从剪贴板中可以粘贴三种链接："视图"、"文档"或"定位"（帧结构集中不支持数据库链接）。

B. "Named Element"：命名元素是指已经创建并命名的设计元素。已命名的元素可以为页面、表单、帧结构集、视图、文件夹或导航器。

C. "URL"：如果希望把 Web 页面放入帧结构，请选择"URL"并输入完整的URL（例如：http://www.lotus.com）。

实验建议采用三帧：左边命名为"leftFrame"，选择"Named Element"，选择页面"OutlinePage"；右上命名为"RightFrame"，选择"URL"，自己任意选择链接地址，或其他命名元素；右下命名为"Content"。

5. 为当前帧结构中激活的链接输入目标帧结构

本帧结构中的链接将在哪一个帧结构中打开。实验中只要把"leftFrame"帧的目标帧定义为"Content"即可,其他帧不用设置。

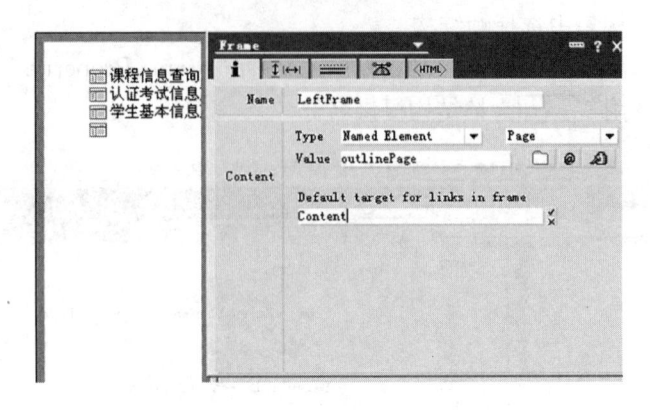

图 5-119　目标帧的设置

第6章 公式语言

6.1 公式语言基础

公式(Formula)、LotusScript、Java 和 JavaScript 代码为 Domino 设计者提供了完整的编程界面。可以根据需要将代码附加到多个对象中。例如,如果在表单中创建一个计算域,则可附加公式来计算此域的值。也可向域的"onFocus"事件附加 JavaScript 代码,此代码将在用户将焦点放置在域上的任何时候执行。还可以决定创建一个公式代理、LotusScript 代理或 Java 代理来自动定期更新数据库中的所有文档。

Domino 为支持 COM 和 OLE 的开发环境提供编程界面。Domino 还提供了一个用于 Java 应用程序和小程序的编程界面。Java 应用程序和小程序可以通过访问已安装的 Domino 软件在本地操作,也可以通过使用 CORBA 与 IIOP 协议连接到一个 Domino 服务器进行远程操作。

1. Script 和公式的使用

在编写代码之前,要确保简单操作不能执行此任务。可使用不需要编程的表单或视图中的简单操作来设计一些对象。

在编程界面中进行选择时,请考虑以下准则:

① 公式是具有类似编程语言特征的表达式。例如,可将值赋予变量,并且使用限制的控制逻辑。公式语言通过调用"@functions(函数)"和"@commands(命令)"与"Domino Designer"接口。

② 通常情况下,对用户当前正在处理的对象最好使用使用公式编程,例如,返回域的缺省值或确定视图的选择条件。此外,公式在某些场合可以提供更好的性能,并且对简单应用程序来说比较方便。

③ JavaScript 是跨平台、面向对象的描述性语言。通过从"Objects"附签中选择"JS Header",可在编程窗格中编写"Header script",并且在"Script"区键入"script"。Script 也可被附加到诸如"onClick"的特定事件上,或者被附加到诸如按钮的对象上。不能在代理中编写"JavaScript"。Domino 监控用户 script 的编译和加载,但是不将 JavaScript 存储在已编译的表单中。

④ JavaScript 最好用于 Web 应用程序，或者单个应用程序被同时用于 Notes 和 Web 环境时。

⑤ LotusScript 是完全面向对象的编程语言。它通过预定义的类与 Domino 接口。Domino 监控用户代码的编译和加载，并且自动包含 Domino 的类定义。

⑥ LotusScript 最好用于编程逻辑比较复杂的地方。LotusScript 擅长访问存储的数据库数据（后端）。LotusScript 提供了一些公式没有的功能，例如，操作数据库存取控制列表（ACL）的能力。LotusScript 的 UI（前端）能力受到限制。

⑦ Java 是一种完全面向对象的编程语言，它与 Domino 的接口是通过预定义的类实现的。在代理方面它可与 LotusScript 相比，但是它不能附加到 Domino UI 中的事件中。Domino 监控用户的代理代码的编译和载入，代码可以自己写也可以引入。Java 可以用在代理、Java 应用程序和小程序中，可以在 Domino 以外编写和编译，并且可以通过类接口访问 Domino。

2. Domin 可编程对象

在编程序的时候，可以在 Notes 的对象中附加 Scripts 和 Notes 的公式。由于对象类型不同，可以完成的功能也不同，从而使用的方法也不同。对某些对象来讲，既可以使用 Script 语句，也可以使用公式，而某些对象却只能使用其中之一。下表概括了 Domino 中的可编程对象。它指定了对象的范围，以及对象是否支持简单操作、公式、LotusScript、Java 或 JavaScript。

表 6-1 Domino 可编程对象

范　围	Domino 对象	支　持
数据库	复制公式	公式
	代理	公式，简单操作，LotusScript，Java
	事件	LotusScript，公式
导航器设计	热点	LotusScript，公式，简单操作
视图或文件夹设计	表单公式	公式
	选择公式	公式，简单操作
	列公式	公式，简单操作，域
	操作	公式，简单操作，LotusScript，JavaScript
	隐藏操作公式	公式
	事件	公式，LotusScript

(续表)

范 围	Domino 对象	支 持
表单设计	窗口标题公式	公式
	区段标题公式	公式,文本
	区段存取公式	公式
	插入子表单公式	公式
	隐藏段落公式	公式
	操作	公式,简单操作,LotusScript,JavaScript
	隐藏操作公式	公式
	事件	公式,LotusScript,JavaScript
	热点(按钮或操作)	公式,简单操作,LotusScript,JavaScript
	热点(链接或公式弹出)	公式
表单中的布局区域设计	热点(操作)	公式,简单操作,LotusScript,JavaScript
表单中的域设计	缺省值公式	公式
	输入转换公式	公式
	输入校验公式	公式
	计算域的值公式	公式
	关键字域公式	公式
	事件	LotusScript,JavaScript
文档(编辑模式) RTF 文本域	区段标题公式	公式,文本
	隐藏段落公式	公式
	热点(按钮或操作)	公式,简单操作,LotusScript,JavaScript
	热点(链接或弹出公式)	公式

6.2 在 Notes 中使用公式语言

对于初学者而言,重点掌握公式语言即可以完成大部分办公功能。下面将重点介绍公式语言的使用。

6.2.1 使用常量

公式语言提供了语法和"@function",可以对常量和变量进行赋值计算,并执

行简单的逻辑运算。变量可以是 Notes 文档中的域或只用于即时公式的临时变量（也叫做临时域）。

从 R6.0 版本开始，增加了循环语句：@for，@while，@dowhile。

公式由一个或多个语句构成，每个语句都由以下成分构成：变量，常量，运算符，@Function，关键字。一个值可以是变量、常量、函数的结果，或者是由上述任意元素与运算符组合而成的表达式的结果。

1. 域变量

变量有两种类型，域和临时变量。公式可以访问正在处理的文档中的域。每个域的名称和类型都在数据库设计中指定。

(1) 数据类型

数据类型必须符合正在执行的操作或函数要求。例如，如果"TotalValue"是一个数字域，则不能用"@Prompt"直接显示它，因为"@Prompt"要求一个文本参数。必须首先用"@Text"来转换该参数：

@Prompt([OK];"Value of MyNumber";@Text(TotalValue));

(2) 列表

列表是包含多值的域。某些函数和运算符就是专门用来处理列表的。例如，如果"Locations"是一个允许多值的域，则下面的公式将返回列表中值的数目：

@Elements(Locations)

(3) 域值

域值是公式启动时在文档中指定的。如果没有存取控制的限制，公式可以对域值进行修改。但必须使用 FIELD 关键字来修改域，否则变量将被当作临时变量处理。FIELD 关键字还可以用来在当前文档中创建新域。下面的公式将在文本域"Subject"中写入域值：

FIELD Subject: = "No Subject"

(4) 空域

空域等价于文本常量""（空双引号）。下例将检测当前文档中名为"Subject"的域。如果 Subject 的值为空，将被重置为"No Subject"，否则域值将保持不变。

FIELD Subject: = @If(Subject="";"No Subject";Subject)

因为""""是一个文本常量，所以要避免在非文本域中使用它。具体而言，可编辑的非文本域应该使用缺省公式以保证该域包含正确类型的域值。

(5) 删除域

使用@DeleteField 从文档中删除域。

FIELD BodyText: = @DeleteField

2. 临时变量

临时变量只存在于公式中。其作用范围就是所在公式,除了公式中赋予的属性之外不再具有其他属性。创建临时变量的语法是:

variableName := value

变量取等号右边值的类型。该值可以是域的任何类型或布尔型。布尔型数据类型由特定的函数返回其值,该值或为"真"(计算文本值为 1),或为"假"(计算文本值为 0)。

如果变量之前没有关键字"FIELD",则在等号左边使用变量名得到一个临时变量。

temp:= @username

3. 常量

文本常量是包含在引号中的字符,其中也包括空格、数字和特殊字符。要包含连续多个字符,例如,空格可以使用"@Repeat"。反斜杠(\)在文本常量中作为转义字符使用。要在文本常量中嵌入引号,须在每个嵌入的引号前加上一个反斜杠。要在文本常量中嵌入反斜杠,则必须键入两个反斜杠。

公式为:

"Type\"Yes\" or \"No\""

结果是:

Type "Yes" or "No"

数字常量由数字和特殊字符构成,中间不加空格,需遵守以下规则:

① 整数:由字符 0～9 组成的不加空格的正整数。

② 小数点:小数点可以放在数字字符的前面、后面或中间。

③ 正负号:数字的第一个字符可以是正号或负号。

④ 科学记数:数字带后缀"E",正号(缺省)或负号,再加一个整数。例如,-123.4,123E-2。

4. 时间/日期常量

时间-日期常量由时间和(或)日期构成,放在方括号中。格式如下:

① 12 小时制:时间格式为[hh:mm:ss],后面跟着字符 AM 或 PM,小时的范围是 00～12,秒的部分是可选的,缺省为 00。

② 24 小时制:时间格式为[hh:mm:ss],小时的范围是 00～23,秒的部分是可选的,缺省为 00。

③ 日期:日期的格式为[mm/dd/yy]。其中年份是可选的,缺省情况下为当年年份。使用"yy"来指定 20 世纪(yy 大于或等于 50)或者 21 世纪(yy 小于 50)中的一个年份;使用"yyyy"指定任意一个年份。日期格式的有效性取决于用户在操作

系统控制面板选择的日期分隔符,Windows、UNIX 和 Macintosh 的缺省分隔符是斜杠(/);OS/2 缺省分隔符是连字符(-)。

④ 时间和日期:时间和日期的格式为[time date]或[date time]。

如果时间-日期值相减,所得的整数结果表示两者之间秒的差值。

表 6-2 日期时间格式

时间-日期格式	常　　量	12 小时制结果
24-小时制	[5:30]	05:30:00 AM
12-小时制	[5:30 PM]	05:30:00 PM
24-小时制	[17:30]	05:30:00 PM
日期	[6/15]	06/15/97
日期	[6/15/97]	06/15/97
时间-日期	[6/15 5:30 PM]	06/15/97 05:30:00 PM
时间-日期	[5:30 PM 6/15]	06/15/97 05:30:00 PM
差值	[5:30 PM]-[5:30]	43 200

5. 通用语法规则

(1) 语句分隔符

使用分号分隔多条语句:

FIELD RegionalManager := AreaManager;

FIELD AreaManager := @DeleteField

(2) 空格

在运算符、标点和值之间可以放置任意多个空格(也可以没有)。然而描述关键字至少需要一个空格,而且文本常量之间的空格也是很重要的。

例如,下面的语句是等价的:

LastName + ”,” + FirstName;

LastName+”,”+FirstName

在下面的语句中,关键字 SELECT 后面至少要有一个空格。

SELECT @All

(3) 大小写

除了在文本常量中,其他地方并不区分大小写。按约定,关键字(例如,FIELD)要大写,"@function"和"@command"名(例如,ProperCase)可以大小写混

合使用。键入时可以不遵照本约定，Domino 会在保存公式时按照约定转换大小写。

6.2.2 运算符概述和优先级

运算符用来赋值、修改值，还可以将现有的值合并到新值。

1. 赋值运算符

赋值运算符(:=)将等号右边的值赋给左边的变量，右边值的类型即为变量类型。

本例把数字值 1 赋给临时变量 n：

n := 1

2. 列表运算符

列表运算符(:)将值并置在一个列表中。这些值必须具有相同的类型。以下是一个具有三个成员的文本列表：

"London" : "New York" : "Tokyo"

列表并置具有最高优先级，所以列表元素中的表达式必须用括号表示：

1 : 2 : 3 : 4 + 1 : 2 : (-3) : 4 = 2 : 4 : 0 : 8

3. 单目运算符

单目运算符(+和-)指出数字值的符号。一个无符号的数字值是正数。下列数值是相等的：

5, +5, -(-5)

4. 算术运算符

算术运算符(*/+-)通过加、减、乘、除四种运算将两个数值合二为一。下面运算的结果都是 16：

4*4, 64/4, 12+4, 20-4

5. 文本运算符

文本并置运算符(+)将两个文本值合并。下面的操作结果是变量"CompanyName"的值的后面加上一个逗号、一个空格和"Inc."：

CompanyName + ", Inc."

6. 比较运算符

比较运算符(=、<>、!=、><、<、>、<=和>=)用来比较相同类型的数值，并产生一个逻辑结果（"真"或"假"）。下面的运算结果的逻辑值都是"真"：

"London" = "Lon" + "don"

"London" ! = "Tokyo"

2 + 2 > 3

7. 逻辑运算符

逻辑运算符(!、&、和 |)计算逻辑值。下面所有操作的结果值都是"真":
4＝2＋2 & 5＝3＋2

8. 列表操作

列表操作有以下两种类型。

并列运算符:并列运算符对两个列表进行并列运算。列表1的第一个元素对应于列表2的第一个元素,列表1的第二个元素对应于列表2的第二个元素,依此类推。如果一个列表的元素数量少于另一个,则短一些的列表的最后一个元素将重复若干次以匹配长的列表。如果列表1包含A：B：C,而列表2包含1：2,则列表2将作为1：2：2参加运算。对于并列的比较运算,只要对应的列表元素中有一个匹配的情况即返回真值或1。

交叉运算符:交叉运算符对两个列表进行排列组合。计算结果列表的每一个元素对应于每一种排列组合的情况,按以下顺序出现:列表1的第一个元素与列表2的每一个元素匹配运算,列表1的元素2同列表2的每一个元素匹配运算,如此下去,直到列表1的最后一个元素与列表2的每一个元素运算完毕。

如果在一个列表和一个非列表值之间进行运算,非列表值和列表中的每一个元素进行匹配计算。

表6-3 公式运算符

并列运算符	交叉运算符	含 义
*	* *	乘法
/	* /	除法
＋	* ＋	加法
－	* －	减法
＞	* ＞	大于
＜	* ＜	小于
＞＝	* ＞＝	大于或等于
＜＝	* ＜＝	小于或等于
＝	* ＝	等于
！＝	* ！＝	不等于

(续表)

运算符	语 句	结 果
连接，并列	"A":"B":"C"+"1":"2":"3" "A":"B":"C"+"1":"2" "A":"B":"C"+"1"	"A1":"B2":"C3" "A1":"B2":"C2" "A1":"B1":C1"
连接，交叉	"A":"B":"C"*+"1":"2":"3" "A":"B":"C"*+"1":"2"	"A1":"A2":"A3":"B1":"B2":"B3":"C1":"C2":"C3" "A1":"A2":"B1":"B2":"C1":"C2"

9. 操作的计算顺序

括号：可以使用括号对计算顺序进行明确强制，首先计算括号中的操作。例如，(5−3)*(6−4)=4

优先级：括号外的操作从优先级 1 开始按优先级的顺序进行。例如，乘法运算比减法运算的优先级高，因此首先计算"3 * 6"（每个运算符的优先级请参考"DesignerHelp.nsf"）。

5−3*6−4=−17

从左到右：相同优先级的操作按照从左到右的顺序计算。例如：

8/4*2=4

10. 公式语句计算顺序

Notes 按从上到下、从左到右的顺序计算公式，完成一个语句之后再进行下一个，但"@PostedCommand"和少数"@Command"函数必须在其他所有函数执行完毕后才能按顺序执行。

除了"@command"以外，公式语言都是对后端 Notes 对象进行操作。例如，在公式中命名的域指的就是存储器中的该域，要用"FIELD"关键字来修改保存的域。"@Command"在用户界面中运行，在此所做的改动只有在保存文档时才能在后端反映出来。不能同时通过后端和用户界面访问同一个文档并取得正确的值。

6.2.3 使用@function

函数执行一个特定的运算并返回一个值。

函数通常的格式为：

@function-name(argument1; argument2; ... argumentn);

函数由函数名后面紧随参数（如果有的话）构成，函数名的第一个字符总是"@"。使用分号分隔各个参数。

@Middle(Company; 4; 4)

没有参数的"@function"省略括号。如：@Created

将关键字参数放在方括号中。@Abstract、@Command、@PostedCommand、@DocMark、@GetPortsList、@PickList、@MailSend、@Name 和 @Prompt 使用关键字参数。例如：

@Prompt([OK]; "Response"; Y)

@Name([CN]; AUTHOR)

@Command([FileSave])

函数计算出一个返回值,并用该值替换自身。使用函数时必须满足正确的数据类型。例如,"@Power"可以计算数字域的值：

@Power(2; Exp)。

(1) @If 函数

@If 根据逻辑值为"真"或"假"执行此语句或其他语句：

@If(LogicalValue; TrueStatement; FalseStatement)

(2) @Do 函数

@Do 按顺序执行一系列语句,可以作为执行路径用在@If 函数中：

@If(LogicalValue; @Do(TrueStatement1; TrueStatement2); FalseStatement)

任何出现在@Do 函数中的"@Command"函数将在其他所有函数之后执行,不论这些函数是否在@Do 函数中。

(3) @Return 函数

@Return 终止公式的执行：

@If(LogicalValue; @Return(""); "")

6.2.4 使用@Command

"@Command"和"@PostedCommand"函数执行一个 Notes 命令。"@Command"或"@PostedCommand"的第一个参数是指定 Notes 命令的关键字参数。根据不同的 Notes 命令,可能还需要其他参数。

"@Command"和"@PostedCommand"的区别在于计算顺序不同。

(1) @command 的计算

"@PostedCommand"函数在公式中其他所有"@function"执行完毕后才能执行。如果编写以下公式：

@PostedCommand([CommandName]; Argument);

@If(Condition; TrueStatement; FalseStatement);

FIELD X := "Text"

则第一条语句最后执行。

@Command 函数除了一些例外情况之外,一般是按语句出现的顺序执行。这

些例外的情况像"@PostedCommand"一样在公式的最后执行,包括:[FileCloseWindow]、[FileDatabaseDelete]、[FileExit]、[NavigateNext]、[NavigateNextMain]、[NavigateNextSelected]、[NavigateNextUnread]、[NavigatePrev]、[NavigatePrevMain]、[NavigatePrevSelected]、[NavigatePrevUnread]、[NavigateToBackLink]、[ToolsRunBackgroundMacro]、[ToolsRunMacro]、[ViewChange]、[ViewSwitchForm]。

由于这些函数数量众多,地位特殊,因此构成了一个独立的分类称作"@command"。每个命令均以"@Command"或"@PostedCommand"的第一个参数命名,该参数是关键字参数。

多数@command均模拟菜单命令。例如:

@Command([AddDatabase]; "Legal1":"Trademrk.nsf")

@Command([AdminRegisterUser])

@PostedCommand([DesignForms])

@PostedCommand([EditDown]; "5")

由于@command会产生附加效果并且涉及计算顺序,因此必须小心使用。

"@command"可以在便捷图标、按钮、热点和操作的公式中使用,也可以在运行于当前文档上的代理公式中使用。要了解更多限制条件,请参阅对"@command"的单独描述。

把 NoExternalApps 的环境变量设为 1,将使所有包含"@command"函数的公式无效。但用户不会得到错误信息,只是公式不再执行。

6.2.5 使用关键字

表 6-5 公式中的关键字

关键字语法	描 述
DEFAULT fieldName := value	将一个值与域关联。如果域在正被处理的文档中已经存在,则其当前值被使用。如果域不存在,则当作域已经存在来处理该文档,并且使用 DEFAULT 值
ENVIRONMENT variable := textValue	指定一个值为环境变量,环境变量放置在用户的 NOTES.INI 文件中(Windows、OS/2、UNIX)或 Notes Preferences 文件中(Macintosh)
FIELD fieldName := value	将一个值指定给当前文档中的一个域。如果域不存在,则创建该域,如果已经存在,替换它的内容
REM "remarks" REM {remarks}	在公式中加入注释而不影响它的功能
SELECT logicalValue	指定当前文档在视图选项、复制和代理公式中是否有效

6.3 公式在表单、域和操作中的使用

本书不是公式的使用手册,故不对公式作太详细的说明,主要讲解在开发实例中的应用。本节以前面提到的"东华大学学生参加课外科技活动管理系统"为例,说明公式的使用。

6.3.1 公式在域中的应用

公式在域中的应用主要体现在四个方面:域的缺省值公式、输入转换公式、输入校验公式、域的隐藏公式。

以"学生基本信息"和"学生参加课外科技活动信息"表单为例。

1. 域的缺省值公式应用

有一个"获奖情况"域(IsAward)是单选按钮类型,有两个值:"是"和"否"。我们希望在新建学生信息时,能有一个初始值"否"。那么就不会在用户疏忽的情况下出现空值,具体设置如下图,给出域"IsAward"的默认值(Default Value)为"否"。

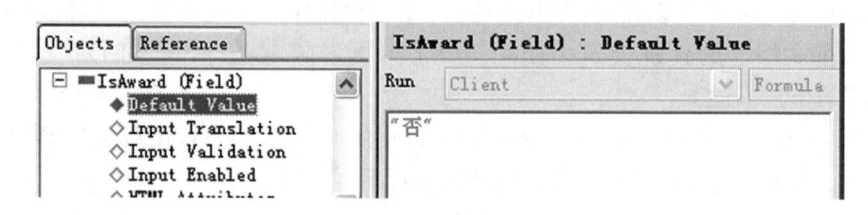

图 6-1 域的缺省值公式

2. 域的输入转换公式应用

当用户输入"活动名称"(aname)的时候,不小心在首/尾输入了空格,那么就需要把这些多余的空格去掉,可以使用输入转换公式,如图 6-2,在该域的 Input Translation 中输入公式"@trim(aname)"或"@trim(@thisfield)"。

图 6-2 域的输入转换公式

函数"@trim()",就是去掉字符串首/尾的空格。函数"@thisfield"返回当前

的字段名。详细请参考 Designer 帮助文件。

3. 域的输入校验公式应用

当用户输入电子邮件（email）的时候，需要有"@"符号，可以通过输入校验公式检查输入的合法性。

图 6-3　域输入校验公式

注：

@if()函数相当于其他程序语言中的 if 语句,有奇数个参数,最多可有 99 个参数。根据条件判断选择执行不同的语句。

@Contains(string；substring)，判断 subString 是否包含在 string 中。

@thisvalue,返回当前域的值。

@success,返回 1（真），判断输入的值是否满足检查条件。

@failure(string),返回给出的消息,当用于输入校验公式时,如果输入的值不符合校验标准,@Failure 将显示给出的消息。终止保存操作。

公式为：

@if(@contains(@ThisValue;"@");@success;@Failure("请输入正确的邮件地址!"))

检查当前域的值是否包含"@"，如果不包含，提示错误信息。我们用"StudentInfo"表单创建一个文档，并保存，得下面结果。

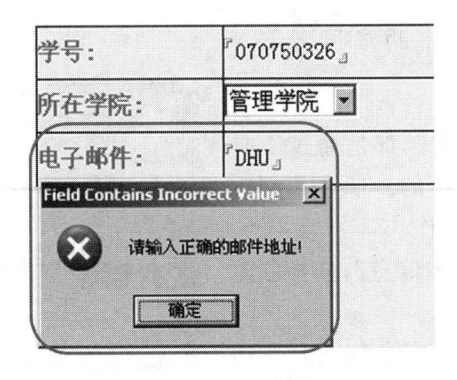

图 6-4　校验公式的使用

4. 域的隐藏公式应用

域"联系电话"(phone)并不对所有人公开，若要对一般用户隐藏，可以使用隐藏公式。

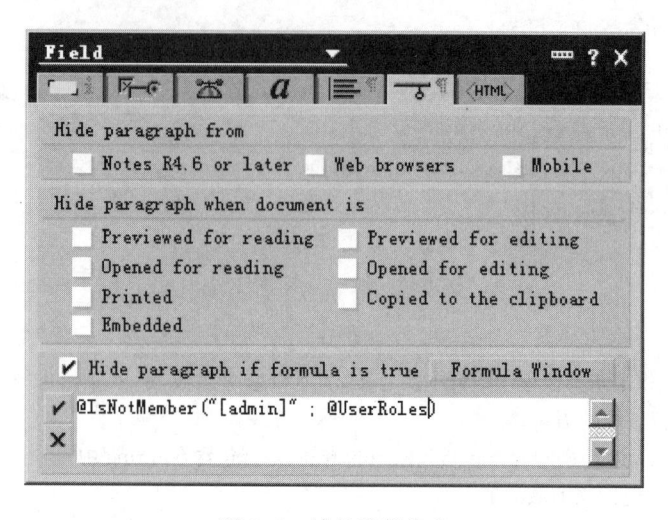

图 6-5　域的隐藏公式

当前用户不具备"[admin]"角色时，可隐藏域。

注：

角色"[admin]"是在数据库的存取控制列表中，由管理员设置。

@UserRoles，返回当前用户具备的角色，是一个文本列表。

@IsNotMember(textValue；textListValue)判断一段文本(或文本列表)是否不包含在另一个文本列表中。该函数区分大小写。如果"textValue"没有包含在"textListValue"中，则返回 1 (True)。

6.3.2　公式在操作中的应用

1. 保存操作

前面我们创建的文档都是通过工具栏上的快捷图标 保存的。现在我们为该表单创建一个保存操作。

打开表单"学生基本信息"，选择创建操作的菜单，如图 6-6。

显示操作的属性对话框，如图 6-7 填写操作的名称，选择操作类型(Button)以及操作的显示图标。

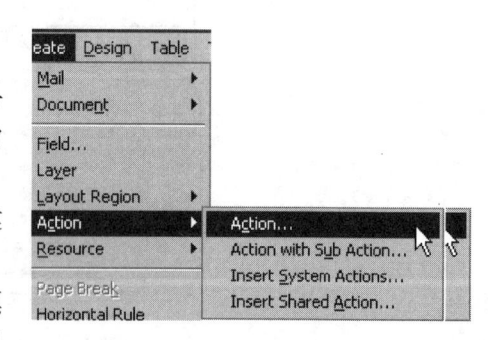

图 6-6　创建操作

图 6-7 保存按钮的创建

在编程窗口中写上公式,如图 6-8,在 Web 中预览如图 6-9。

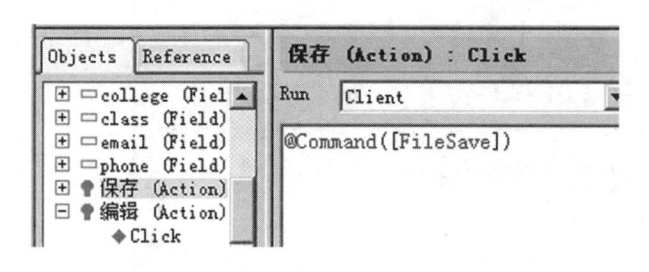

图 6-8 保存公式　　　　　　　图 6-9 保存按钮

2. 编辑操作

有时文档打开后进入的是阅读模式,如果想修改数据,必须进入编辑模式,需要创建一个操作,切换文档的模式。

接下来,我们创建一个"编辑"操作,创建操作,命名为"编辑"并选择显示图标,在编程窗口中写上公式,如图 6-10。

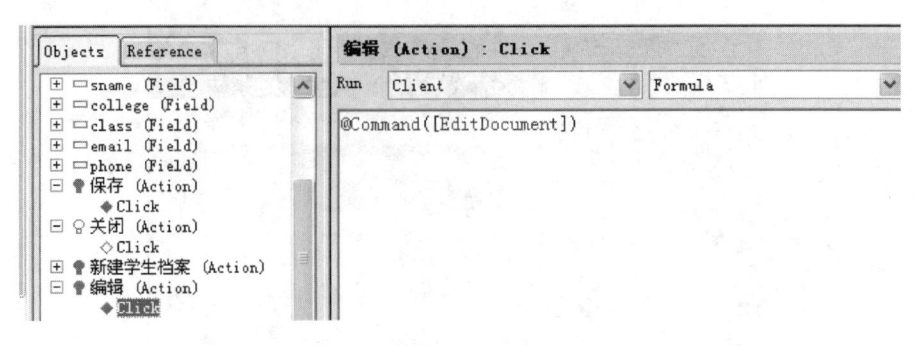

图 6-10　编辑公式

在 Web 中预览如下：

图 6-11　编辑按钮

命令"EditDocument"就可以在两种模式之间切换文档。我们只需要在阅读模式下看到该操作，可以使用操作的隐藏条件在编辑模式下隐藏。

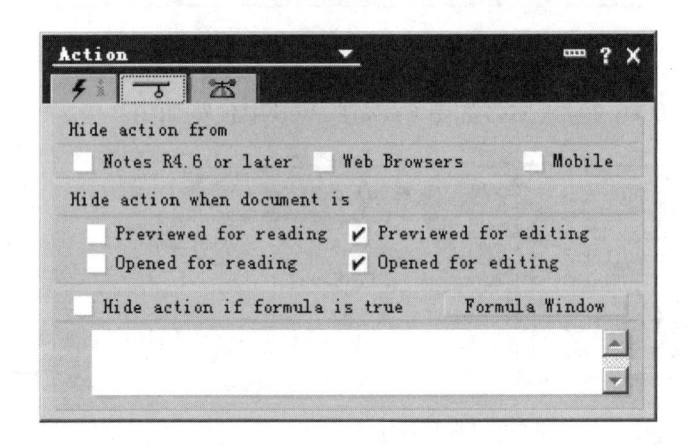

图 6-12　操作的隐藏设置

6.3.3　公式在表单中的应用

为了防止同一用户多次创建重复的文档，那么可在保存文档的时候进行检查，判断是否已经存在相同姓名或者学号的文档。

在 Web 程序中的表单在"WebQuerySave"事件中执行一个公式,这个公式调用一个代理,对文档进行检查。如果在 Notes 中使用,请把公式写作"QuerySave"事件中。

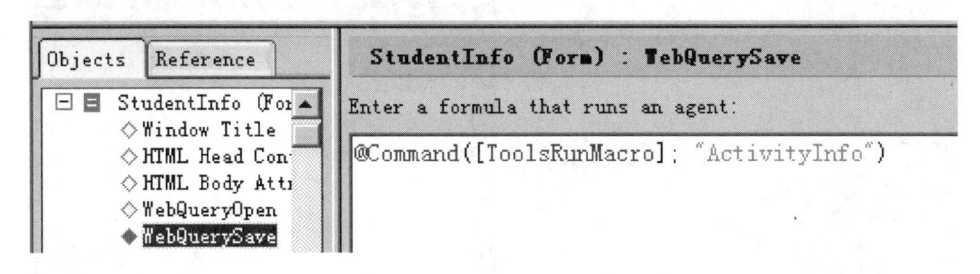

图 6-13 公式在表单中的应用

命令"ToolsRunMacro"专门用来执行代理,尤其在 Web 中。需要传递一个代理的名字作为参数。

6.4 公式在视图中的应用

代理在视图中的应用主要体现在下面几个方面:视图操作、视图选择条件和视图的列。

1. 视图选择条件

我们创建一个视图"查询学生基本信息",在 Web 中显示文档。这个视图要显示所有的"学生信息"文档,需要一个选择条件。所有用表单"StudentInfo"创建的文档都显示在视图里。

视图选择公式见图 6-14。

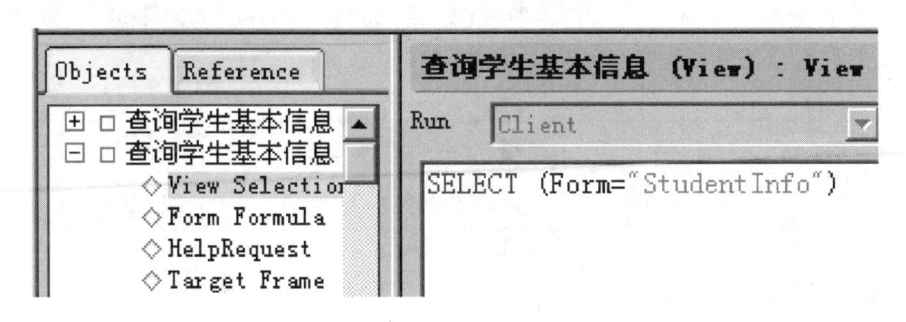

图 6-14 视图选择条件

注意必须有一个"Select"语句。这里用比较运算符"=",把所有的用表单

"StudentInfo"创建的文档都选择在视图里。

这种简单的条件判断可以用"简单搜索"来实现。见图6-15。

图6-15 简单搜索条件设置

2. 视图的列

按照第5章讲的知识,我们可以为视图创建我们需要的列,然后指定列值。

对于表单"StudentInfo",是将"所在院系"和"班级"分成了两个域,在视图里需要把它们合并的一列"班级"来显示,如图6-16,6-17。

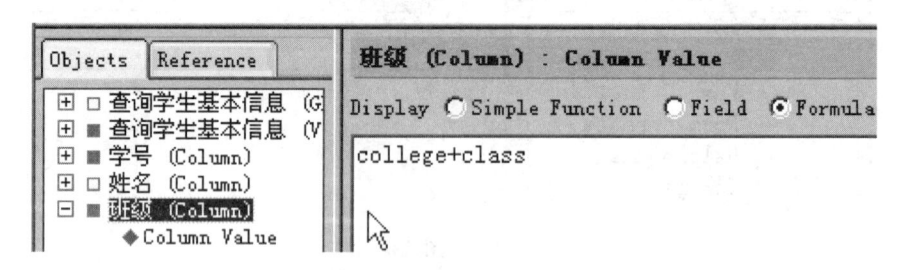

图6-16 视图列公式

图 6-17 显示结果

有的列只有具备特定的条件才可以查看,可以通过公式设置列的隐藏条件。视图中的第五列,只用具备"[admin]"角色的用户才能看到,设置隐藏条件如下:

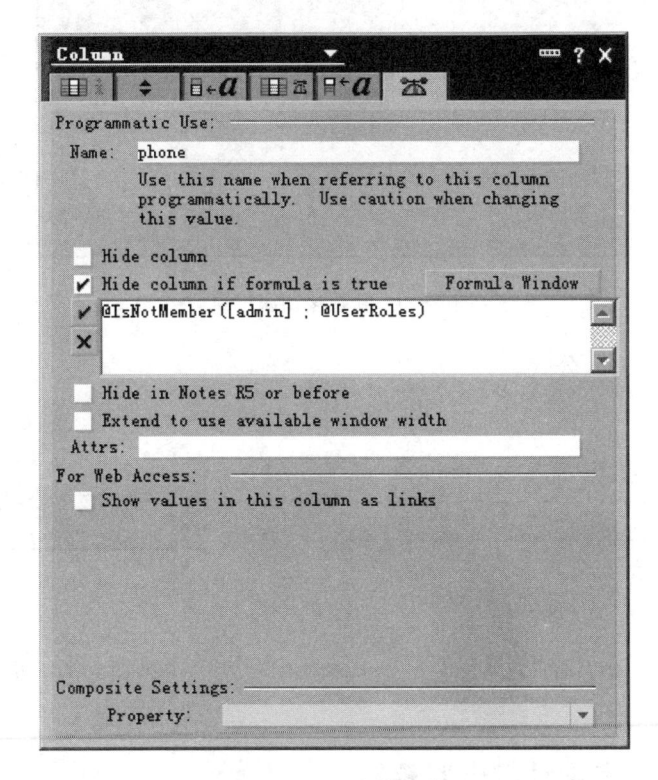

图 6-18 列隐藏设计

3. 视图操作

① 打开视图,选择"Create"→"Action"→"Action...",在视图中创建按钮。

② 显示按钮的属性对话框,命名新建按钮为"新建学生档案",选择显示图标。见图 6-19。

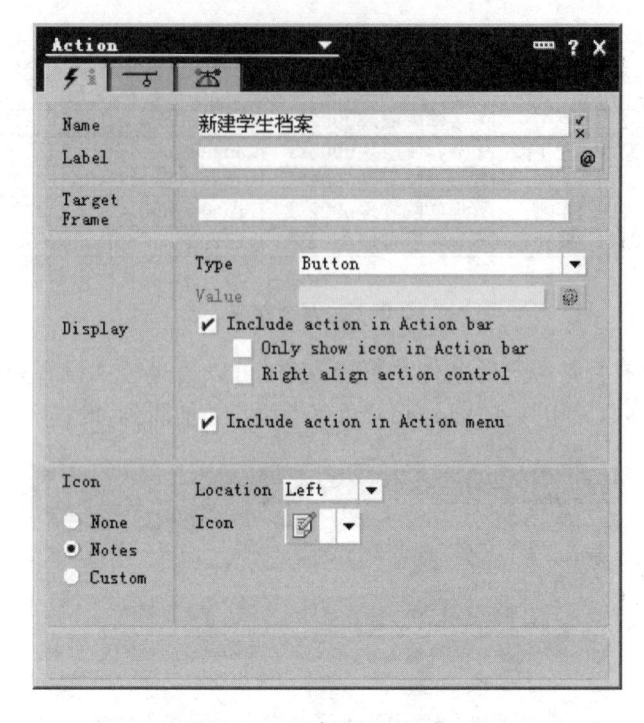

图 6-19 新建按钮属性窗口

③ 为操作写入公式。
④ 预览。

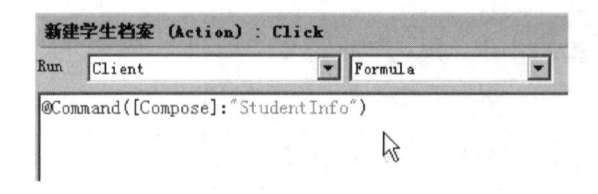

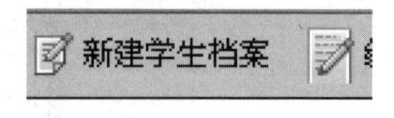

图 6-20 新建公式　　　　　　　　图 6-21 新建按钮

6.5 公式语言设计综合实验

接 5.3 节的实验,本章主要是在原实验基础上,考虑加入公式及相关操作。
1. 选择部分字段,输入公式
(1) 输入校验公式
为"StuMail"、"StuTel"设置输入校验公式,保证输入值的正确性。

(2) 输入转换公式

为所有文本字段，输入去掉空格的输入转换公式"@trim"。

为"StuFirstName"、"StuLastName"域设置首字母大写的输入转换公式"@ProperCase"。

(3) 设置字段默认值(default value)

考生类型，默认值为：学生；考生状态，默认值为：正常；是否缓考，默认值为：否。

(4) 计算字值(value)的设置

"StuCreater"，文档的创建人，选择域的取值为"Computed when composed"，并指定值公式为：@Username。

"StuEditor"，文档最后一次修改人，选择域的取值为"Computed"，并指定值公式为：@Username。

"StuCreateTime"，文档创建时间，选择域的取值为"Computed when composed"，并指定值公式为：@Now 或@Created。

"StuEditTime"，文档最后一次修改时间，选择域的取值为"Computed"，并指定值公式为：@Now 或@Modified。

"StuCurrentTime"，系统当前时间，选择域的取值为"Computed For Display"，并指定值公式为：@Now。

以下两个域是用来熟悉保留域的使用，实验中可选择。

"Form"，存储表单的名称，在它的缺省值公式中指定表单的名称为表单的别名："StudentInfo"。

"SaveOptions"，预定义域，控制文档的保存，域类型为：Number，并指定缺省值公式为 0(保存)，1(不保存)。注意使用该域后必须点击保存按钮，否则不保存文档信息。

2. 针对 Form 创建按钮

针对每个 Form，创建"新建"、"保存"、"删除"、"编辑/修改"按钮，并注意在阅读/编辑状态下不同按钮的隐藏设置。

图 6-22 Form 中的按钮

3. 针对标准视图创建按钮

针对每个标准视图，创建"新建"、"编辑/修改"等按钮。按钮的具体创建步骤请参考 6.3 节。

第 7 章 Domino 的安全机制

7.1 Domino 安全机制基础知识

7.1.1 Domino 安全性简介

Domino 提供了多层次的方法以确保安全性。可以保护域、区段、表单、视图、数据库、服务器和网络域的安全。保证服务器的安全并且控制对网络域的存取权限是服务器管理员的职责。作为数据库设计者可以控制哪些人员有权访问创建的应用程序以及单个域的内容,并且可以控制应用程序特定特性的存取权限,例如,数据库设计和运行于数据库上的代理。

所使用的特性决定了应用程序的安全程度。数据库存取控制列表和加密特性提供了真正的安全性,创建表单存取列表以及隐藏设计元素允许管理员限制存取权限,但是这并不能作为真正的安全性特性。

7.1.2 Domino 安全层次模型

Domino 安全模型以保护资源(如 Domino 服务器本身、数据库、工作站数据以及文档)为前提。应对要保护的资源或对象进行设置,以定义访问和更改对象的用户权限。有关访问权限的信息与每一个受保护的资源存储在一起。这样特定用户或服务器对需要访问的不同资源,可能拥有不同的访问权限设置。

下面是对 Domino 环境中需要保护的各种资源的简短描述。有些主题并非只针对于 Domino 安全性,将其包括在内是为了叙述的完整透彻。

1. 物理安全性

从物理上保证服务器和数据库的安全性与防止未授权的用户和服务器访问同样重要。物理安全性是防御未授权或恶意用户访问的第一道防线,它可防止这些用户直接访问 Domino 服务器。因此,强烈建议用户将所有的 Domino 服务器放在一个通风良好的安全区域,如一间上锁的房间等。如果服务器在物理上不安全,那么未授权的用户可能会绕开安全性功能(如 ACL 设置)而直接访问服务器上的应用程序,使用操作系统拷贝或删除文件,或者物理损坏服务器硬件本身。

物理网络安全性考虑还应包括灾难规划和恢复。

2. 操作系统安全性

未授权的用户或恶意用户通常会利用操作系统的弱点。作为系统管理员，应保护运行 Domino 服务器操作系统的安全性。例如，应限制管理员登录/权限、禁用 FTP，并且应避免使用映射后的与 Domino 服务器的文件服务器或共享 NAS 服务器的目录链接。应随时了解操作系统的选项，并及时用安全性更新程序和补丁程序更新操作系统。

3. 网络安全性

保护网络安全性的目标是防止未授权的用户访问服务器、用户和数据。有关网络物理安全性的内容已超出了本书的范围，但在设置 Notes 和 Domino 连接安全性之前必须考虑设置网络的物理安全性。网络的物理安全性是通过使用设备（如过滤用路由器、防火墙和代理服务器）而建立的，这些设备对所提供给用户的各种网络服务（如 LDAP、POP3、FTP 和 STMP）启用网络连接。也可使用这些设备控制网络连接安全性访问。例如，用户可以定义允许访问的连接以及被授权使用这些连接的人员。

如果配置正确，则这些设备可防止未授权的用户执行下列操作：

① 强行进入网络并通过操作系统访问服务器及其本地服务（如文件共享）。
② 冒充经授权的 Notes 用户。
③ 通过窃听网络来收集数据。

4. 服务器安全性

Domino 服务器是需要保护的最重要资源，并且是在用户或服务器获准访问网络中的 Domino 服务器后，Domino 强制执行的第一级安全性。可指定哪些用户和服务器可以访问 Domino 服务器，并限制其在服务器上的活动。例如，限制可以创建新复本和使用中继连接的人员。

还可以限制并定义管理员访问权限，即根据管理员职责和任务委派访问权限。例如，可以对系统管理员启用通过服务器控制台访问操作系统命令的权限，而将数据库访问权限授予那些负责维护 Domino 数据库的管理员。

如果针对 Internet/Intranet 访问对服务器进行设置，则应设置 SSL、名称和口令验证，以保护通过网络传输的网络数据的安全性，并验证服务器和客户机。

5. 标识符安全性

Notes 或 Domino 标识符用以唯一地标识用户或服务器。Domino 使用标识符中的信息控制用户和服务器对其他服务器和应用程序的访问。管理员的责任之一是保护标识符，并确保未经授权的用户无法使用标识符访问 Domino 环境。

某些站点可能要求多个管理员输入口令才能批准访问验证者或服务器标识符

文件。这样可以防止由一个人控制标识符。在这种情况下，每个管理员应确保每个口令都是安全的，从而防止对标识符文件的未授权访问。

也可以使用智能卡保护 Notes 用户标识符的安全性。智能卡可降低用户标识符被盗的威胁，这是因为使用智能卡的用户需要使用用户标识符、智能卡以及智能卡 PIN 才能访问 Notes。

6．应用程序安全性

在用户和服务器获得对 Domino 服务器的访问权限后，管理员可使用数据库 ACL（存取控制列表）来限制特定用户和服务器对该服务器上各个 Domino 应用程序的访问权限。此外，为提供数据的保密性，应使用标识符加密数据库以使未经授权的用户无法访问本地存储的数据库拷贝，对用户收发的邮件消息进行签名或加密，以及对数据库或模板进行签名以避免在工作站中运行公式。

7．应用程序设计元素安全性

即使用户可以访问应用程序，但他们仍然可能无法访问应用程序中的某些设计元素，如表单、视图和文件夹。设计 Domino 应用程序时，应用程序开发人员可使用存取控制列表和特定域来限制对某些特定设计元素的访问。

8．工作站数据安全性

Notes 用户可保留并使用其工作站中的重要应用程序和信息。可通过使用 ECL（执行控制列表）来保护此信息。ECL 定义了来自其他用户的活动内容对用户工作站的访问权限。

从设计者的角度看，一个用户如果希望访问文档中的内容，需要经过下面的一些步骤。

```
Domino服务器 → 数据库 → 视图或者表单 → 文档 → 域
```

图 7-1　Domino 安全层次

如果在某一步受到阻止，则不能进行下一步。例如，一个用户如果不能访问 Domino 服务器，那么就不能访问数据库。

7.2　服务器的安全性

为保护 Domino 服务器的安全性，应允许或禁止用户和服务器访问。此外，还可以限制用户和服务器在 Domino 服务器上执行的操作。

要设 Domino 服务器的安全性，请以系统管理员的身份登录，打开"Domino Administrator"，单击"Configuration"附签，然后打开左边列表中的"Sever"→

第 7 章　Domino 的安全机制

"Current Sever Document",打开当前服务器的文档。

图 7-2　Administrator 的服务器设置

单击"Security"附签。见图 7-3。

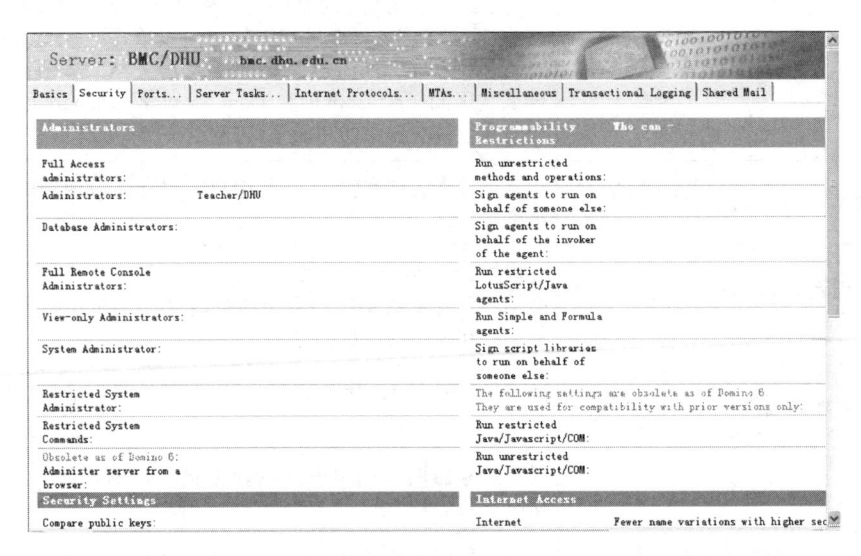

图 7-3　服务器安全性设置

设置对 Domino 服务器的访问可以执行下面一些任务。关于其详细操作,请参考管理员帮助。

表 7-1　服务器安全性说明

任　　务	用　　途
选择内部或外部 Internet 验证字认证中心	在组织中设置用于发布 Internet 验证字的验证者
交叉验证 Notes 用户标识符以及 Domino 服务器和验证者标识符	对于具有不同验证层次的组织,允许其中的 Notes 用户和 Domino 服务器确定其他 Notes 组织中的用户和服务器的身份
允许或拒绝访问服务器	指定被授权访问服务器的 Notes 用户、Internet 客户机和 Domino 服务器
允许匿名访问服务器	为组织外的 Notes 用户和 Domino 服务器提供不需要发布交叉验证字即可访问服务器的权限
允许 Internet/Intranet 客户机进行匿名访问	决定是否允许 Internet/Intranet 用户匿名访问服务器
使用名称和口令验证保护服务器的安全性	根据用户名识别访问服务器的 Internet 和 Intranet 用户并控制对应用程序的访问
启用基于会话的验证	允许 Web 浏览器客户机使用 Cookie 验证和维护在服务器中的状态。使用基于会话的名称和口令验证。通过基于会话的验证,管理员可提供定制的登录表单并配置会话到期时间,使用户在指定的闲置时间后从服务器上注销。还提供了使用同一个 Cookie 在 Domino 和 WebSphere 服务器之间进行单次登录的功能
控制 Web 客户机的验证级别	指定当搜索名称和验证 Web 用户时服务器应使用的精确级别
限制创建新数据库、复本或模板的权限	允许指定的 Notes 用户和 Domino 服务器在服务器上创建数据库和复本数据库。限制此权限是为了防止服务器上数据库和复本的增长的过快
控制对服务器网络端口的访问	允许指定的 Notes 用户和 Domino 服务器通过端口访问服务器
加密服务器的网络端口	对从服务器网络端口发送的数据进行加密,以防止网络窃听
通过口令保护服务器控制台	防止未经授权的用户在服务器控制台上输入命令

第 7 章　Domino 的安全机制

（续表）

任　　务	用　　途
限制管理员的访问权限	根据管理员需要，在 Domino 服务器上完成的任务，将不同类型的管理员访问权限指定给个人
限制服务器代理	指定允许哪些 Notes 用户和 Domino 服务器在服务器上运行何种代理
限制中继访问	指定 Notes 用户和 Domino 服务器可以将该服务器作为中继服务器访问的范围，并指定访问的目标服务器
限制运行 Java 或 JavaScript 程序的浏览器用户的服务器访问权限	指定可以使用 Domino ORB 在该服务器上运行 Java 或 JavaScript 程序的 Web 浏览器用户
使用 SSL 保护服务器的安全性	为 Internet/Intranet 用户设置 SSL 安全性，以便验证服务器、加密数据、防止消息被篡改以及验证客户机（可选）。对于电子商务来说这是必需的，以确保企业对企业消息传递的安全性
设置邮件路由器限制	根据 Domino 网络域、组织和组织单元限制邮件路由
设置外来 SMTP 限制	对外来邮件的限制可防止 Domino 收到不请自来的商业电子邮件
使用 S/MIME	使用 S/MIME 加密外出邮件。为确保企业对企业消息传递的安全性，这通常是必须的
防止通过 MTA 转发	增强 SMTP 路由器的安全性
使用文件保护文档	指定可以访问服务器硬盘驱动器上的文件（如 HTML、GIF 或 JPEG）的人员
使用辅助 Domino 目录或 LDAP 目录验证 Internet 客户机	验证 Web 客户机，该客户机使用由网络域标记为"可信"的辅助 Domino 目录或 LDAP 目录中的名称和口令或 SSL 客户机验证
针对特定领域验证 Web 客户机	允许 Web 用户访问 Domino 服务器上的某个驱动器、目录或文件，并防止 Domino 提示用户对不同的领域输入相同的名称和口令
在安全区域中查找服务器	防止对存储在服务器硬盘驱动器上的未加密数据以及服务器和验证者标识符进行未经授权的用户访问
使用智能卡保护服务器控制台的安全性	通过要求使用智能卡登录到 Domino，防止用户对服务器控制台进行未经授权的访问
使用防火墙保护对服务器的访问	控制从公用 Internet 对专有网络进行的未经授权的用户访问

7.3 应用程序的安全性

7.3.1 数据库存取控制列表(ACL)

1. 数据库 ACL

限制对 Domino 应用程序的访问可以防止未经授权的用户访问信息。Domino 应用程序由一个或者多个数据库组成,应用程序的安全性关键在数据库的安全性。数据库的安全性关键在"存取控制列表"(ACL：Access Control List)。

每个数据库都有一个 ACL 用来指定用户和服务器对该数据库的存取级别。尽管用户和服务器的存取级别名称相同,但是指定给用户的级别决定用户在数据库中所能执行的任务,而指定给服务器的级别则决定服务器可以复制数据库中的信息范围。只有具有"管理者"存取级别的用户才能创建或修改 ACL。

下面是针对应用程序的安全性可以做的一些设置。

表 7-2 应用程序安全性设置

任 务	用 途
使用 ACL 限制访问应用程序	控制 Notes 和 Internet/Intranet 用户以及 Domino 服务器对应用程序的访问
强制实现 ACL 的一致性	通过强制在一个位置进行全部的 ACL 更改,来保护服务器上的数据库和模板
加密应用程序	防止未经授权的用户访问服务器或工作站本地的应用程序
对应用程序或模板进行签名	识别应用程序或模板的创建者。当用户访问应用程序时,系统会检查签名以确定是否允许执行此操作。例如,在 Domino 服务器上,代理管理器会检验代理的签名并检查签名者是否有权执行此操作。在 Notes 客户机上,对照工作站 ECL 中对签名者设定的权限来检查签名
加密外来和外出的 Notes 邮件	确保只有原定收件人才能阅读邮件
使用电子方式对邮件消息进行签名	验证发送消息的人是否是作者,以及是否有人篡改过数据

要控制 Notes 用户的访问权限,应为每位用户或群组选择在数据库中的存取级别、用户类型和存取级别权限。创建数据库时可以设置 ACL 中的缺省项目。如果数据库设计者确定需要对应用程序细分存取级别,则您还可以指定角色。将数据库投入使用前,应与设计者以及应用程序的用户代表一起规划正确的存取级别。

对于 ACL 中的每个用户名、服务器名或群组名,可以指定：存取级别、存取级别权限、用户类型、角色。

2. 打开数据库 ACL 的步骤

① 在 Designer 中打开一个数据库，在菜单中选择"File"→"Application"→"Access Control..."。见图 7-4。

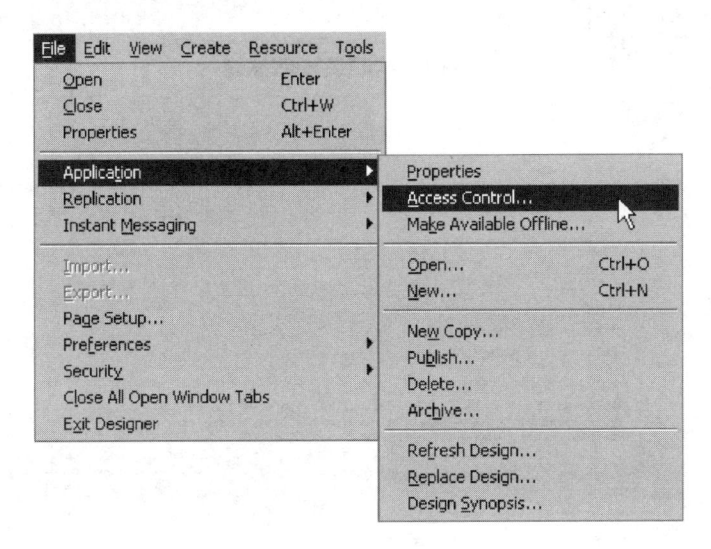

图 7-4　打开数据库 ACL

② 或者在数据库上单击右键，在右键菜单上选择"Application"→"Access Control..."。见图 7-5。

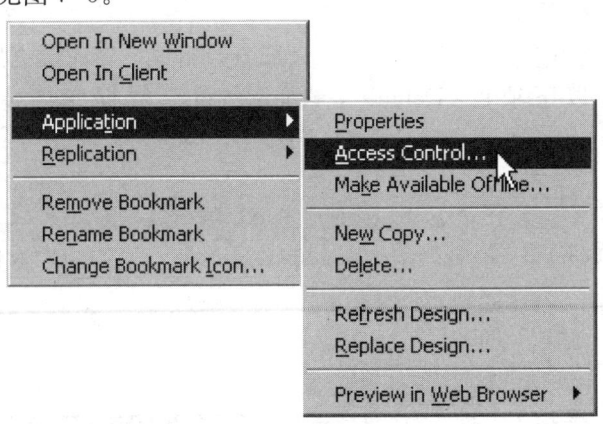

图 7-5　打开数据库 ACL

存取控制列表见图 7-6。

图 7-6 设置 ACL

7.3.2 ACL 中的项目

1. 缺省 ACL 项目

ACL 项目是由众多 ACL 项目（ACL Entry）组成。新建数据库的 ACL 中缺省情况下包含以下项目：-Default-，Anonymous，数据库创建者的用户名，LocalDomainServers，OtherDomainServers。

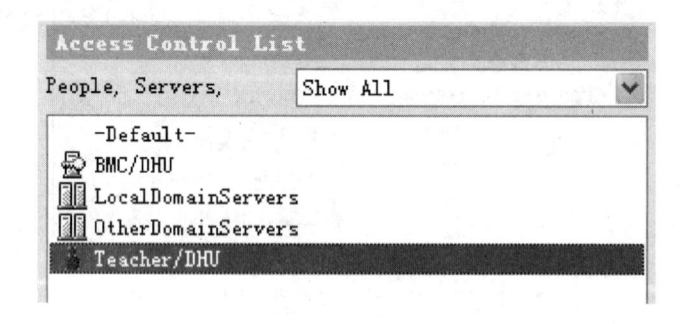

图 7-7 ACL 中的项目

(1) Default

在缺省的 ACL 项目中,"Anonymous"和数据库创建者的用户名是 ACL 中唯一定义为"Person"的项目。

"Anonymous"和"-Default-"是唯一只与数据库有关的项目,而与 Domino 目录中的项目无关。例如,LocalDomainServers 是 Domino 目录自动创建的,并且在创建数据库时添加到 ACL 中。而"Anonymous"仅当创建数据库时才作为一个 ACL 项目创建。

如果没有为用户和服务器特别指定其他存取级别(无论是单独指定还是作为群组成员指定,或者是根据通配符项目指定),那么他们将具有指定给"-Default-"项目的存取级别。此外,如果数据库 ACL 中不包含"Anonymous"项目,那么匿名访问数据库的用户将具有"-Default-"存取级别。"-Default-"的缺省存取级别取决于数据库模板的设计并且在不同的模板中会有所变化。

指定给"-Default-"项目的存取级别取决于用户希望数据库具备怎样的安全性。如果希望数据库只供有限数目的用户使用,那么请选择"不能存取者"。如果希望数据库可广泛使用,则可以选择"作者"或"读者"存取级别。"-Default-"项目的用户类型应该为"未指定"。

不能将"-Default-"项目从 ACL 中删除。

(2) Anonymous

匿名数据库访问权限授予那些未经过服务器验证的 Internet 用户和 Notes 用户。

所有数据库模板(.NTF 文件)的缺省 ACL 项目"Anonymous"的存取级别为"只读",这样当用户或服务器根据模板创建或刷新".NSF"文件时,可以成功地读取模板。

数据库(.NSF 文件)文件的缺省 ACL 项目"Anonymous"的存取级别为"不能存取者"。

(3) 数据库创建者用户名

数据库创建者的用户名是创建数据库用户的层次用户名。创建数据库的用户的缺省存取级别为"管理者"。通常该用户始终保持对该数据库的"管理者"存取级别或被授予对该数据库的"设计者"存取级别。

(4) LocalDomainServers

LocalDomainServers 群组列出了与存储数据库的服务器在同一网络域内的所有服务器,在缺省情况下为每个 Domino 目录提供该群组。当用户创建一个新的数据库时,LocalDomainServers 的缺省存取级别为"管理者"。该群组至少应该具有"设计者"存取级别,才能允许在网络域内复制数据库设计的更改。LocalDomainServers 群组通常会被赋予比 OtherDomainServers 群组更高的存取级别。

（5）OtherDomainServers

OtherDomainServers 群组列出了存储数据库的服务器所在网络域以外的所有服务器，缺省情况下为每个 Domino 目录提供该群组。当创建一个新的数据库时，OtherDomainServers 的缺省存取级别为"不能存取者"。

2. ACL 项目的类型

除了默认项目，ACL 中可接受的项目还包括：通配符项目；用户、服务器及群组名（包括 Internet 客户机的用户和群组名）；等价名；LDAP 用户；Anonymous，用于匿名 Internet 用户访问和匿名 Notes 用户访问；数据库复本标识符。

每个 ACL 项目最多可以有 255 个字符。

使用层次名称格式在 ACL 中添加名称可以提高安全性。层次名称如下所示：Sandra E Smith/West/Acme/US，Randi Bowker/Sales/FactoryC。

（1）通配符项目

要允许对数据库进行一般访问，可以在 ACL 中输入带有通配符（＊）的层次名称。可以在公用名称和组织单元组件中使用通配符。

尚未在 ACL 中指定用户或群组名项目，并且其层次名称中包含带通配符组件的用户和/或服务器，将获得匹配的每个通配符项目指定的最高级别的访问权限。

下面是一个通配符格式的 ACL 项目：

＊/Illustration/Production/Acme/US

该项目将选定的存取级别授予：

Mary Tsen/Illustration/Production/Acme/US

Michael Bowling/Illustration/Production/Acme/US

而不将选定的存取级别授予：

Sandy Braun/Documentation/Production/Acme/US

Alan Nelson/Acme/US

当使用带通配符的 ACL 项目时，应将用户类型设置为"未指定"、"混合群组"或"个人群组"。

（2）用户名

对于具有经过验证的 Notes 用户标识符的任何个人名称，或使用名称和口令或 SSL 客户机验证进行验证的 Internet 用户的名称，可以将其添加到 ACL 中。

对于 Notes 用户，为每个用户输入完整的层次名称，如"John Smith/Sales/Acme"，而不需要考虑该用户与存储数据库的服务器是否在同一个层次组织中。

对于 Internet 用户，输入作为"Person"文档的"Full name"域中第一个项目的名称。

注意：可以在用户名域中输入许多别名并且可以使用这些别名进行验证，但是只能使用列表中的第一个名称来进行安全授权检查。这是应该在所有的 Domino 数据库 ACL、"服务器"文档中的安全设置以及". ACL"文件中使用的名称。

（3）服务器名称

可以向 ACL 中添加服务器的名称以控制数据库从数据库复本中接收更改。为了保证更严格的安全性，应使用服务器完整的层次名称，如"Server1/Sales/Acme"，而无需考虑添加的服务器的名称与存储数据库的服务器是否在不同的层次组织中。

（4）群组名

可以向 ACL 中添加群组名（如 Training）代表要求相同存取级别的多个用户或服务器。用户必须在群组中列出并且有一个主层次名或等价名。群组中也可以包含使用通配符的项目。在 ACL 中使用群组名之前，必须在下列任一目录中创建该群组：Domino 目录、辅助 Domino 目录或外部 LDAP 目录（在"目录服务"数据库中已经对群组授权进行了配置）。

提示：数据库的管理者应使用单独的名称而不是群组名。这样当用户选择"Create"→"Other"→"Special/Message To Database Manager"时，就可以知道自己在向何人发送信息。

群组提供了管理数据库 ACL 的便捷方法。在 ACL 中使用群组有如下优点：

无需向 ACL 中添加繁长的单个名称列表，而只需添加一个群组名称。如果某个群组不止出现在一个 ACL 中，则只需修改 Domino 目录或 LDAP 目录中的群组文档，而无需在多个数据库中添加和删除单个名称。

如果需要更改几个用户或服务器的存取级别，可以只对整个群组进行一次更改。

使用群组名称来反映群组成员的职责，或者部门或公司的组织。

提示：还可以使用群组授予某些用户对数据库的控制访问权限，而无需授予他们"管理者"或"设计者"访问权限。例如，可以在 Domino 目录中为每个需要的数据库存取级别创建群组，将此群组添加到 ACL 中，并允许特定的用户拥有该群组。这些用户可以修改群组，但是不能修改数据库的设计。

（5）终止群组

当雇员离开组织时，应该从 Domino 目录的所有群组里删除他们的姓名并将其添加到"仅拒绝列表"群组中，以拒绝他们对服务器的访问。"服务器"文档中的禁止存取列表里包含了不再具有访问 Domino 服务器权限的 Notes 用户名和群组名。同时，对于已经离开的雇员，必须确保在组织里所有数据库的 ACL 中删除该

雇员的姓名。在 Domino 目录中删除某人时,如果已经创建了"仅拒绝列表"群组,用户就可以看到"将已删除的用户添加到拒绝访问群组"选项。如果该群组不存在,对话框将显示"没有选定或可用的拒绝访问群组"。

(6) 等价名

等价名是可选的别名,由管理员分配给已注册的 Notes 用户。可以向 ACL 中添加等价名。等价名提供的安全性级别与用户的主层次名称相同。如果某用户的主名称为"Sandra Brown/West/Sales/Acme",则其等价名的格式可以为"Sandy Smith/ANWest/ANSales/ANAcme",其中 AN 表示等价名。

(7) LDAP 用户

可以使用辅助 LDAP 目录来验证 Internet 用户。然后将这些 Internet 用户的姓名添加到数据库的 ACL 中以控制这些用户对数据库的访问。

还可以在包含这些 Internet 用户名的辅助 LDAP 目录中创建群组,然后将这些群组作为项目添加到 Notes 数据库的 ACL 中。例如,某个 Internet 用户可能尝试访问 Domino Web 服务器上的数据库。如果这个 Web 服务器验证了该用户,并且 AC 中包含了名为"Web"群组,则服务器除了在主 Domino 目录中查找项目以外,还能够在位于外部 LDAP 目录的"Web"群组中查找该 Internet 用户名。注意,要使这种情况成为可能,Web 服务器上的"目录服务"数据库必须包含针对于 LDAP 目录的一个"LDAP Directory Assistance"文档,并且启用了"群组扩展"选项。还可以使用此功能来查找存储在外部 LDAP 目录群组中的 Notes 用户姓名,作为数据库 ACL 检查的一部分。

将 LDAP 目录中的用户名和群组名添加到数据库 ACL 中时,应对名称使用 LDAP 格式,但使用正斜杠(/)而不是逗号(,)作为分隔符。例如,如果 LDAP 目录中的用户名如下所示:

uid= Sandra Smith, o= Acme, c= US

应在数据库的 ACL 中输入以下内容:

uid= Sandra Smith/o= Acme/c= US

如果要在 ACL 中输入非层次的 LDAP 目录群组的名称,只需输入属性值而不是属性名。例如,如果 LDAP 群组名的非层次名称如下所示:

cn= managers

则只需在 ACL 中输入以下内容:

managers

如果要输入层次群组名称,请在 ACL 项目中包括 LDAP 属性名。例如,如果群组的层次名称如下所示:

cn= managers, o= acme

则在 ACL 输入以下内容：

cn= managers/o= acme

请注意，如果指定的属性名恰好与 Notes 中使用的属性名（cn，ou，o，c）一致，则 ACL 将不显示这些属性。

例如，如果在 ACL 中输入以下名称：

cn= Sandra Smith/ou= West/o= Acme/c= US

由于这些属性恰好与 Notes 使用的属性一致，因此名称在 ACL 中的显示如下所示：

Sandra Smith/West/Acme/US

（8）Anonymous

任何没有首先进行验证而访问服务器的用户或服务器都被该服务器认为是"Anonymous"。匿名数据库访问权限授予 Internet 用户以及没有在服务器上进行验证的 Notes 用户。

匿名访问通常用于服务器上可接受公众访问的数据库。在存取控制列表中输入"Anonymous"名称并分配相应的存取级别，即可控制授予匿名用户或服务器的数据库存取级别。通常可以指定"Anonymous"用户对数据库具有"读者"存取级别。

当匿名用户（无论是以"Anonymous"项目还是以"-Default-"项目的存取级别访问数据库的用户）想在数据库中进行一些其存取级别所不允许的操作时，服务器将会要求他们进行验证。例如，如果"Anonymous"设置为"读者"，当某匿名用户试图新建一个文档时，服务器将会提示该用户使用名称和口令进行验证。

提示：如果希望所有用户都针对数据库进行验证，必须确保数据库 ACL 中的"Anonymous"具备"不能存取者"存取级别，并且确保未启用"读取公用文档"和"写入公用文档"。应将 Internet 用户名添加到 ACL 中并赋予所希望的存取级别。

Domino 服务器使用单独的群组名称"Anonymous"进行存取控制检查。例如，如果"Anonymous"在数据库 ACL 中具有"作者"存取级别，则用户的真实姓名会出现在这些文档的"作者"域中。在文档的"作者"域中，Domino 服务器只能显示匿名 Notes 用户的真实姓名，而不能显示匿名 Internet 用户的真实姓名。不管是否使用了匿名访问，"作者"域都不具有安全功能。如果为了安全起见需要验证作者名的有效性，那么应对文档进行签名。

（9）复本标识符

要允许一个数据库中的代理使用"@DbColumn"或"@DbLookup"检索另一个数据库中的数据，应在要检索的数据所在的数据库的 ACL 中输入包含该代理的数据库的复本标识符。包含代理的数据库对要检索数据所在的数据库必须至少

具有"读者"存取级别。这两个数据库还必须在同一个服务器上。数据库 ACL 中的复本标识符可以为"85255B42：005A8fA4"所示。可以用大写或小写字母输入复本标识符，但是不要将其用引号括起来。

如果没有向存取控制列表中添加复本标识符，但数据库"-Default-"项目的存取级别为"读者"或更高级别时，则其他数据库仍然可以检索数据。

3. ACL 项目的评估顺序

Notes 以特定的顺序评估 ACL 项目以决定应授予试图访问数据库的验证用户何种存取级别。如果用户不能通过服务器的验证，而服务器又允许用户访问，则即使用户名为"Anonymous"，系统仍将评估用户的访问权限。

① ACL 首先检查用户名，以查看其是否与 ACL 中确定的某个项目匹配。ACL 检查匹配的所有用户名。例如，Sandra E Smith/West/Acme 应与项目 Sandra E Smith/West/Acme/US 和 Sandra E Smith 匹配。如果某个人的两个不同项目具有不同的存取级别（例如，由不同的管理员在不同的时间授予），则该用户试图访问数据库时将被授予最高的存取级别，以及该用户的两个 ACL 项目的访问权限组合。如果用户具有多个等价名，也会发生此种情况。

注意：如果仅在 ACL 中输入公用名称（如"Sandra E Smith"），则仅当用户名和数据库服务器在同一个网络域层次中时该项目才会进行匹配。例如，如果用户为"Sandra E Smith"，其层次名称为"Sandra E Smith/West/Acme"，数据库服务器为"Manufacturing/FactoryCo"，则项目"Sandra E Smith"将不会获得服务器"Manufacturing/FactoryCo"上 ACL 中正确的存取级别。要使用户获得其他网络域服务器上 ACL 中正确的存取级别，必须按照完整的层次格式输入用户名。

② 如果没有找到用户名匹配项，ACL 将检查是否有群组名项目与其匹配。如果试图访问数据库的用户恰好与多个群组项目匹配——例如，如果用户是 Sales 的成员，而 Sales 有两个群组项目，即"Acme Sales"和"Sales Managers"，那么该用户将被授予最高存取级别，而其访问权限将是该群组的两个 ACL 项目的访问权限的组合。

注意：如果用户与 ACL 中的某个确切项目匹配，并且还是 ACL 中列出的某个群组的成员，那么该用户将始终被授予该确切项目的存取级别，即使群组的存取级别可能更高。

③ 如果没有找到群组名匹配项，ACL 将检查是否有通配符项目与其匹配。如果试图访问数据库的用户恰好与多个通配符项目匹配，该用户将被授予最高存取级别，而其访问权限将是所有匹配的通配符项目访问权限的组合。

④ 最后，如果数据库 ACL 项目中未找到匹配项，该用户将被赋予"-Default-"项目的存取级别。

7.3.3 ACL 中的存取级别及其权限

1. 存取级别

在数据库 ACL 中指定给用户的存取级别能够控制用户在数据库中执行任务的范围。存取级别权限增强或限制了授予 ACL 中每个名称的存取级别。对于 ACL 中的每个用户、群组或服务器，可以选择基本的存取级别和用户类型。要进一步细化访问权限，可以选择一系列访问权限。如果应用程序设计者创建了角色，请将其分配给相应的用户、群组或服务器。

在数据库 ACL 中分配给服务器的存取级别用于控制服务器可以复制数据库中的信息范围。

要访问特定服务器上的数据库，Notes 用户必须既具有相应数据库的访问权限，又具有相应服务器的访问权限（在 Domino 目录的"服务器"文档中指定）。要查看数据库的 ACL，用户必须至少具有"读者"存取级别。

特别注意事项：特殊 ACL 访问。

① 有时，用户具有某个数据库的重要访问权限，但是又没有在数据库 ACL 中定义。这种访问权限是在 Domino 的其他区域进行权限设置时授予的，或者是通过对服务器本身具有访问权限而得到的。作为管理员必须了解这些类型的访问权限，才能充分地保护服务器上的数据库。

② 在"服务器"文档中指定为具有完全权限的管理员的用户对服务器上的所有数据库具有管理者存取级别，并且启用了所有权限和角色，而无需考虑是否在数据库 ACL 中列出。

③ 注意如果某个用户对数据库具有完全的管理员访问权限，则数据库 ACL 通过在"有效权限"对话框中启用"具有完全权限的管理员"复选框来表明这一点。

④ 在"服务器"文档中指定为管理员或数据库管理员的用户可以修改（例如，指定管理服务器或者创建全文索引）或删除服务器上的任何数据库，即使这些用户在数据库 ACL 中并未作为管理者列出。

⑤ 管理员可以在服务器上运行任意的可执行程序，无论是通过非 Domino 程序访问服务器，还是通过使用无限制的代理启动可执行程序。

⑥ 管理员可以直接在服务器计算机或者对服务器数据库文件具有文件存取级别的计算机上运行 Notes 客户机软件。

⑦ 如果用户具有"使用不受限制的完全权限"权限，则可以通过运行代理来访问数据库，即使该用户未在数据库 ACL 中列出。该权限忽略 ACL 及读者列表。

下表按从高到低的顺序列出了用户存取级别。

表 7-3　ACL 存取级别

存取级别	允许用户进行以下操作	分配给
管理者 （Manager）	修改数据库 ACL； 加密数据库； 修改复制设置； 删除数据库； 执行较低存取级别允许的所有任务	负责数据库的两个人。这样，如果一个人不在，可以由另一个人管理数据库
设计者 （Designer）	修改所有的数据库设计元素； 创建全文搜索索引； 执行较低存取级别允许的所有任务	数据库设计者和/或负责未来设计更新的人员
编辑者 （Editor）	创建文档； 编辑所有文档（包括其他人创建的文档）； 读取所有的文档，除非表单中存在"读者"域； 如果编辑者未在"读者"域中列出，则具有"编辑者"ACL 存取级别的用户将无法读取或编辑文档	允许在数据库中创建和编辑文档的任何用户
作者 （Author）	创建文档（如果用户或服务器还具有"创建文档"存取级别权限）在为用户或服务器指定"作者"存取级别的同时，还必须指定"创建文档"存取级别权限； 编辑包含"作者"域并且在该"作者"域中指定该用户为作者的文档； 读取所有的文档，除非表单中包含"读者"域	需要向数据库发布文档的用户
读者 （Reader）	阅读所有文档； 读取包含"读者"域并且在该"读者"域中指定该用户为读者的文档	只需要阅读数据库中的文档，而不需要创建和编辑文档的用户
存放者 （Depositor）	创建文档，并且除"读取公用文档"及"写入公用文档"两项权限以外，不再具有其他任何权限。这两个权限是设计者可能选择要授予的权限	只需要发布文档，而不需要阅读或编辑自己或其他用户的文档的用户。例如，为投票箱应用程序使用"存放者"存取级别
不能存取者 （No Access）	除"读取公用文档"和"写入公用文档"选项以外不具有其他任何权限。这两个权限是设计者可能选择要授予的权限	已终止的用户、不需要访问数据库的用户或在特定基础上能访问数据库的用户。 注意：如果某些用户是某个群组的成员，并且该群组的成员都可以访问数据库，而该用户不应该具有数据库访问权限，则需要专门为这些用户指定"不能存取者"存取级别

2. 存取级别权限

在为每个用户、群组和服务器分配了存取级别之后，就可以在存取级别的权限之内选择或取消选择某些权限。见图7-8。

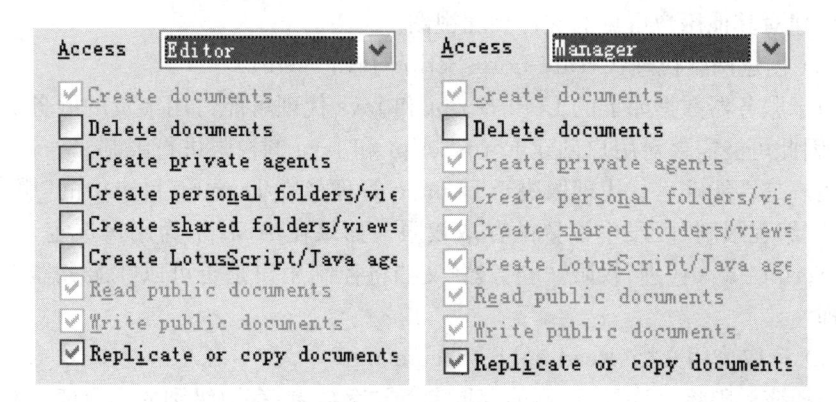

图7-8　存取级别权限

(1) 创建文档(Create documents)

为拥有"作者"存取级别的所有用户选择此选项。如果取消选择此权限，则"作者"将无法再添加任何文档，但可以继续阅读和编辑自己创建的文档。

(2) 删除文档(Delete documents)

"作者"只可以删除自己创建的文档。如果取消选择此权限，则作者无论拥有哪一种存取级别都不能删除文档。如果表单中包含"作者"域，则作者只有在其名称或包含其名称的群组或角色出现在"作者"域中时才可以删除文档。

(3) 创建个人代理(Create private agents)

用户只能运行这样的代理：即代理所执行的任务是ACL中指定给用户的存取级别所允许的。

用户是否能够运行代理取决于Domino管理员在Domino目录中的"服务器"文档的"编程限制"区段中设置的权限。如果在ACL中为用户选定了"创建LotusScript/Java代理"，则"服务器"文档将控制该用户是否可以在服务器上运行此代理。

由于服务器数据库中的个人代理占用服务器上的磁盘空间和处理时间，因此最好禁用该权限。

(4) 创建个人文件夹/视图(Create personal folders/views)

在服务器上创建的个人文件夹和视图比在本地创建的更安全，并且可以用于多个服务器。另外，管理代理只能在存储于服务器上的文件夹和视图中运行。

如果"创建个人文件夹/视图"选项未选定，用户仍然可以创建个人文件夹和视图，但该文件夹和视图只能存储在他们的本地工作站上。取消选择该权限可以节

省服务器上的磁盘空间。

(5) 创建共享文件夹/视图(Create shared folders/views)

取消选择该权限可以保持对数据库设计的严密控制。否则分配此权限的用户可以创建对其他用户可见的文件夹和视图。

(6) 创建网站代理(Create LotusScript/Java agents)

由于服务器数据库上的 LotusScript 和 Java 代理可能占用宝贵的服务器处理时间,因此可能需要对用户创建 LotusScript 和 Java 的权限进行限制。

用户是否能够运行代理取决于 Domino 管理员在 Domino 目录中的"服务器"文档的"编程限制"区段中设置的存取权限。如果在 ACL 中为用户选定了"创建 LotusScript/Java 代理"权限,"服务器"文档将控制用户是否可以在服务器上运行此代理。

(7) 读取公用文档(Read public documents)

选择该权限将允许具有"不能存取者"或"存放者"存取级别的用户读取文档或查看设计者指定了"可用于公共访问用户"属性的视图和文件夹。表单必须包含名称为"$PublicAccess"的文本域并且其值应该等于 1。

(8) 写入公用文档(Write public documents)

选择该权限允许用户创建并编辑特定文档,该类文档由设计者指定了"对有公共权限的用户开放"属性的表单控制。使用该选项可以实现让用户有创建和编辑特定文档的权限,而不用给他们"作者"存取级别。"作者"存取级别(或等价的角色)给予用户基于数据库中的任何表单创建文档的权限。

注意:具有该权限的用户还可以删除数据库中的任何公用文档。

(9) 复制或拷贝公用文档(Replicate or copy documents)

选择该权限允许用户将数据库或者数据库中的文档复制或拷贝到本地或剪贴板。可以对授予除"存放者"和"不能存取者"外的其他所有存取级别选择此权限。

7.3.4 ACL 中的用户类型和角色

1. 用户类型

用户类型表明 ACL 中的名称所属的类型(个人、服务器或群组)。为名称指定用户类型即指定用此名称访问数据库所需的标识符类型。用户类型有"Person"、"Server"、"Mixed group"、"Person group"、"Server group"和"Unspecified"。ACL 中的"-Default-"群组总是以"Unspecified"作为用户类型。如果将"Anonymous"添加到 ACL 中,那么它应该具有"Unspecified"用户类型。

用户类型为数据库提供了额外的安全性。例如,为名称指定"Person"用户类型而不是"Unsepcified"用户类型,可以防止未授权的用户创建与个人名称同名的

"Group"文档，再向该群组中添加自己的名称，然后通过该群组的名称访问数据库。

将某个名称指定为"Server"或"Server group"类型可以防止用户在工作站上使用服务器标识符来访问服务器上的数据库。但需注意这种方法并不十分可靠。用户有可能创建一个类似服务器的外接程序，并使用服务器标识符从工作站访问服务器上的数据库。

可以自动为 ACL 中所有未指定用户类型的名称指定用户类型，而不必分别为每个用户指定用户类型。指定给每个名称的用户类型由该名称的"Domino 目录"项目来决定。通过这种方法，群组将总是被指定为"Mix group"，而不会被指定为"Person group"或"Server group"。如果要为某个名称指定"Person group"或"Server group"，必须选择该名称然后手动指定用户类型。

2. ACL 中的角色

数据库设计者可以通过创建角色为数据库设计元素和数据库函数分配特殊的访问权限。角色定义了用户和/或服务器集合。该集合类似于在 Domino 目录中设置的群组。不过与群组不同，角色仅在创建它们的数据库中有效。

一旦创建了角色，就可以将其用在数据库设计元素或函数中，以便限制用户对这些元素或函数的访问。例如，如果希望仅允许某组用户编辑数据库中的某些文档，可以创建一个名为"DocEditors"的角色，然后将该角色添加到这些文档的"作者"域中，并且将角色分配给允许编辑这些文档的用户。见图 7-9。

图 7-9 角色

必须拥有"管理者"存取级别才能在数据库 ACL 中创建角色。在为 ACL 中的名称或群组指定角色之前，必须先创建角色。一旦在 ACL 中创建了角色，这些角色就会出现在"存取控制列表"对话框的"基本"面板中的"角色"列表框中。角色名用方括号括起来，如[Sales]。在将项目添加到数据库 ACL 中后，从"角色"列表框中选择一个角色即可为该项目指定一个角色。

下表描述了一些设计元素，数据库设计者可以通过使用角色限制用户对这些元素的访问。

表 7-4　使用角色可以限制访问的元素

要限制的权限	设计者使用的元素
编辑特定文档	"作者"域
编辑文档特定部分	区段
读取特定文档	"文档属性"对话框的"安全性"附签中"读者"域或读取权限控制列表
查看和阅读特定视图中的文档	视图属性
查看和阅读特定文件夹中的文档	文件夹属性
阅读使用特定表单创建的文档	表单属性
使用特定表单创建文档	表单属性

使用角色限制对数据库元素的访问并不是十分安全的方法。例如，如果设计者限制了对数据库中某些文档的访问，数据库管理者或 Domino 管理员必须记住这些文档的"读者"访问列表继承了"读者"访问选项（该选项在文档对应表单的"表单属性"对话框中设置）。因此，任何在数据库 ACL 中具有"编辑者"或更高存取级别的人员都可以更改文档的"读者"存取控制列表。

在创建角色时，不必输入方括号。见图 7-10。

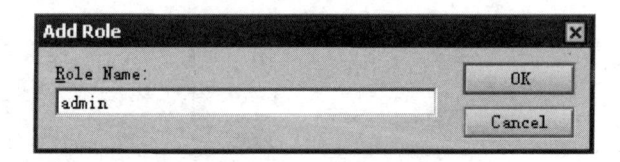

图 7-10　创建角色

7.3.5　ACL 的高级选项

1. 强制实现存取控制列表的一致性

可以确保服务器上所有数据库复本的 ACL 完全相同，同时还可以确保用户

在工作站或便携式计算机上制作的所有本地复本的 ACL 完全相同。

要保持数据库在所有服务器上的复本的存取控制列表相同,可以在某个复本(该复本所在的服务器对其他复本拥有"管理者"存取级别)上选择"Enforce a consistent Access Control list across all"设置。如果选择的复本所在的服务器对其他复本没有"管理者"存取级别,那么复制将失败,因为该服务器不具有复制 ACL 所需的足够权限。

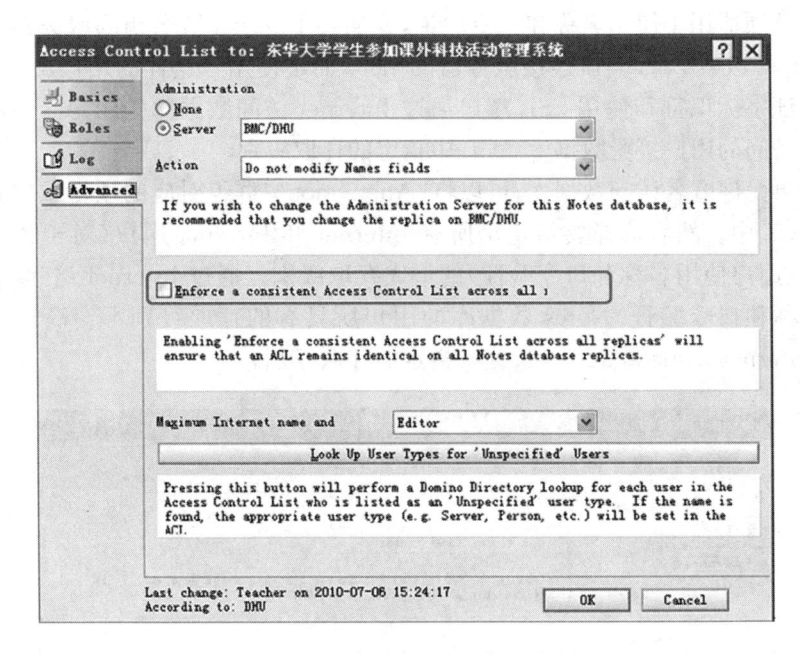

图 7-11 强制使用一致的存取控制列

如果用户在本地复制数据库,数据库 ACL 将识别出该用户的存取级别,因为该存取级别对于服务器来说是已知的。在进行本地复制时,这种情况是自动发生的。

应该注意的是,启用了"Enforce a consistent Access Control list across all"的本地复本将试图遵从 ACL 中的信息并相应地确定用户可以执行的操作。但是,同时也存在一些限制。一个限制是群组信息是在服务器上生成,而不是在本地复本中生成。在本地复制数据库时,执行复制的个人群组成员信息将存储在数据库中以供 ACL 检查使用。如果执行复制的用户之外的个人/标识符访问本地复本,将没有关于该用户的群组成员信息可用,ACL 仅能使用该用户标识符而不是群组成员备份进行访问权限的检查。

另外,强制使用一致的存取控制列表并不能为本地复本提供额外的安全性。

要保持本地复本数据的安全性，应对数据库进行加密。

2. Internet 用户的最大权限

Notes 不能用鉴别 Notes 用户的方法来鉴别通过 Internet 或 Intranet 访问数据库的用户。应使用"Maximum Internet name and..."设置来控制通过浏览器访问数据库的 Internet 或 Intranet 用户的最大访问权限类型。此列表包含 Notes 用户的标准存取级别。

此选项适用于使用名称和口令验证，或通过 Internet 匿名访问服务器并使用 TCP/IP 端口或 SSL 端口连接服务器的用户，而不使用于这样的用户，有 SSL 客户机验证字标识符和使用 SSL 端口通过 Internet 访问数据库的用户。使用 SSL 客户机访问的用户接受数据库 ACL 中指定的存取级别。

如果允许匿名访问数据库，可以将"Anonymous"群组对应的项目添加到数据库的 ACL 中。然后选择要指定给所有 Internet 和 Intranet 用户（对于特定数据库，这些用户使用名称和口令验证）的最大存取级别。通过 Internet 访问（匿名或使用名称和口令验证）Notes 数据库的用户所具有的存取级别不会高于"Maximum Internet name and..."选项中指定的存取级别。

图 7-12 Internet 用户的最大权限

注意："最大"存取级别将覆盖已在数据库 ACL 中明确授予用户的存取级别，但是强制使用这两个存取级别中较低的一个。

7.4 应用程序设计元素的安全性

7.4.1 视图的安全性

1. 读存取列表

如果希望只有特定用户查看视图或文件夹,则可以创建读存取列表,不在此存取列表之内的用户不能在"查看"菜单中查看到这些视图或文件夹。视图或文件夹读存取列表不是真正的安全性措施,用户可以创建私有视图或文件夹来显示包含在限制视图中的文档,除非文档有其他保护性措施。要实现更高级别的安全性,请使用表单的读存取列表。(提示:可以禁止用户创建私有视图。)

只要用户在数据库存取控制列表中至少具有"读者"的存取级别,就可以向视图或文件夹的读存取列表中添加这些用户。

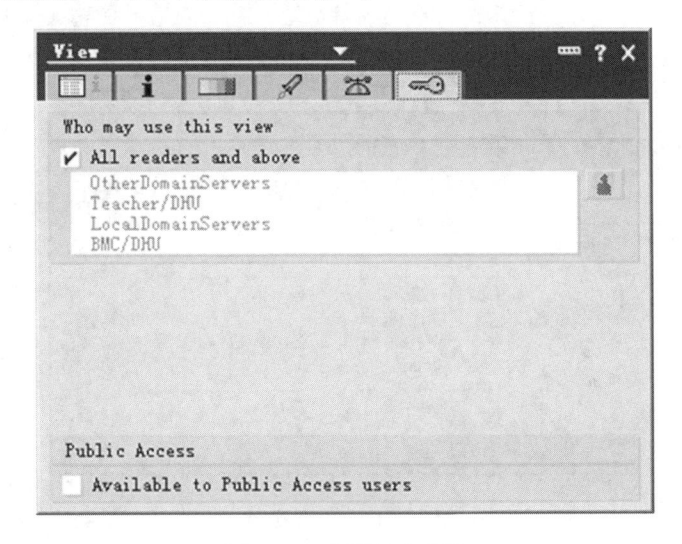

图 7-13　视图的安全性

2. 隐藏视图

(1) 对 Notes 用户隐藏视图

① 在"View"框的"选项"附签 中取消选定"Show in View menu"。从"View"菜单中隐藏视图仅应用于 Notes 用户,因为 Web 用户无权访问 Notes 菜单。见图 7-14。

② 打开设计工具箱,在右面窗格中单击视图名称,选择"Design"→"Design Properties"→"Notes R4.6 or later clients"。

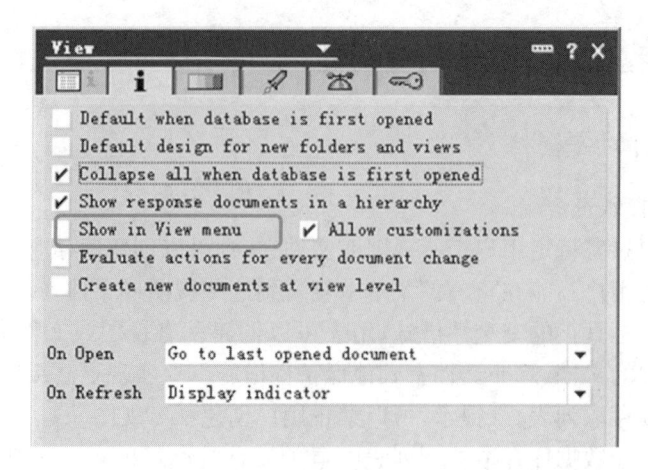

图 7-14 隐藏视图

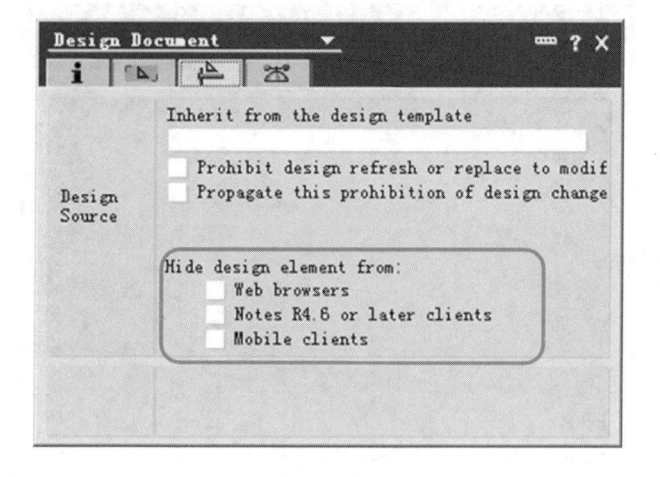

图 7-15 隐藏视图

③ 当拥有仅用于 Web 的视图,或者希望从"View"菜单和文件夹窗格中删除视图时,对 Notes 客户机隐藏视图是非常有用的。

④ 为视图命名并用括号括起来,例如,(All)。

(2) 对 Web 用户隐藏视图

① 打开设计工具箱,在右边的窗格中单击视图的名称,选择"Design"→"Design Properties"→"Hide design element from"→" Web browsers"。见图 7-15。

② 当用户拥有仅用于 Notes 的视图,或者希望从文件夹窗格和打开数据库视图列表中删除视图时,对 Web 客户隐藏视图是非常有用的。

③ 为视图命名并用括号括起来,例如,(All)。

7.4.2 表单的安全性

可以通过下面几种方式控制对表单的访问:把表单从"Create"菜单中排除,表单只对一部分用户可用;使用表单访问列表,指定可以使用此表单创建文档的权限;为有公共访问权限的用户创建单独的表单。

1. 表单只对一部分用户可用

从创建菜单中排除,只需不选中复选框"Include in meau"。

图 7-16 创建菜单中的表单删除

2. 使用表单存取列表

打开表单的属性窗口,选择"安全"附签 ,打开表单存取列表,如下图。进一步细化数据库的 ACL,允许一部分人能够访问表单和使用表单创建文档。

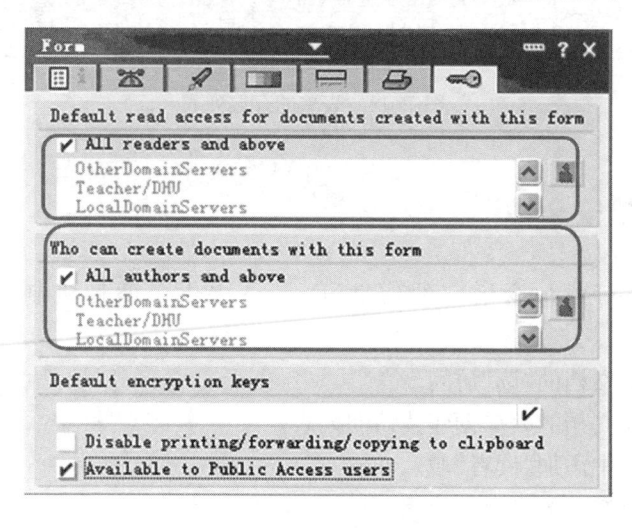

图 7-17 表单的存取列表

① 表单的读取访问列表(All readers and above)，允许在列表中的用户读取由此表单创建的文档。

② 表单的创建访问列表(All authors and above)，允许在列表中的用户创建文档。

3. 为有公共访问权限的用户创建表单

公共访问列表和数据库的 ACL 一起工作，扩展用户的视图，表单和文档的访问。允许对数据库有"不能存取者"和"存放者"级别的用户可以查看特定的表单、视图和文件夹，而无需赋予"读者"存取级别。他们只能访问被标记为"Available to public Access users"的表单、视图和文件夹。

图 7-18　表单的存取列表

7.5　文档的安全性

个别文档可能包含敏感的信息，Domino 提供了两种机制控制对文档的访问。

① 控制对文档的"读"访问。

② 为创建文档的表单创建读访问列表。

③ 在文档中添加"读者"域。

④ 控制对文档的"编辑"访问。

⑤ 增加"作者域"。

⑥ 创建"存取控制"区段。

7.5.1 读访问控制

1. 表单的读访问列表

表单的读访问列表细化数据库的 ACL，允许列表中的用户阅读由此表单创建的文档。文档的作者和编辑者可以修改文档的读访问列表。

在视图中，选择一个文档，打开属性对话框，切换到安全附签。

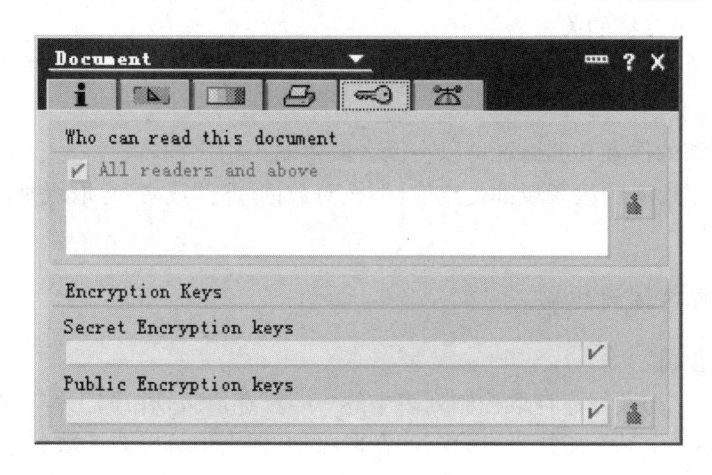

图 7-19 文档的安全性

如果文档的作者或者编辑者在这里修改文档的读访问列表，将在文档中创建一个"＄Readers"域，类型为"读者"。

如果用户在表单中设置了读访问列表，那么在文档中就会创建"＄Readers"域，如果没有读访问列表，就没有"＄Readers"域。

2. 读者域

如果希望限定对由某个表单所创建的特定文档的读取，则在表单中添加一个"读者"域。"读者"域清楚地列出了可以阅读由此表单所创建的文档的用户。

对文档不具有"读者"权限的用户则不能在视图中查看文档。

如果表单中有存取列表，那么"读者"域中的姓名将被添加到表单的存取列表中，否则由"读者"域控制对由此表单所创建的文档的存取。

"读者"域中的输入项不能给用户比数据库的存取控制列表（ACL）中指定的权限更高的存取权限，而只能进一步限制存取权限。在数据库中被指定为"不能存取者"的用户，即使被列入"读者"域也不能读取该数据库中的文档。另一方面，在存取控制列表中具有"编辑者"（或更高）存取级别的用户，若未列入"读者"域中也

不能读文档。

在下列情况下,对数据库具有"编辑者"(或更高)存取级别的用户就可以编辑文档:

① 这些用户被列在表单的读存取列表、"读者"域或"作者"域中。

② 表单没有读存取列表限制,没有"读者"域和"作者"域。

③ 读者域中包含的内容可以是姓名、角色和群组。

④ 读者域有如下特性:

A. 一个文档可以包含多个读者域,他们都可以控制文档的阅读,多个读者域之间构成一个"或"的关系。

B. 对单个文档的访问控制,依赖于读者域中的内容,一个文档中的读者域不会影响其他文档。

C. 文档的作者和编辑者可以在读者域中输入用户姓名。

D. 如果所有的读者域都是空值,那么对数据库有"读者"存取级别的用户都可以阅读文档。

7.5.2 编辑访问控制

1. 作者域

"作者"域与数据库存取控制列表中的"作者"存取级别协同工作。如果在存取控制列表中指定某个用户具有"作者"存取级别,那么他可以阅读数据库中的文档,但是不能进行编辑,即使是他自己的文档。将用户列入"作者"域可以使他们能编辑自己所创建的文档,从而扩展了此类用户的存取权限。

"作者"域中的项目不能超越数据库的存取控制列表,而只能细化。在数据库中被指定为"不能存取者"的用户,即使被列入"作者"域也绝不能编辑文档。已经具有数据库"编辑者"(或更高)存取级别的用户不受"作者"域的影响,"作者"域只影响在数据库中具有"作者"存取级别的用户。

注意:在"作者"域中必须输入完整的层次名,如"John Smith/ACME/West",而不是简化的常用名。

① 手工输入名称,保存时 Domino 自动转化为:CN=John Smith/OU=ACME/O=West,存储在文档中。

② 如果编程改编作者域的内容,必须输入完整的规范的名称"CN=John Smith/OU=ACME/O=West"。

2. 混合使用读者域和作者域

可以通过下面的表格判断读者域和作者域如何保护文档。

假设有两个用户:Carlson,McCarthy。在数据库的 ACL 中都有作者存取级别,并且没有表单读访问列表。

第 7 章 Domino 的安全机制

表 7-5 读者域和作者域

读者域	作者域	谁可以阅读	谁可以编辑
空	空	ACL 中的读者及以上	ACL 中的编辑者及以上
空	McCarthy	ACL 中的读者及以上	McCarthy 和 ACL 中的编辑者及以上
Carlson	空	Carlson	空
Carlson	McCarthy	Carlson 和 McCarthy	McCarthy

提示：一般不要在读者域或者作者域中随意编码用户或群组的名称，因为维护比较困难，应该创建一个角色输入读者域或者作者域，然后把角色分配给用户或者群组。

7.5.3 域的安全控制

1. 域安全选项

数据库 ACL 中，一些用户有"编辑者"存取级别，而另一些用户有"作者"存取级别。我们可以把作者域和单个域的安全选项"Must have at least Editor access to use"结合起来使用，这样即使一些用户有"作者"存取级别，并且在作者域中有他们的名字，那么他们也不能编辑这些域。

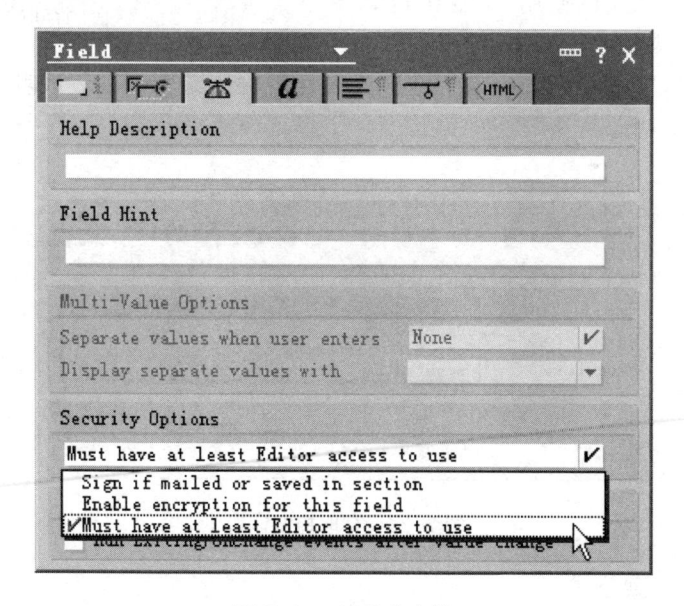

图 7-20 域的安全性

2. 使用存取控制区段

使用区段可以分组和组织页面或表单上的元素。存取控制区段有一个单独的"编辑访问列表",控制谁可以编辑区段的内容,在编辑访问列表的用户可以修改区段中的内容,不在编辑访问列表中的用户只能阅读。区段的编辑访问列表只能进一步细化用户的权限,不能覆盖数据库的 ACL。例如,对数据库有读者存取级别的用户,即使放在区段的编辑访问列表中,也不能编辑区段。

在工作流应用程序中,使用区段限制哪些人员可以编辑或签名文档的某些部分。如果文档需要多个批复签名,可以在表单中为每个签名或群组创建区段。

记住,存取控制区段并不是一个真正的安全特性,用户可以使用另外的表单打开文档,突破存取控制区段的安全性,真正的安全性是对文档的域进行加密。

在 Web 中不支持存取控制区段。

存取控制区段的使用方法:在表单中选择一些域或文本;选择"Create"→"Section"→"Controlled Access";在区段属性中输入编辑者列表或者产生编辑者的公式。

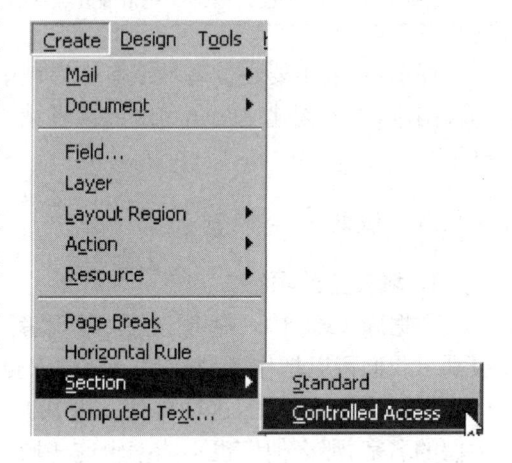

图 7-21 区段的存取控制

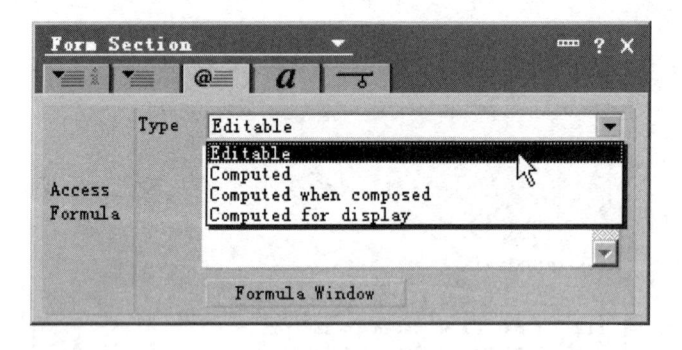

图 7-22 存取控制区段

3. 使用隐藏公式

使用隐藏公式可以控制用户的操作、文本、域和表格的单元等的访问。但隐藏公式也不是真正的安全措施,被隐藏的域在文档属性中可以看到。

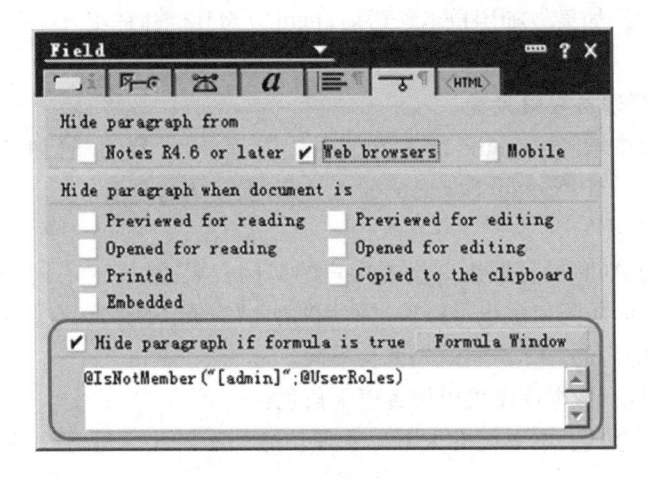

图 7-23　隐藏公式

7.6　安全性设计综合实验

7.6.1　IBM 认证系统的安全需求

本软件主要有三种类型的用户:学生、教师和系统管理员。学生用户在注册 Domino 用户之前,都是匿名访问。学生注册完个人信息后,可以读取个人信息。教师可以审核学生信息,发布课程信息,公布成绩。系统管理员负责对整个应用程序的维护,在 ACL 中有管理者存取级别。

7.6.2　IBM 认证系统数据库的安全性设计实现

1. 学生用户权限设置

学生用户在注册 Domino 用户之前,都是匿名访问的(在数据库的 ACL 中增加"Anonymous"项),具备注册考生个人信息的权限,赋予"作者"存取级别。在所有的学生都注册完个人信息后,把"Anonymous"设置为"读者"存取级别。

为了控制不同类型的用户对应用程序的访问,我们可以在 Domino 目录里创建一个群组:students,包含所有的学生,设置为作者,可以创建文档。这样可以统一设置学生的访问权限。另外一种可行的方法就是,把学生用户放在数据库 ACL 的 Default 组中,把 Default 设置为作者,可以创建文档。

2. 教师用户权限设置

教师用户比较少,可以单独在 ACL 中设置他们的权限,把教师加入 ACL 设

置为"编辑者"。如果教师用户不断增加,也可以为其创建群组:teachers,设置为编辑者。

3. 系统管理员权限设置

在数据库中增加 Domino 服务器的系统管理员,设置为"管理者"存取级别。把服务器和"Local Domain Servers"加入 ACL 设置为管理者。

4. 角色设置

除了使用 ACL 的存取级别设置用户的访问权限外,针对不同类型的用户对不同程序模块的访问权限也可以通过使用"角色"完成。统一存取级别的用户赋予不同的角色,他们的实际访问效果就会不同。

初步分析,本数据库中可以设置以下角色:

① Admin 角色:本系统的大部分管理功能都需要此角色,管理员和教师应该具备。

② Delete 角色,删除文档时,应具备此角色。

③ Students 角色,学生用户首先应该具备这个角色。

第 8 章 Lotus Domino/Notes 工作流程序设计

8.1 工作流程序设计概述

Lotus Domino/Notes 的工作流应用程序是基于群件的工作流自动化系统,充分利用了邮件和数据库的特点。工作流应用程序能够让系统自动执行一系列任务。这些任务通常涉及自动发送邮件信息或者自动路由文档(诸如,跟踪定单和评阅项目计划)。任何一个项目一般都需要由一个人或一批人完成一系列任务,工作流应用程序能指导项目自动完成这些任务。工作流应用程序可以节省开支和减少差错率,提高过程速度并能跟踪项目的进展状况。例如,工作流应用程序可以使出版社的发稿过程自动化,自动将稿件从作者发送给编辑者,再到校对者,最后成为产品发行。在工作流的每一个阶段,相关人员负责与此文档相关的特定任务。一旦这一阶段的任务执行完毕,工作流应用程序确保负责下阶段工作的有关人员收到通知以及执行此阶段任务所需的有关资料。

8.1.1 规划工作流

在选择适合工作流应用程序的邮寄功能类型之前,需要仔细规划实际工作流。实现工作流应用程序的一种方法是从应用程序所包含的数据库中收集所需信息,将其放到一个共享的中央数据库中,然后通过电子邮件将其分发给合适的单个用户。另外一种方法就是自动地使用邮件将文档从上一个评阅者发送给下一个评阅者。

在共享数据库中工作的用户可以直接在数据库中创建和编辑文档。远程用户必须进行正式地拨号才能进入服务器进行编辑。设计者能通过自动电子邮件提醒用户数据库中哪些文档需要编辑。为了能使该过程自动进行,可将电子邮件构建成表单或者代理。为了方便用户使用,可在通知中加进多个文档链接。为了方便远程用户使用,可以在电子邮件通知中包含文档的一个拷贝来替代指向该文档的链接。见图 8-1。

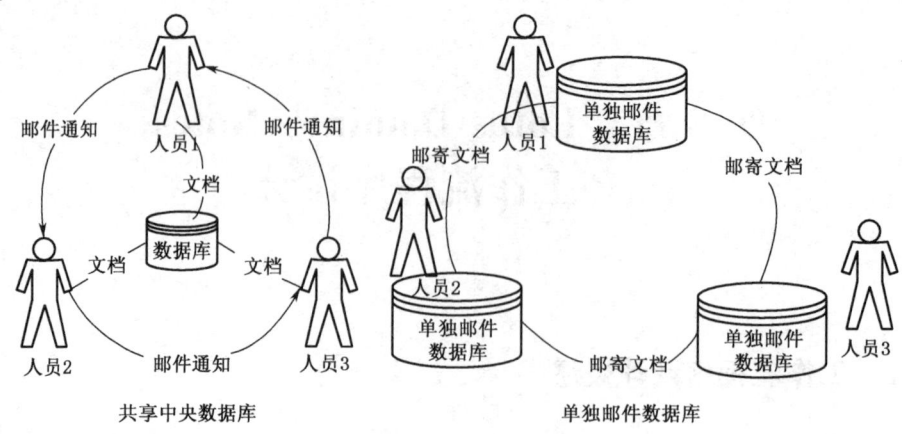

图 8-1 规划工作流

如果用户使用单独的邮件数据库,可创建文档或答复文档,然后能相互邮寄这些文档或将其邮寄到一个中央函件收集数据库。存储在文档中的具有自动执行功能、易于使用的表单就是这类应用程序的典型例子。当然,如果发送单个邮件消息,则会因文档与表单一起被存储而占用更多的磁盘空间。

表 8-1 总结了这两种方法的优缺点。

表 8-1 工作流方案的比较

方法	优点	缺点
共享的中央数据库	1. 链接到文档的电子邮件提醒用户处理需要关注的或与中央数据库利益相关的项目; 2. 将网络资源负载降到最低并节省服务器磁盘空间,用户能看到其他用户的备注; 3. 通常在工作流中使用中央数据库,便于维护文档的一致性	需要进行网络访问或通过调制解调器实现远程访问
单个邮件数据库	1. 方便远程用户使用,因为他们只需访问邮件而不必访问远程数据库; 2. 能发送多个文档	1. 由于需连续工作,所以工作流过程花费的时间较长; 2. 由于文档与表单一起被存储,所以比中央数据库占用更多的服务器磁盘空间;由于增加了文档大小,所以复制时间会变长

8.1.2 工作流的实现

工作流的实现实际上是实现文档和数据库之间的信息传递,要实现这一传递

过程需要满足以下条件：文档可被发送、数据库可以接收文档。

1. 发送文档

（1）两种邮寄文档情形

① 用户对其邮件数据库中的文档依次进行操作。

② 准备将文档发送到函件收集数据库中。

（2）发送文档方法

① 通过表单属性定义在表单中创建用来指定收件人的"SendTo 域"。

A. 用户选择是否发送邮件：选择表单属性"关闭时：显示邮件发送对话框"，让用户决定是否邮寄文档。

B. 强制发送：添加一个值为 1 的 MailOptions 域，强制文档在保存时被邮寄。

C. 简单操作"发送文档"。所有的表单和视图都包含可以显示在"操作"菜单或操作条上的缺省操作"发送文档"。

② 通过@MailSend 的函数定义：创建使用以下元素的代理、事件、表单（或视图）操作、热点或者按钮，选择性邮寄的"@Command([MailSend])"公式函数或自动邮寄的"@MailSend"函数。

@MailSend 不带参数时，将当前的文档邮寄给"SendTo"域指定的收件人。该文档中必须有"SendTo"的域。

@ MailSend (sendto；copyto；blindCopyTo；subject；remark；bodyfields；[flag])，该函数按照参数列表中提供的信息构造一个新的邮件便笺，并将其发送给 sendto、copyto 和 blindCopyTo 指定的收件人。

2. 发送文档链接

在工作流应用程序中，可能希望邮寄新建或被修改的文档通知，或者邮寄需完成的工作的提示。发送链接来替代文档本身可节省时间和磁盘空间。如果希望如此，可创建代理、事件、表单或视图操作、热点或能够执行下列操作之一的按钮：

① 简单操作"发送邮件消息"且选中了"包括文档的链接"。

② 简单操作"发送新闻摘要"。

③ 带有[IncludeDocLink]标记的公式函数"@MailSend"。

8.1.3　工作流应用程序举例

"文档集"模板（doclbw7.ntf）和"工作室"模板（teamrm7.ntf）就是两个包含工作流的应用程序样例。这两个模板并不将待评阅的文档邮寄给各个评阅者，而是将其放在一个中央数据库中。评阅者只收到含有评阅通知的邮件，指向这个文档

的链接也可能被包含在这个邮件中。

"文档集"模板使用评阅流程使用户将文档链接邮寄给一系列收件人。评阅分为串行评阅和并行评阅。使用并行评阅，能使所有评阅者在同一时刻收到评阅通知；如果不希望所有评阅者同时备注文档，则可以使用串行评阅。评阅者将分别在不同时刻收到电子邮件通知。

"工作室"模板体现了串行评阅过程的特性。它能自动邮寄并归档新闻简报和便笺。

下面以文档集模板演示工作流的使用步骤：

① 选择服务器上的文档集模板"Doc Library-Notes—Web（7）"创建一个文档集数据库。见图8-2。

图 8-2 创建文档集数据库

② 检查存取控制列表，根据数据库的使用文档，确认"-Default-"为作者。见图8-3。

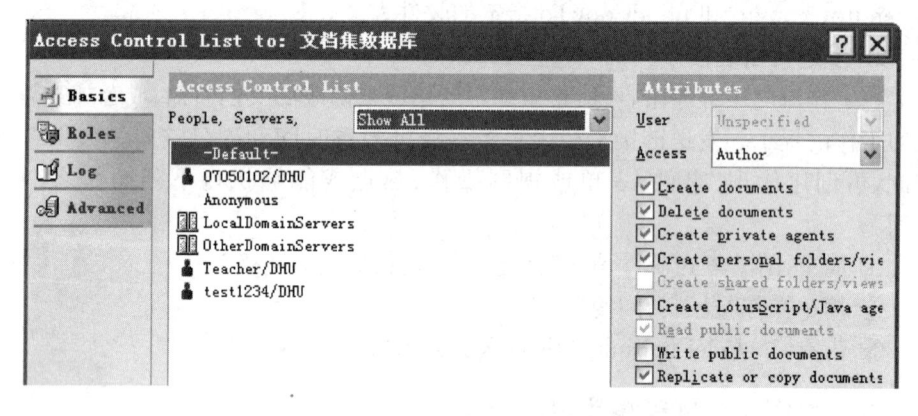

图 8-3 为文档集数据库配置 ACL

③ 打开数据库，创建一个待评阅的文档，指定评阅者"test1234"。输入后点击"Submit for review"，提示请求已经被发送给评阅者。见图8-4，8-5。

第 8 章　Lotus Domino/Notes 工作流程序设计

图 8-4　创建待评阅文档

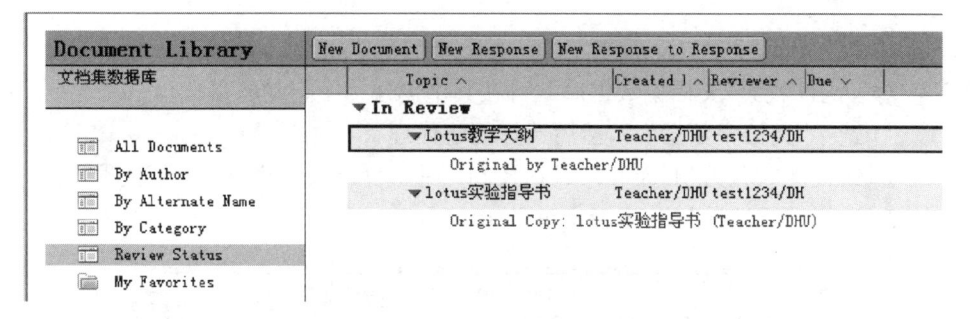

图 8-5　待评阅文档列表

④ 切换到"test1234",打开"test1234"的邮件数据库。

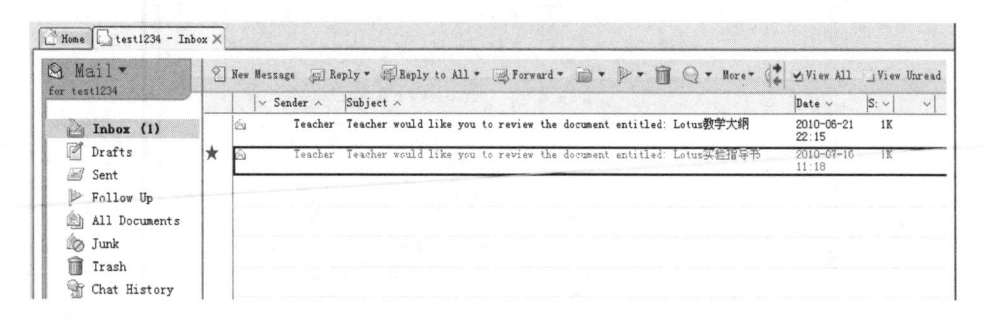

图 8-6　评阅人查看邮件通知

文档前面有一个红色的五角星"★",表示未读文档。

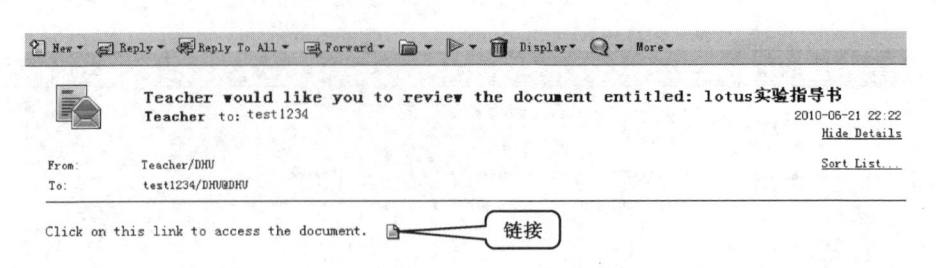

图 8-7　邮件通知中的文档链接

⑤ 打开邮件,通过单击文档链接可以打开"文档集数据库"中的待评阅文档。打开附件阅读内容,编辑文档输入评阅意见。单击"评阅完成"。

⑥ 切换到"Teacher",打开邮件,可以看到评阅完成的通知邮件。

8.2　代理在工作流中的应用

1. 使用代理发送自动答复

对于函件收集"文档集数据库",可在其中创建一个自动答复代理。

① 选中"文档集数据库",然后选择创建代理。

② 给代理取名为"ThankYouForReply"并选择"shared"作为共享代理。

③ 选择运行选项"After new mail arrives"。

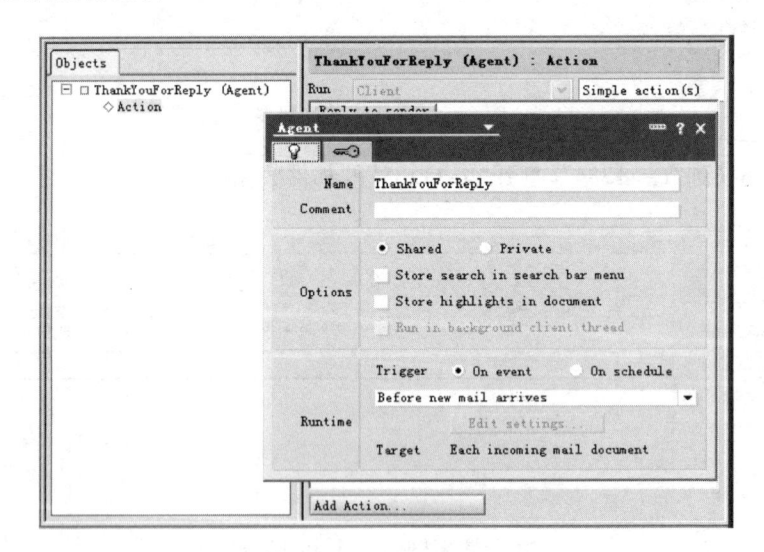

图 8-8　创建代理

④ 选择简单操作并单击"Add Action..."，增加操作。

图 8-9　创建自动答复代理的操作

⑤ 选择"Reply to Sender"，即答复发件人，输入答复信息。单击"OK"按钮。

⑥ 关闭并保存代理。

在"讨论数据库"中向"文档集数据库"发送文档。发送完毕后检查文档的"From"域的内容，"From"域就是回复邮件的地址。发现其内容是"Teacher"。打开"Teacher"的邮件数据库，发现有答复文档。

2. 使用代理邮寄通知

有时我们需要定时将文档邮寄给每项任务的负责人，可以创建一个定时代理搜索文档，把文档链接发送给负责人。

参 考 文 献

[1] 四川大学柳曼云制作.IBM 网络课件:办公自动化与 Lotus 应用开发.
[2] 重庆大学制作.IBM 网络课件:Lotus Domino 应用开发.
[3] 博嘉科技.办公信息化应用技术.北京:中国铁道出版社,2005.
[4] 徐瑶等编著.Lotus Notes 和 Domino 8.0 使用、设计、管理.北京:电子工业出版社,2009.
[5] 杨小平,谢红等编著.LotusDomino/Notes 项目案例导航.北京:科学出版社,2002.
[6] 武坤等编著.中文 Lotus Domino/notes R7 应用教程.北京:机械工业出版社,2006.
[7] 段立等编著.Lotus Domino/Notes R6 中文版办公自动化解决方案及应用剖析.北京:机械工业出版社,2003.
[8] IBM 软件下载网站:IBM http://www.ibm.com/developerWorks/cn/lotus.
[9] Lotus 相关成功案例网站:http://www-01.ibm.com/software/cn/lotus/case.